Web Analytics & Web Controlling

Andreas Meier ist Professor für Wirtschaftsinformatik an der wirtschafts- und sozialwissenschaftlichen Fakultät der Universität Fribourg, Schweiz. Seine Schwerpunkte sind eBusiness, eGovernment sowie Daten- und Informationsmanagement. Nach Musikstudien in Wien diplomierte er in Mathematik an der ETH in Zürich, doktorierte und habilitierte am Institut für Informatik. Er war Systemingenieur bei der IBM Schweiz, Direktor bei der Großbank UBS und Geschäftsleitungsmitglied bei der CSS Versicherung.

Darius Zumstein ist Web Analytics Manager bei Kabel Deutschland. Er war Forschungsassistent am Departement für Informatik an der Universität Fribourg und promovierte dort zum Thema Web Analytics. Nach dem Studium der Betriebswirtschaftslehre mit Fokus auf ICT-Management und electronic Business arbeitete er als Web Analytics Consultant bei der FELD M GmbH und als Web Analytics Professional bei FriendScout24 GmbH in München. Zuvor war er für verschiedene Schweizer Unternehmen im Bereich Internet und Content Management tätig.

Andreas Meier · Darius Zumstein

Web Analytics & Web Controlling

Webbasierte Business Intelligence zur Erfolgssicherung

Edition TDWI

tdwi EUROPE

dpunkt.verlag

Andreas Meier
andreas.meier@unifr.ch
Darius Zumstein
dzumstein@gmx.ch

Lektorat: Vanessa Wittmer, Christa Preisendanz
Copy Editing: Ursula Zimpfer, Herrenberg
Herstellung: Nadine Thiele, Birgit Bäuerlein
Umschlaggestaltung: Anna Diechtierow, Heidelberg
Druck und Bindung: M.P. Media-Print Informationstechnologie GmbH, 33100 Paderborn

Fachliche Beratung und Herausgabe von dpunkt.büchern in der Edition TDWI:
Marcus Pilz · Marcus.Pilz@pilmar.com

Bibliografische Information der Deutschen Nationalbibliothek
Die Deutsche Nationalbibliothek verzeichnet diese Publikation in der Deutschen Nationalbibliografie; detaillierte bibliografische Daten sind im Internet über http://dnb.d-nb.de abrufbar.

ISBN 978-3-89864-835-6

1. Auflage 2013

Ringstraße 19B
69115 Heidelberg

5 4 3 2 1 0

Vorwort

Das Controlling der digitalen Wertschöpfungskette gewinnt in der Informations- und Wissensgesellschaft immer mehr an Bedeutung. Geeignete Instrumente des Web Analytics und Web Controlling helfen, die Nachfrage der Webinhalte und das Verhalten der Nutzer zu messen und zu analysieren. Daraus ergeben sich Maßnahmen, um die mit der Website zusammenhängenden Ziele zeitgerecht und in der geforderten Qualität zu erfüllen.

Web Analytics umfasst die Evaluation, Definition, Messung und Auswertung von Webkennzahlen, um die Nachfrage der Inhalte der Website und das Benutzerverhalten analysieren zu können. Damit lassen sich webbasierte Ziele überprüfen und bei auffälligen Abweichungen von den Zielvorgaben können Handlungsoptionen erarbeitet und umgesetzt werden. Das Web Controlling hat den Zweck, in einem Führungskreislauf die Umsetzung des webbasierten Geschäftsmodells zu überwachen und darauf aufbauend Erfolg versprechende Maßnahmen für das elektronische Geschäft und das Kundenbeziehungsmanagement abzuleiten. Als Zielsetzung gilt die Sicherung und Steigerung des Unternehmenswertes.

Dieses Grundlagenwerk erläutert die Methoden und Prozesse des Web Analytics und Web Controlling. Es beschreibt konkrete Webkennzahlen für die Inhaltsnutzung und das Besucherverhalten und zeigt, wie das Performance Measurement im digitalen Zeitalter funktioniert. Es hilft dem Leser z.B. bei der Optimierung der Webplattformen (Design, Navigation, Content, Usability), im Onlinemarketing (z.B. Kampagnen- und Suchmaschinenoptimierung), beim Kundenbeziehungsmanagement (Segmentierung, Gewinnung, Bindung) sowie beim Controlling der webbasierten Marktleistung (Sicherung des Unternehmens- und Kundenkapitals).

Das Fachbuch richtet sich an Führungsverantwortliche und Projektleiter in der Praxis, die Web Analytics und Web Controlling als strategisches Werkzeug der Business Intelligence einschätzen und im

Unternehmen entsprechend verankert sehen möchten. Zudem richtet es sich an Studierende der Wirtschaftsinformatik oder der Wirtschaftswissenschaften an Fachhochschulen und Universitäten, die sich dem eBusiness verschrieben haben und ein Instrument zu dessen Erfolgskontrolle suchen.

In diesem Werk wird die Evaluation von relevanten Webmetriken und Webkennzahlen bewusst mit dem strategischen Entwicklungsprozess und der digitalen Wertschöpfungskette verknüpft. Umgekehrt sollen die festgelegten Webkennzahlen in den operativen Marketing- und Verkaufsaktivitäten frühzeitig aufzeigen, ob und wie die Ziele der Webstrategie erreicht werden und welches mögliche Ursachen für Abweichungen sein könnten. Ein geschlossener Führungskreislauf, basierend auf den Eckpfeilern Business Intelligence, Web Analytics und Web Controlling, dem analytischen Webkernteam und operativen Webspezialisten, soll beitragen, den Unternehmenserfolg langfristig zu sichern.

An dieser Stelle möchten wir uns bei den folgenden Fachkolleginnen und -kollegen für Anregungen und Verbesserungsvorschläge bedanken: Mario Casarano, Aleksandar Drobnjak, Marco Hassler, Patrik Hugi, Matthias Knoll, Steffen Möller, Thomas Myrach, Marcus Pilz, Nicolas Werro, Carsten Felden und Dario Züger. Zudem verdanken wir Kommentare und Verbesserungsvorschläge von anonymen Experten aus dem Umfeld des Verlages.

Ein besonderes Dankeschön richten wir an Christa Preisendanz, Vanessa Wittmer und Ursula Zimpfer vom dpunkt.verlag für die angenehme Zusammenarbeit.

Ebenfalls dankbar sind die Autoren für Kritik und Verbesserungsvorschläge zu diesem Buch. Sie können uns über die Website *www.WebAnalyticsWebControlling.org* kontaktieren, wo sie auch weitere Informationen und nützliche Links zum Thema erhalten. Gerne beantworten wir auch Ihre Fragen per E-Mail, bitte senden Sie die E-Mail an *andreas.meier@unifr.ch* und *dzumstein@gmx.ch*.

Wir wünschen Ihnen viel Spaß beim Lesen und freuen uns über jede Kontaktaufnahme.

Andreas Meier und Darius Zumstein
Fribourg und München, im September 2012

Inhalt

1 Zum Controlling der digitalen Wertschöpfungskette

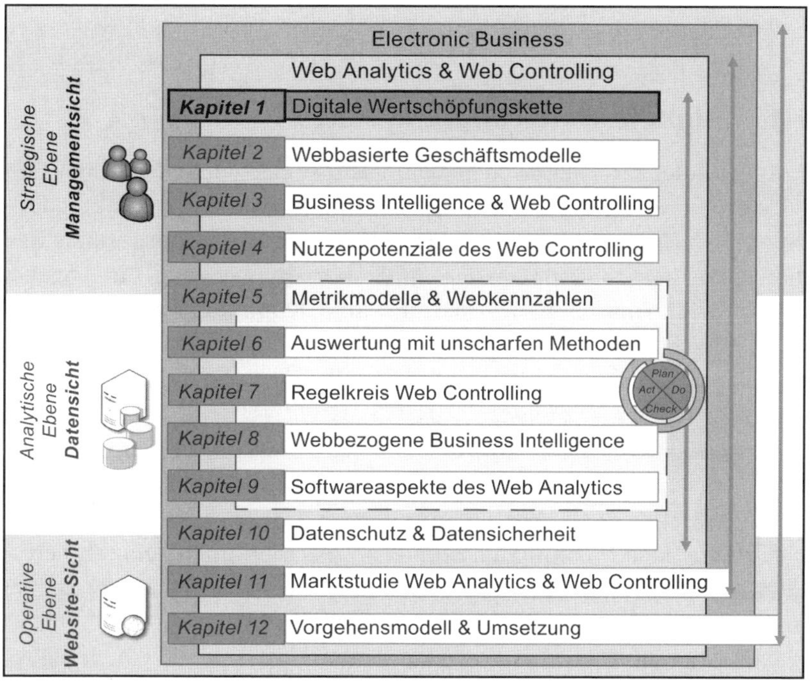

Abb. 1–1
Zum Controlling der digitalen Wertschöpfungskette

Das Einführungskapitel widmet sich grundsätzlichen Aspekten des Web Analytics und Web Controlling im elektronischen Geschäft und erläutert wichtige Begriffe. In Abschnitt 1.1 wird die webbezogene Business Intelligence definiert. Zudem werden die Austauschoptionen des eBusiness erläutert, nämlich eCommerce (B2C, B2B und B2A), eGovernment (A2A, A2B und A2C) und private Commerce (C2C, C2B und C2A). Die digitale Wertschöpfungskette (Abschnitt 1.2) umfasst sieben Prozesskettenglieder: eProducts & eServices, eProcurement, eMarketing, eContracting, ePayment, eDistribution und eCRM (electronic Customer Relationship Management). Die Business Intelligence, unterstützt durch Web

Analytics und Web Controlling, hat die Aufgabe, die Wertschöpfungskette zu optimieren und den Unternehmenserfolg sicherzustellen. Abschnitt 1.3 stellt die Pyramide der webbezogenen Business Intelligence vor mit den Grundpfeilern Web Analytics und Web Controlling. Die Wirksamkeit dieses Dreiecks ist abhängig von der Verknüpfung mit der digitalen Wertschöpfungskette und vom Führungskreislauf nach Deming, der die Handlungsoptionen Plan, Do, Check und Act umfasst. Zudem gelangt ein mehrdimensionaler Datenwürfel (Data Warehouse) mit den Key Performance Indicators zum Einsatz, um Analyse- und Entscheidungsgrundlagen jederzeit zur Verfügung zu haben. Abschnitt 1.4 gibt die Kapitelübersicht des Fachbuches wieder und erläutert die Kapitel der strategischen, analytischen und operativen Führungsebene.

1.1 Digitale Wertschöpfungskette

Faktor Information

Aufgrund des technologischen Wandels und der wirtschaftlichen Entwicklung gewinnt der Faktor Information gegenüber dem Faktor Produktion an Bedeutung. Viele Unternehmen und Organisationen sind dabei, ihre Geschäftsprozesse, Kundenbeziehungen und ihr Angebot mithilfe elektronischer Informations- und Kommunikationsmittel zu unterstützen und auszubauen. Sie betreiben eine digitale Wertschöpfungskette, eventuell ergänzt mit materiellen Gütern und Produktkomponenten [Meier & Zumstein 2010, S. 3].

Business Intelligence im Internetzeitalter

Business Intelligence konzentriert sich bei webbasierten Unternehmen auf das Controlling der digitalen Wertschöpfungskette. Geeignete Werkzeuge des Web Analytics und Web Controlling erlauben, die Nachfrage nach Webinhalten und das Nutzerverhalten zu analysieren. Daraus ergeben sich Maßnahmen, um die Webziele des Unternehmens zeitgerecht und in der geforderten Qualität zu erfüllen.

Glieder der digitalen Wertschöpfungskette

Die digitale Wertschöpfungskette umfasst die sieben Glieder eProducts & eServices, eProcurement, eMarketing, eContracting, ePayment, eDistribution und elektronisches Kundenbeziehungsmanagement (electronic Customer Relationship Management – eCRM). Sie bildet die Grundlage jedes webbasierten Geschäftsmodells.

Die Analysearbeiten beziehen sich auf alle Glieder der Wertschöpfungskette, abhängig von der Ausgestaltung des webbasierten Geschäftsmodells (Kapitel 2). Im Einzelnen umfassen die Glieder der Wertschöpfungskette folgende Bereiche (vgl. [Meier & Stormer 2012]):

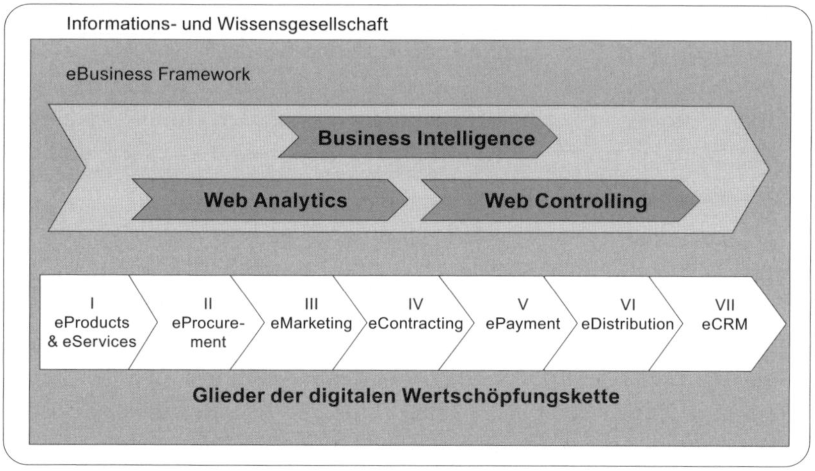

Abb. 1–2
Die sieben Controlling-Bereiche der Business Intelligence

- **eProducts & eService:**
  Digitale Produkte & Dienstleistungen
  Bei der Gestaltung elektronischer Produkte und Dienstleistungen (erstes Glied der Wertschöpfungskette) geht es darum, mithilfe des Geschäftsmodells eine geeignete Kooperationsform zu einem attraktiven Product Offering zu finden [Tapscott et al. 2001]. Solche Kooperationsformen variieren von freien Marktplätzen mit verhandelbaren Waren und Werten über hierarchisch straff organisierte Netzwerke bis zu selbstorganisierten und lose gekoppelten Gemeinschaften. Wichtig ist die Frage der Preisfindung bei elektronischen Produkten und Dienstleistungen, da immaterielle Güter schwierig zu bewerten sind.
- **eProcurement:**
  Elektronische Beschaffung
  Beim strategischen und operativen Beschaffungsprozess oder eProcurement (zweites Glied) werden ebenfalls elektronische Mittel eingesetzt [Schubert et al. 2002; Stoll 2007]. Grundsätzlich gibt es unterschiedliche eProcurement-Lösungen, je nachdem, ob auf der Kundenseite oder auf der Lieferantenseite Produktkataloge und Dienstleistungen für Produktauswahl und -beschaffung bereitgestellt werden. Bei einer dritten Variante (elektronischer Marktplatz) liefert ein Drittanbieter Softwarelösungen und Kataloge für die Beschaffung. Dadurch lassen sich Produkt- und Leistungsvergleiche anstellen.
- **eMarketing:**
  Onlinemarketing
  Unter der Nutzung elektronischer Informations- und Kommunikationsmittel erschließt das eMarketing (drittes Glied) Marktpotenziale und baut Geschäftsbeziehungen aus. Eine Einteilung der Onlinekunden in Klassen gestattet es, eine differenzierte Marktbe-

arbeitung vorzunehmen und die Dienste auf der Website jederzeit anzupassen [Lammenett 2009]. Entsprechende Kennzahlen erlauben, die Bekanntmachung eines Onlineangebots zu messen, den Interaktionsgrad zu berechnen, den Beitrag der Onlinekunden an der Wertschöpfung zu stimulieren, Abschlüsse zu tätigen und die Kundenbindung zu erhalten.

Elektronischer Vertragsabschluss

- **eContracting:**
  Beim elektronischen Verhandlungsprozess oder eContracting (viertes Glied) geht es um Protokollierung und Verwaltung der Verhandlungspositionen, Vereinbarung von Rechten und Pflichten sowie um den rechtsgültigen Vertragsabschluss mit digitaler Signatur (vgl. [Bitzer & Brisch 1999; Schmeh 2007]). Zertifizierungsstellen ermöglichen, die Registrierung natürlicher Personen vorzunehmen, digitale Zertifikate zu erteilen und elektronische Schlüsselpaare für die digitale Signatur bereitzustellen.

Elektronische Bezahlung

- **ePayment:**
  Verfahren des ePayment (fünftes Glied) ermöglichen es Kleinstbeträge von einigen Cents (Picopayment), mittlere Beträge von einigen Euros (Mikropayment) und größere Zahlungsbeträge (Makropayment) abwickeln zu können [Dannenberg & Ulich 2004; Lammer 2005]. Damit sich die Transaktionskosten für elektronische Zahlungsvorgänge von Pico- und Mikropayment lohnen, sind Verfahren mit elektronischen Münzen entwickelt worden. Darüber hinaus gibt es eine Reihe kontobasierter und inhaberbasierter Verfahren für elektronische Zahlungen. Um die Sicherheit elektronischer Zahlungsvorgänge zu garantieren, sollten Verschlüsselungsverfahren und digitale Signaturen eingesetzt werden.

Online-/Offline-Distribution

- **eDistribution:**
  Die Verteilung eines digitalen Produktes bzw. einer Dienstleistung erfolgt über eDistribution (sechstes Glied). Falls der Nachfrager von Leistungen über ein mobiles Gerät mit Internetanschluss verfügt, kann er den zeit- und standortunabhängigen Bezug von Dienstleistungen beanspruchen. Elektronische Produkte müssen nicht notwendigerweise online bezogen werden, da die Offline-Distribution ebenfalls Vorteile aufweist. Zudem kann als hybride Variante sinnvoll sein, z.B. größere Softwarepakete auf Datenträgern offline zu verteilen und Releasewechsel oder Fehlerbehebungen online anzubieten.

Elektronisches Kundenbeziehungsmanagement

- **eCRM:**
  Beim electronic Customer Relationship Management (siebtes Glied) kann das Kundenkapital erfasst und bewertet werden. Modelle zur

Kundenwertberechnung ermöglichen, Maßnahmen der Kundenakquisition wie der Kundenerhaltung und -bindung einzubeziehen. Entsprechende Kennzahlen werden im Customer Data Warehouse abgelegt, das eine Auswertung von Kundenverhalten und Kundennutzen zulässt. Neben dem analytischen Kundenbeziehungsmanagement unterstützt das operative den gesamten Customer Buying Cycle, d.h. Anregungs-, Evaluations-, Kauf- und Nutzungsphase.

eBusiness: anytime & anywhere

Elektronische Geschäfte können von jedem Ort der Erde und zu jedem Zeitpunkt rund um die Uhr von allen Marktteilnehmern getätigt werden (Global Village). Damit gewinnt die webbezogene Business Intelligence für das Controlling der digitalen Wertschöpfungskette an Bedeutung.

1.2 Austauschoptionen im eBusiness

Begriff Business Intelligence

Mit dem Begriff *Business Intelligence* [Kemper et al. 2010] werden systematische Verfahren für die Analyse unternehmensrelevanter Informationen für das Corporate Performance Measurement [Gladen 2011; Oehler 2006] zusammengefasst, um damit die strategischen und operativen Unternehmensziele besser zu überwachen.

Definition webbezogene BI

> Unter **webbezogener Business Intelligence** oder BI versteht man elektronische Verfahren zur Sammlung, Speicherung, Auswertung und Darstellung der Key Performance Indicators (KPIs) der elektronischen Geschäftstätigkeit des Unternehmens mit den Daten und Werkzeugen des Web Analytics und Web Controlling zur Sicherung des Unternehmenserfolgs.

Datengestützte Management-entscheidungen

Business Intelligence ist ein analytischer Prozess mit dem Ziel, die unternehmens- und wettbewerbsrelevanten Daten in Entscheidungen und Handlungsoptionen zu überführen. Er zielt darauf ab, die digitale Wertschöpfungskette des Unternehmens (vgl. Abschnitt 1.1) zu steuern und optimieren zu können. Ein elektronisches Geschäft kann längerfristig nur erfolgreich bleiben, wenn dieser analytische Prozess effizient und effektiv in der Organisation des Unternehmens etabliert werden kann [Gansor et al. 2010].

World Wide Web

Die Benutzung elektronischer Kommunikationsmittel ist aus dem Geschäftsleben nicht mehr wegzudenken. Das World Wide Web diente zu Beginn vor allem der statischen Informationsbereitstellung. Heute werden im eBusiness vermehrt dynamische Inhalte erzeugt, interaktive Dialoge geführt, auf den Benutzer zugeschnittene Inhalte und Dienstleistungen bereitgestellt und elektronische Geschäftstransaktionen abgewickelt [Meier & Zumstein 2010, S. 3].

Definition electronic Business

Electronic Business (eBusiness) bedeutet die Anbahnung, Vereinbarung und Abwicklung elektronischer Geschäftsprozesse, d.h. den Leistungsaustausch zwischen Marktteilnehmern mithilfe öffentlicher oder privater Kommunikationsnetze bzw. dem Internet zur Erzielung einer Wertschöpfung.

Leistungsanbieter und -nachfrager

Als Leistungsanbieter und Leistungsnachfrager können im eBusiness *private Unternehmen* (Business), *öffentliche Institutionen* (Administration) sowie *private Konsumenten* oder *Bürger* (Consumer oder Citizen) auftreten. Wichtig dabei ist, dass die elektronische Geschäftsbeziehung einen Mehrwert für die Beteiligten schafft, sei dies in Form eines monetären oder eines immateriellen Beitrages.

Austauschbeziehungen im eBusiness

Die Tabelle 1–1 zeigt die drei wichtigsten Gruppen von Marktteilnehmern (A für Administration, B für Business und C für Consumer) mit ihren möglichen Austauschbeziehungen. Jeder dieser Teilnehmer kann als Anbieter oder Nachfrager von Leistungen auftreten. Dadurch entstehen insgesamt neun grundsätzliche Austauschbeziehungen.

Electronic Commerce

Eine bedeutende Untermenge von eBusiness bildet der *elektronische Handel*. Mit den Austauschoptionen Business-to-Consumer (B2C), Business-to-Business (B2B) und Business-to-Administration (B2A) bieten Unternehmen Produkte und Dienstleistungen für Kunden, Unternehmen oder Verwaltungseinheiten an. Sie stellen die Optionen des elektronischen Handels (electronic Commerce, eCommerce) dar.

Tab. 1–1
Die neun Austauschoptionen im eBusiness [Meier & Stormer 2012, S. 3]

		Leistungsnachfrager		
		Consumer	**Business**	**Administration**
Leistungsanbieter	**Consumer**	**Consumer-to-Consumer (C2C)** z.B. Kleinanzeige auf einerpersönlichen Homepage	**Consumer-to-Business (C2B)** z.B. Webseite mit persönlichem Fähigkeitsprofil	**Consumer-bzw.Citizen-to-Administration (C2A)** z.B. Bürger bewertet öffentliches Umweltprojekt
	Business	**Business-to-Consumer (B2C)** z.B. Produkte und Dienstleistungen in einem eShop	**Business-to-Business (B2B)** z.B. Bestellung bei Lieferanten (SupplyChain)	**Business-to-Administration (B2A)** z.B. elektronische Dienstleistungen für öffentliche Verwaltungen
	Administration	**Administration-to-Consumer bzw. Citizen (A2C)** z.B. Möglichkeit für elektronische Wahlen	**Administration-to-Business (A2B)** z.B. öffentliche Ausschreibung von Projektvorhaben	**Administration-to-Administration (A2A)** z.B. Zusammenarbeitsformen virtueller Gemeinden

Austauschoptionen im eBusiness

Eine Konkretisierung der B2C- bzw. B2A-Option könnte der Betrieb eines elektronischen Shops durch ein Unternehmen darstellen. Die Austauschoption B2B charakterisiert die Lieferantenbeziehungen zwischen Unternehmen wie z. B. das Supply Chain Management.

Electronic Government

Die Austauschbeziehungen A2A, A2C und A2B bilden das electronic Government oder *eGovernment*. Hier sind Regierungs- bzw. Verwaltungsstellen auf der Angebotsseite und sie betreiben Austauschbeziehungen verwaltungsintern (A2A), mit den Bürgerinnen und Bürgern (A2C) oder mit Unternehmen (A2B). Der entsprechende Leistungsauftrag ist in den Gesetzen und Verordnungen festgelegt. Zudem kann die Behörde mit Outsourcing-Verträgen (Service Level Agreements) Dienstleistungen an Dritte übertragen, z. B. an NPOs (Non Profit Organizations), NGOs (Non Governmental Organizations) oder private Unternehmen.

Austausch zwischen Einzelpersonen

Beim eGovernment und bei den meisten Austauschoptionen des eBusiness steht die Abkürzung C für Citizen (Bürger), beim eCommerce hingegen für Consumer (Konsument). Wichtig in der Matrix der Austauschoptionen ist die Tatsache, dass Personen ebenfalls als Anbieter auftreten können. Zum Beispiel bedeutet die Option C2C eine elektronische Austauschbeziehung zwischen Einzelpersonen. Zudem können Bürgerinnen und Bürger Leistungen für Unternehmen (C2B) oder für Verwaltungseinheiten (C2A) erbringen. Diese Optionen lassen sich unter dem Begriff *private Commerce* zusammenfassen.

1.3 Definitionspyramide der webbezogenen BI

Grundpfeiler Web Analytics & Web Controlling

Eine elektronische Geschäftstätigkeit ist nur dann von Erfolg gekrönt, wenn erstens die einzelnen Glieder der digitalen Wertschöpfungskette auf die Kundenbedürfnisse ausgerichtet sind und einen Mehrwert generieren und wenn zweitens mit dem Führungskreislauf der Business Intelligence der Erfolg und mögliche Misserfolg stetig kontrolliert und notwendige Maßnahmen abgeleitet und umgesetzt werden.

Die Grundpfeiler der Business Intelligence bilden Web Analytics und Web Controlling:

Definition Web Analytics

Web Analytics betrifft die Evaluation, Definition, Messung und Auswertung von Webkennzahlen, um die Inhaltsnutzung der Website und das Benutzerverhalten analysieren zu können. Mit der Auswertung der Kennzahlen kann die Erreichung der Webziele verfolgt werden.

Abb. 1–3 Pyramide und Führungskreislauf für die digitale Wertschöpfungskette

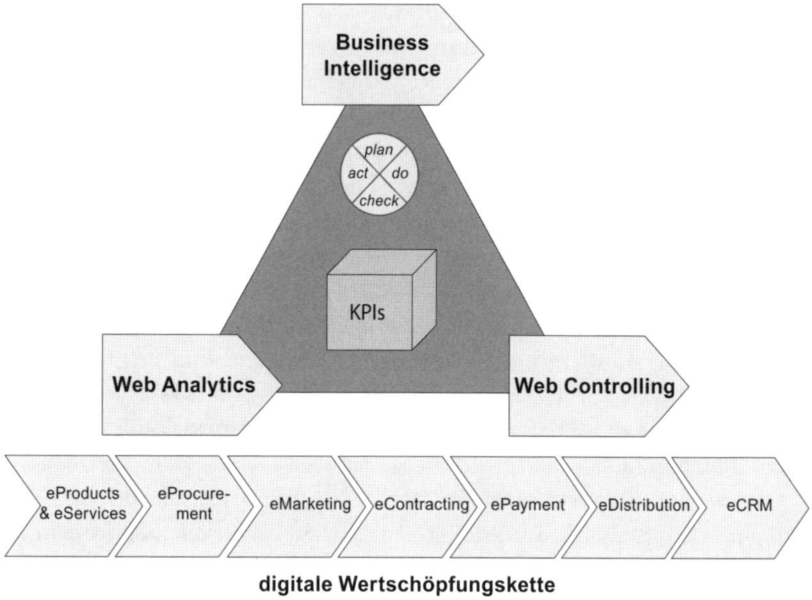

Definition Web Controlling

> Das **Web Controlling** bezweckt, in einem Führungskreislauf die Umsetzung des webbasierten Geschäftsmodells zu überwachen und Erfolg versprechende Maßnahmen für das eBusiness und das Kundenbeziehungsmanagement ableiten zu können. Als Zielsetzung gilt die Sicherung und Steigerung des Unternehmenswertes.

Elemente der Definitionspyramide

Die Abbildung 1–3 zeigt die Definitionspyramide einer webbezogenen Business Intelligence. Diese besteht aus drei Elementen:

- **Business Intelligence:**
  Unternehmensleitung, Führungskräfte und Mitarbeitende verpflichten sich in ihrer Arbeit zu einem prozessbasierten Analyseverfahren, das auf der Erarbeitung von Erfolgsfaktoren und Key Performance Indicators beruht, die durch operative Tätigkeiten in einem mehrdimensionalen Entscheidungswürfel gesammelt und regelmäßig ausgewertet werden. Aufgrund abgestützter Entscheidungsgrundlagen werden Verbesserungspotenziale analysiert und Maßnahmen eingeleitet.
- **Web Analytics und Web Controlling:**
  Unter der Führung des Chief Web Officer und des Web Steering Committee (siehe Abschnitt 3.3) wird das Web Analytics [Hassler 2012] und Web Controlling für die Umsetzung des webbasierten Geschäftsmodells entwickelt und eingeführt. Darunter wird die Planung, Analyse und Steuerung von websitebezogenen Aktivitä-

ten und Prozessen verstanden sowie die Maßnahmen des eBusiness zur stetigen Optimierung des Unternehmenserfolgs. Insbesondere wird dem Web Content Controlling und dem Web User Controlling nachgelebt (Begriffsdefinitionen vgl. Abschnitt 7.1). Diese Tätigkeiten unterliegen der Web Governance als integraler Teil der Corporate Governance [OECD 2004], die Verantwortung gegenüber allen Anspruchsgruppen wahrnimmt (vgl. Abschnitt 3.1).

Führungskreislauf

Der Führungskreislauf für die Business Intelligence folgt dem Vorschlag von William Edwards Deming [Deming 1986] mit den folgenden vier Handlungsoptionen:

- **Plan:**
  Planung
  Im strategischen Planungsprozess müssen konkrete Ziele erarbeitet und auf die operativen Einheiten heruntergebrochen werden. Diese betreffen strategische Erfolgspositionen [Pümpin 1992] und werden durch konkrete Webkennzahlen hinterlegt.
- **Do:**
  Umsetzung
  Hier wird zur Umsetzung der Strategie aufgerufen, d.h., die Maßnahmen zur Erreichung der Ziele werden eingeleitet und die Kennzahlen werden bei der Umsetzung erhoben.
- **Check:**
  Analyse
  Nun müssen die Kennzahlen für die Webinhalte und das Benutzerverhalten analysiert und interpretiert werden. Bei Abweichungen zu den gesetzten Zielen müssen die Ursachen und weitere Handlungsoptionen untersucht und priorisiert werden.
- **Act:**
  Handlung
  Anpassungen in den Geschäftsprozessen werden implementiert und kontrolliert. Bringen die Verbesserungen nicht den gewünschten Erfolg, muss der Plan angepasst werden.

Unterstützende Prozesse

Die Business Intelligence kann alle Glieder der digitalen Wertschöpfungskette betreffen. Allerdings müssen bei Bedarf weitere Führungskennzahlen für organisatorische Unterstützungsprozesse wie Human Resources oder Change Management mit einbezogen werden.

Das vorliegende Fachbuch gibt einen vertieften Einblick in die erfolgreiche Planung und Umsetzung einer webbezogenen Business Intelligence. Das entsprechende Controlling der digitalen Wertschöpfungskette zielt darauf ab, den Unternehmenserfolg und das Kundenkapital langfristig zu halten und sukzessive auszubauen.

1.4 Kapitelübersicht

Struktur des Fachbuches

Die Struktur des Fachbuches ist in Abbildung 1–4 wiedergegeben: Die einzelnen Kapitel sind der strategischen, analytischen und der operativen Führungsebene zugeordnet.

- **Kapitel 1** führt in die Thematik ein und erläutert die Begriffe Business Intelligence, Web Analytics und Web Controlling. Der davon abgeleitete Führungskreislauf betrifft das Controlling der digitalen Wertschöpfungskette.
- **Kapitel 2** widmet sich webbasierten Geschäftsmodellen, die sich an der digitalen Wertschöpfungskette orientieren. Zudem werden die Business Webs Agora, Aggregator, Integrator, Allianz und Distributor nach [Tapscott et al. 2001] vorgestellt, um die unterschiedlichen Netzvarianten und Kooperationsformen zu klassifizieren. Neben den Gestaltungsoptionen für Webcommunitys werden das soziale Kapital und unterschiedliche Erlösmodelle vertieft.
- **Kapitel 3** widmet sich der Business Intelligence und dem Web Controlling. Ausgehend von der Web Governance wird der Kreislauf des Web Controlling sukzessive hergeleitet. Zur Umsetzung der Webstrategie wird die Rolle des Chief Web Officer thematisiert. Zudem wird ein Web Steering Committee vorgeschlagen, das von einem analytischen Webkernteam unterstützt wird. Im Anschluss daran werden weitere Anspruchsgruppen des Unternehmens und die Kundenzielgruppen zusammengestellt. Die Business Intelligence bezweckt, mit der Hilfe eines Performance Measurement das intellektuelle Kapital des Unternehmens und das Webkapital zu steigern. Die dazu notwendige Vorgehensmethodik wird kurz skizziert.
- Die Nutzenpotenziale des Web Controlling werden in **Kapitel 4** diskutiert. Der Kreislauf zum Web Controlling betrifft den Webinhalt und das Verhalten der Benutzer. Sowohl für das Web Content Controlling als auch für das Web User Controlling werden Webkennzahlen und daraus resultierende Nutzenpotenziale aufgezeigt. Optimierungsoptionen betreffen die Website (Inhalt, Navigation, Usability), das Onlinemarketing (Bannerwerbung, Suchmaschinenoptimierung, Suchmaschinenmarketing, Kampagnen in sozialen Netzwerken) und die Optimierung des Kundenbeziehungsmanagements (Kundenakquisition/-bindung).
- **Kapitel 5** definiert Metrikmodelle und Webkennzahlen zur Umsetzung des webbasierten Geschäftsmodells. Das Kennzahlensystem für das Web Controlling orientiert sich am Reifegradmodell des eBusiness mit den Stufen Information, Kommunikation, Transak-

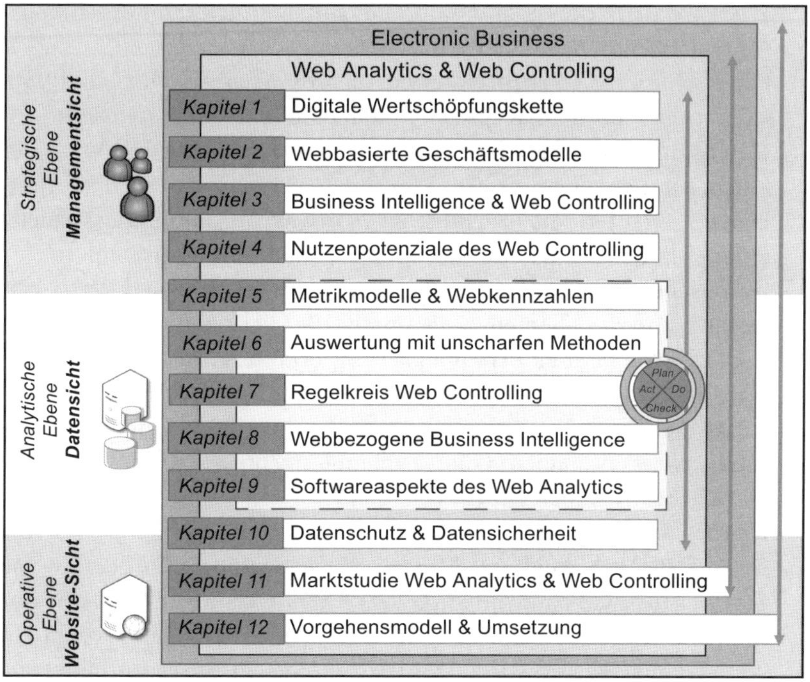

Abb. 1–4
Struktur des Fachbuches mit Kapitelzuordnung

tion und Integration. Danach werden Metrikmodelle und Webkennzahlen für das Web Content Controlling und das Web User Controlling hergeleitet.

- **Kapitel 6** führt in die unscharfe Logik ein und zeigt das Potenzial unscharfer Auswertungsverfahren auf [Meier & Donzé 2012]. Unscharfe Kundenklassen oder Kundenportfolios lassen es zu, dass ein einzelner Kunde mehreren Klassen angehören kann. Dabei wird die Zugehörigkeit eines Kunden zu seiner Klasse mit einem Wert gemessen, der zwischen 1 (gehört 100 % dazu) und 0 (gehört nicht dazu) liegen kann. Für das Web Controlling können unscharfe Webkennzahlen aggregiert werden, z. B. um herkömmliche Scoringmodelle verfeinern zu können.
- Der Kreislauf für das Web Performance Measurement wird in **Kapitel 7** schrittweise erläutert. Ausgehend von den Controlling-Zyklen webbasierter Geschäftsmodelle werden mögliche Website-Ziele, Maßnahmen und Kennzahlen verfeinert und konkretisiert. Der Controlling-Kreislauf kann bei der Analyse der Websitenutzung auf das Web Content Management bzw. Controlling und auf das Web User Controlling angewandt werden.
- **Kapitel 8** widmet sich den Softwareaspekten für die webbezogene Business Intelligence. Es zeigt verschiedene Szenarien, wie die Daten des Web Analytics in eine Data-Warehouse-Landschaft inte-

griert werden können und damit ein ganzheitliches, unternehmensweites Datenmanagement ermöglichen.

- Die Architektur von Softwaresystemen für Web Analytics und Web Controlling wird in **Kapitel 9** thematisiert. Neben serverseitigen Datensammlungsmethoden zur Logfile-Analyse werden Vor- und Nachteile der clientseitigen Methoden (Page Tagging) diskutiert. Danach werden die wichtigsten Softwareprodukte klassifiziert, ergänzt mit einem Kriterienkatalog für die Produktauswahl.
- Datenschutz und Datensicherheit für Web Analytics und Web Controlling sind die Themen des **Kapitels 10**. Hier werden die Chancen und Risiken bei der Personalisierung erläutert. Kriterien für eine transparente Deklaration sollen helfen, das Vertrauen der Webnutzer in die eigene Website zu stärken. Eventuell wird ein Zertifizierungsprozess mit einem Gütesiegel angestrebt, wie es das European Privacy Seal vorsieht [EuroPriSe 2011].
- **Kapitel 11** diskutiert eine Marktstudie zum Web Analytics, die unter 740 Web-Analytics-Experten durchgeführt worden ist. Sie gibt u.a. Antwort auf die Fragen, wie das Web Analytics organisatorisch in Unternehmen angesiedelt ist, wie viele Stellenprozente in die Webanalyse investiert werden, welche Softwareprodukte wie oft zum Einsatz gelangen, welche Nutzenvorteile und Probleme das Web Analytics für Unternehmen birgt und welche Metriken sowie Website-Ziele mittels Web Analytics überprüft werden.
- **Kapitel 12** widmet sich dem Vorgehensmodell zur Umsetzung einer webbezogenen Business Intelligence und diskutiert die Teilphasen der strategischen Analyse (Organisations-, Markt- und Technologieanalyse), Entwicklung des webbasierten Geschäftsmodells, strategische Maßnahmenplanung sowie die Implementierung und den Wirkungskreislauf.

2 Webbasierte Geschäftsmodelle

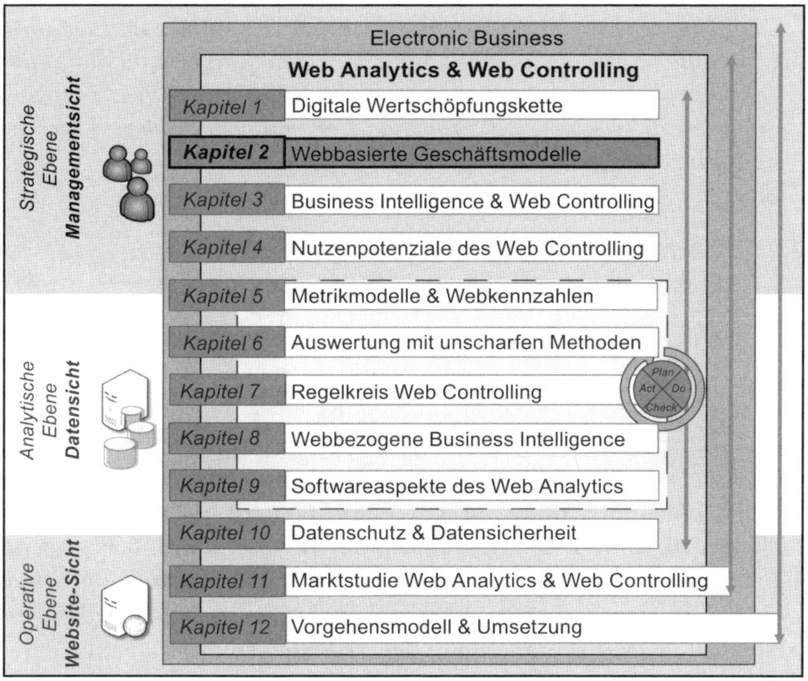

Abb. 2–1
Webbasierte Geschäftsmodelle

Das Kapitel definiert webbasierte Geschäftsmodelle und beschreibt sieben Teilmodelle, die in direktem Zusammenhang mit der digitalen Wertschöpfungskette stehen (Abschnitt 2.1). Im Rahmen der strategischen Unternehmensplanung und der Entwicklung eines webbasierten Geschäftsmodells muss entschieden werden, in welcher Netzvariante (Business Web) der Unternehmenserfolg gesichert werden kann (Abschnitt 2.2). Fünf spezifische Business Webs machen den digitalen Marktraum (Market Space) aus: Der Netztyp Agora ist ein freier Marktplatz mit verhandelbaren Waren und Werten (Abschnitt 2.2.1), der Aggregator entspricht einem digitalen Supermarkt (Abschnitt 2.2.2), der Integrator kontrolliert und integriert eine digitale Wertschöpfungskette (Abschnitt 2.2.3), eine Allianz bildet einen selbstorganisierenden Wertschöpfungsraum (Abschnitt 2.2.4) und der Distributor steht für den Transport von Waren und Dienstleistungen (Abschnitt 2.2.5). Eine Gegenüberstellung dieser Netztypen inklusive Diskussion gibt Abschnitt 2.3. Da soziale Netze bzw. Online-Communitys im Market Space an Bedeutung gewinnen und den Erfolg des gewählten Geschäftsmodells zunehmend beeinflussen, erläutert Abschnitt 2.4 die Gemeinschaftsbildung im Market Space. Insbesondere werden die Gestaltungsoptionen für Online-Communitys diskutiert, bevor in Abschnitt 2.5 fünf grundlegende Webplattformtypen für soziale Netzbildung charakterisiert und miteinander verglichen werden. Die Nutzung sozialer Netze für die Beziehungspflege und die Integration der Onlinekunden kann das soziale Kapital und die Reputation von Unternehmen erhöhen (Abschnitt 2.6). In Abschnitt 2.7 werden die vielfältigen Erlösmodelle in elektronischen Märkten zusammengefasst.

2.1 Komponenten eines webbasierten Geschäftsmodells

Digitaler Marktraum

Im Zuge der Entwicklung hin zu einer vernetzten Informationsgesellschaft kann eine Veränderung der Marktsysteme für die Unternehmen beobachtet werden [Bliemel et al. 2000; Meier & Stormer 2012; Wirtz 2000]. Zum einen bleibt der Marktplatz mit physischen Rohstoffen, Produkten und Ressourcen bestehen. Hier sind physische Wertschöpfungsprozesse notwendig, um materielle Güter zu beschaffen, zu entwickeln und zu verteilen. Durch die Entwicklung des Internets wird dieser physische Marktplatz ergänzt. Dabei spricht man von einem *digitalen Marktraum*, um anzudeuten, dass nun zusätzlich oder ausschließlich digitale Produkte und Dienstleistungen in Netzwerken entwickelt und abgesetzt werden können.

Geschäftsmodell

Die Unternehmen müssen sich in einem *Geschäftsmodell* entscheiden, ob und wie der physische und der elektronische Marktraum bearbeitet werden [Bullinger & Berres 2002; Meier 2001]. Die Unternehmensstrategie muss bzw. kann in den meisten Fällen beide Marktoptionen einbeziehen. Mit anderen Worten, es stellt sich die Grundsatzfrage, wie ein Erfolg versprechender Mix von materiellen und immateriellen Produktteilen oder Dienstleistungen festzulegen ist und wie die entsprechenden Geschäfte abgewickelt werden.

> Ein **webbasiertes Geschäftsmodell** dient der modellhaften Beschreibung der elektronischen Geschäftstätigkeit von Unternehmen und Organisationen samt ihren benötigten Erlösprinzipien. Neben der Festlegung von Produkten und Dienstleistungen (Value Proposition) müssen Kundenzielgruppen, Kommunikations- und Distributionskanäle, Service-, Abwicklungs- und Sicherheitsmodalitäten sowie Betriebs- und Ertragsmodelle festgelegt werden.

Definition webbasiertes Geschäftsmodell

Ein webbasiertes Geschäftsmodell für den eMarket Space [Timmers 1999] besteht aus den sieben grundsätzlichen *Teilmodellen*, die die digitale Wertschöpfungskette elektronischer Geschäfte ausmachen (vgl. Abb. 2–2).

- **Leistungsangebotsmodell:**
  Leistungsangebot
  Dieses definiert die Produkte und Dienstleistungen inklusive des gewünschten Digitalisierungsgrads. Es zeigt auf, welches Leistungsspektrum den Nachfragegruppen zur Verfügung gestellt wird. Zudem muss festgelegt werden, ob die bestehende Produktpalette durch digitale Informationsobjekte und Servicedienste ergänzt, abgelöst oder erweitert werden soll. Der Digitalisierungsgrad einzelner Produkte und Dienstleistungen ist abhängig vom Markt und von der Akzeptanz der bestehenden oder angestrebten Kundschaft. Das Leistungsangebotsmodell muss mit dem Marketingmodell abgestimmt werden, um unterschiedliche Kundengruppen und Absatzmärkte mit unterschiedlichen Leistungskomponenten bedienen zu können.
- **Beschaffungsmodell:**
  Beschaffung
  Dieses Teilmodell legt fest, welche Produktionsfaktoren zur Leistungserstellung auf welche Beschaffungsart bezogen werden. Ausgehend von den festgelegten Produkten und Dienstleistungen müssen die benötigten Leistungskomponenten identifiziert werden. Zudem gilt es, Struktur, Preis und Verhalten der Beschaffungsmärkte zu beurteilen und nach Möglichkeit längerfristige Beschaffungsvereinbarungen einzugehen (Supply Chain Management). Zum strategischen und operativen Beschaffungsprozess mit elektronischen Mitteln (eProcurement) gibt es grundsätzliche Optionen, je nachdem, ob auf der Kundenseite (Buy-Side) oder auf der Lieferantenseite (Sell-Side) Produktkataloge für die Komponentenwahl und -beschaffung bereitgestellt werden. Bei einer dritten Option, einem elektronischen Marktplatz, liefert ein Intermediär Softwarelösungen und Kataloge für die Beschaffung [Meier & Stormer 2012]. Dabei stellt das Katalogmanagement eine besondere Herausforde-

Abb. 2–2 *Komponenten eines webbasierten Geschäftsmodells*

rung dar, da Klassifikationskriterien und Komponentenbeschreibungen über Hersteller- und Lieferantengrenzen hinweg spezifiziert und standardisiert werden müssen (Multilieferantenkataloge).

Marketing

- **Marketingmodell:**
  Dieses Teilmodell legt die Zielkunden, Zielkundensegmente und die Absatzmärkte fest. Durch Analysearbeiten (z.B. Web Analytics, Data Warehousing und Data Mining) werden diejenigen Kunden und Kundensegmente evaluiert, die einen hohen Kundenwert besitzen. Darüber hinaus werden potenzielle Kundengruppen avisiert, die das Kundenkapital erhöhen und das Absprung- oder Verlustrisiko vermindern. Zudem wird entschieden, mit welcher Netzwerkvariante oder -kombination (sog. Business Webs, siehe [Tapscott et al. 2001]) die Produkte und Dienstleistungen entwickelt und abgesetzt werden. Zielsetzung und Hauptmerkmale von Business

Webs reichen von freien Marktplätzen mit verhandelbaren Waren und Dienstleistungen (Typ Agora, siehe Abschnitt 2.2.1) über hierarchisch straff organisierte Netzwerke (Typ Aggregator, Abschnitt 2.2.2, Integrator, Abschnitt 2.2.3 oder Distributor, Abschnitt 2.2.5) bis zu selbstorganisierten und lose gekoppelten Gemeinschaften (Typ Allianz, Abschnitt 2.2.4).

- **Vereinbarungsmodell:**
  Dieses Modell verlangt, die vertraglichen Komponenten beim Austauschprozess in einem verbindlichen Kontraktrahmen festzulegen. Damit ein *elektronisches Vertragswerk* (eContract) rechtsgültig ist, braucht es eine sogenannte Public-Key-Infrastruktur. Diese verfügt über Zertifizierungsstellen (Trustcenter), die eine Registrierung natürlicher Personen vornehmen, digitale Zertifikate verteilen und elektronische Schlüsselpaare (Public Key und Private Key) für die digitale Signatur bereitstellen. Ein elektronischer Verhandlungsprozess umfasst die Protokollierung und Verwaltung der Verhandlungspositionen, die Vereinbarung von Rechten und Pflichten, rechtsgültigen Vertragsabschlüssen mit digitaler Signatur sowie Controlling-Elemente zur Überwachung der Vertragsabwicklung.

Vereinbarung

- **Erlösmodell:**
  Beim Erlösmodell geht es um die Festlegung eines Preismodells für digitale Produkte und Dienstleistungen, die Klärung elektronischer Zahlungsmodalitäten sowie um weitere Erlöskomponenten (siehe Abschnitt 2.7), die mit der Hilfe des Webauftritts realisiert werden können. Die originäre Produktion eines digitalen Gutes ist kostenintensiv, im Gegensatz dazu sind die Grenzkosten der Reproduktion, d.h. die Erstellung von Kopien, gering [Shapiro & Varian 1999]. Zudem wächst der generierte Nutzen mit der Anzahl der Konsumenten von Produkten und Dienstleistungen (Netzwerkeffekte). Neben der Preisbildung, -differenzierung und -bündelung gilt es, geeignete elektronische Zahlungsoptionen zu prüfen und anzubieten (ePayment).

Erlöse

- **Distributionsmodell:**
  Dieses Teilmodell legt sowohl die Distributionskanäle (Multi-Channel Management) als auch die Distributionslogistik (Speicherung, Transport und Lieferservice) fest. Bei der Gestaltung der Geschäftsprozesse bzw. Lieferungsprozesse wird entschieden, welche Aktivitäten elektronisch und welche mithilfe einer physischen Logistik durchgeführt werden. Die Distributionslogistik und die Festlegung der Lieferantenkette (Supply Chain Management) sind wichtig, können doch online, offline oder hybride Verteil- und Bezugsstrukturen gewählt werden. Zu diesem Entscheidungsbe-

Distribution

reich gehört die Organisation übergreifender Kooperationsprozesse im Falle virtualisierter Kooperationsnetzwerke mit einem partnerschaftlichen Grundverhältnis (vgl. die Nutzung sozialer Netze in den Abschnitten 2.5 und 2.6).

Kundenbindung

- **Kundenbindungsmodell:**
  Hier wird das Kundenbeziehungsmanagement (CRM) festgelegt. Wie im Kapitel 3 aufgezeigt, bildet das Kundenkapital einen wesentlichen Bestandteil des intellektuellen Kapitals. Neben der Akquisition von Onlinekunden müssen Maßnahmen zur Kundenbindung und zur Verbesserung der Gewinnspanne durch Up- und Cross-Selling untersucht und festgelegt werden. Dabei ist wichtig, mit Methoden des Web Analytics das Verhalten der Kunden oder bestimmter Kundengruppen zu analysieren, um die Marketingmaßnahmen gezielter auf die Bedürfnisse auszurichten. Zudem muss im Multi-Channel-Management der Mix geeigneter Kommunikationskanäle evaluiert und bei Bedarf angepasst werden.

Laufende Anpassung der Geschäftsmodelle

Aufgrund der Erweiterung des physischen Marktplatzes um einen elektronischen Marktraum, der Globalisierung vieler Geschäftstätigkeiten und der steten Entwicklung hin zu einer Informationsgesellschaft müssen die Unternehmen ihren eigenen Marktfokus und das webbasierte Geschäftsmodell laufend anpassen [Schögel et al. 2002] und mögliche Chancen und Risiken abwägen. Dabei hilft die Konzentration auf Kernkompetenzen und Netzwerkbildung (Aufbau geeigneter Business Webs) mit Erfolg versprechenden Partnern. Im Folgenden soll die Typologie der Business Webs vorgestellt und anhand von praktischen Beispielen und Webkennzahlen illustriert werden.

2.2 Klassifikation webbasierter Geschäftsmodelle

Geschäftsmodelle im Market Space sind vielfältig, lassen sich aber in Netztypen klassifizieren. Sogenannte Business Webs [Tapscott et al. 2001] bilden die Basis des digitalen Kapitals, in der Wissen und Beziehungen ausgetauscht werden.

Definition Business Web

> Ein **Business Web** oder B-Web ist ein klar abgegrenztes Netzwerk im Market Space, das die Wertschöpfung im Austausch von Wissen, Beziehungen, Gütern und Dienstleistungen betreibt. Dabei bilden die Netzteilnehmer – Kunden, Kontextanbieter, Inhaltsanbieter, Dienstleister und Infrastrukturanbieter – ein spezifisches webbasiertes Beziehungsgeflecht.

Virtuelle Organisationsformen, vernetzte Teams und Einzelpersonen bilden die Basis für die Kooperation und den Wettbewerb in B-Webs. Oft sind einzelne Partner eines B-Web an mehreren, eventuell sogar konkurrierenden B-Webs beteiligt. In diesem Zusammenhang spricht man von *Co-Opetition* (vgl. [Brandenburger & Nalebuff 1996]), einem Neologismus, abgeleitet vom englischen Ausdruck Cooperative Competition (kooperative Konkurrenz).

5 Typen von Business Webs

Im Folgenden werden die fünf unterschiedlichen Business Webs von [Tapscott et al. 2001] vorgestellt, die sich bei der Untersuchung webbasierter Geschäftsmodelle im Market Space ergeben.

2.2.1 Business Web vom Typ Agora

Agora (elektronischer Marktplatz)

Der Begriff Agora stammt aus der Antike und bezeichnete die damals abgehaltenen Volksversammlungen. Später nannte man diesen öffentlichen Versammlungsort, an dem mehr und mehr auch Handel betrieben wurde, selbst Agora.

Das Business Web oder B-Web Agora ist ein *elektronischer Marktplatz,* auf dem Käufer und Verkäufer zusammenkommen, um frei über die angebotenen Güter und deren Preise zu verhandeln. Wichtig bei der Agora ist der Prozess der *dynamischen Preisfindung*: Bei einer Agora gibt es keine Fixpreise, die Preise werden verhandelt. Eine Agora fördert demnach den Austausch von digitalen und materiellen Gütern und Dienstleistungen zu individuell vereinbarten Preisen und stellt damit ein wichtiges webbasiertes Geschäftsmodell dar.

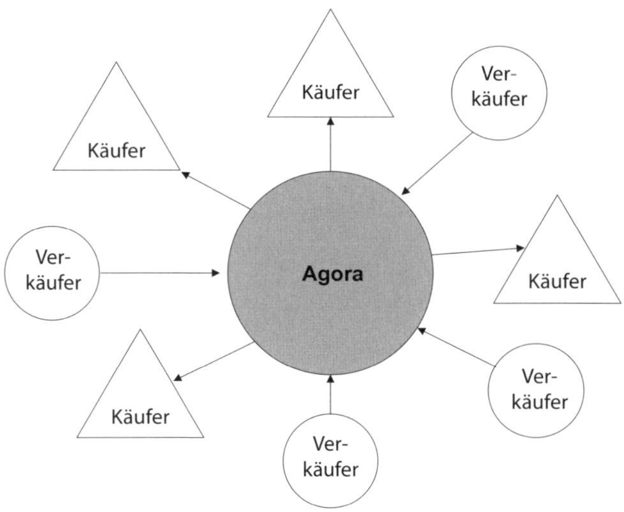

Abb. 2–3
Agora als offener Marktplatz mit dynamischer Preisfindung [Tapscott et al.. 2001, S. 46]

Anbieter und Nachfrager

In Abbildung 2–3 wird die Grundstruktur des B-Web Agora gezeigt: Anbieter und Nachfrager oder Verkäufer, symbolisch durch Kreise charakterisiert, bieten ihre Waren und Dienstleistungen auf dem virtuellen Marktplatz an.

Nachfrager oder Käufer, als Dreiecke dargestellt, informieren sich vorerst und verhandeln die Produkte inklusive Nutzungsrechte und Preise individuell.

Auf einer Agora können unterschiedliche Leistungserbringer Produkte und Dienstleistungen anbieten und absetzen. Das Angebot ist vielfältig und nicht vorhersehbar, die Wertintegration bleibt jedoch bescheiden; die Anbieter profitieren vom »Fühlungsvorteil« und der erreichten Transparenz. Gut funktionierende Marktplätze nach dem Muster einer Agora zeigen sowohl für die Anbieter- als auch für die Nachfragerseite Vorteile. Bei einer hohen Anzahl von Anbietern mit unterschiedlicher Anzahl von Produkten und Dienstleistungen profitieren die Käufer. Umgekehrt setzen viele Nachfrager mit unterschiedlichen Produkt- und Preisvorstellungen die Anbieter unter Druck.

Nachfrage nach Auktionen

Eine Agora bietet normalerweise differenzierte Informationen über alle Aspekte des Geschäfts. Gleichzeitig hält sie Marketing- und Vertriebskosten gering. Oft verleihen Schnäppchen-Jäger dem Markt einen besonderen Reiz und bieten gesuchte Unterhaltung. Das Internet kann Agoren in interessante Treffpunkte mit effizienten Marktabläufen verwandeln. Waren oder Dienstleistungen, die bis dahin an lokalen Orten, Flohmärkten oder im Kleinanzeigenteil von Tageszeitungen verkauft wurden, tauchen nun in regionalen oder globalen Auktionen und Börsen auf.

Nutzenpotenziale der Agora

Der zentrale Wert einer Agora liegt im Angebot einer vertrauensbildenden Plattform für den Austausch von Informationen, der Möglichkeit einer dynamischen Preisfindung und im Anstoß zu Leistungsabwicklungen. Solche Plattformen machen sich *niedrige Transaktionskosten* zunutze: Die Kunden, ob Anbieter oder Nachfrager, übernehmen den größeren Teil der Arbeit sowie weitgehend die Kosten und Risiken.

Webbasierte Geschäftsmodelle vom Typ Agora zeigen für den Handel von materiellen und digitalen Gütern folgende Vorteile:

- **Keine Lagerkosten:**
  Die Anbieter lagern ihre Produkte selbst.
- **Minimale Marketingkosten:**
  Die Anbieter beschreiben und illustrieren selbst ihre Produkte auf der Plattform.

- **Reduzierte Vertriebskosten:**
  Käufer und Anbieter regeln den Versand und die Bezahlung unter sich.
- **Geringe Produkthaftung:**
  Produkte werden versteigert; der Käufer trägt im Normalfall das Risiko selbst.
- **Geringes finanzielles Risiko:**
  Die Anbieter ermächtigen den Betreiber solcher Austauschplattformen zum Einzug einer Auktionsgebühr.

In einer Agora entwickeln sich die Kunden oder Kundengruppen oft zu einer *Gemeinschaft* (Community, siehe auch Abschnitte 2.4 und 2.5). Die Teilnehmer von Auktionen stimmen der Tatsache zu, dass Verhandlung, Preisfindung und Verteilung von Gütern als selbstorganisierender Prozess zu regeln ist. Der Marktwert einer Agora setzt sich aus unterschiedlichen Komponenten zusammen.

Mögliche *Webkennzahlen* zur Messung der Beiträge zum Finanz-, Kunden- und Organisationskapital (vgl. Abschnitt 3.6) sind in Tabelle 2–1 aufgeführt.

Erlösquellen für Marktplätze

Direkte Erlösquellen bilden Auktionsgebühren und der Verkauf von Werbeflächen, da eine Agora bei Akzeptanz und nach Vertrauensbildung über eine hohe Reputation verfügt. Entsprechend sind die Kunden treu und machen über Mundpropaganda (Nutzung sozialer Netze wie Twitter u.a., vgl. Abschnitt 2.6) die Plattform publik. Bedeutende Werte der Organisation bilden reibungsfreie, sichere und effiziente Ablaufprozesse beim freien Verhandeln.

Tab. 2–1
Webkennzahlen zur Messung des Marktwertes Agora

Kapital der Agora	Mögliche Webkennzahlen
Finanzkapital	▪ Auktionsgebühr ▪ Verkauf von Werbefläche ▪ Grad der Reputation
Kundenkapital	▪ Treue der Kunden ▪ Bereitschaft für Weiterempfehlung ▪ Synergiepotenzial
Organisationskapital	▪ Prozessqualität ▪ Grad der Vertraulichkeit ▪ Grad des Datenschutzes

Beispiel eBay

Das weltweit bedeutende Beispiel einer erfolgreichen Umsetzung dieser Form eines Business Web ist *eBay*.

eBay gilt als nahezu perfekte Realisierung eines idealen Marktes, da es eine hohe Anzahl von Anbietern und Nachfragern in einem transparenten System vereinigt. eBay hat in seiner Geschichte eine bemerkenswerte Wandlung vom virtuellen Flohmarktbetreiber hin zu einer professionellen B2C- und C2C-Plattform durchgemacht und sein Kerngeschäft »Marktplatz« durch die Integration des Bezahldienstes PayPal und der Internettelefonie Skype erweitert.

Bemerkenswert ist, dass eBay zu einer Plattform von neuen Unternehmensgründungen mit differenzierten Geschäftsmodellen geworden ist und ständig an der Ausdifferenzierung arbeitet. So sind unterschiedliche Klassen von zertifizierten Anbietern wie der PowerSeller, die eBay-Verkaufsagentur oder der eBay-Shop entstanden, die allesamt auf dem wesentlichen Gut der Verkäuferbewertung bzw. entsprechender Reputationssysteme beruhen und damit einen Wert darstellen. Als erfolgskritisch gelten am Beispiel eBay die frühe Marktpräsenz der Plattform, die Medienpräsenz und Marktaufmerksamkeit, die dauerhafte Diversifikation und Investition in ergänzende Dienstleistungen sowie die hohe Usability der Plattform.

2.2.2 Business Web vom Typ Aggregator

Ein B-Web vom Typ Aggregator ist ein digitaler Supermarkt: Er wählt geeignete Produkte und Dienstleistungen unterschiedlicher Hersteller aus, entscheidet über die entsprechenden Marktsegmente, legt Preise fest und kontrolliert die Abwicklung.

Hierarchische Kontrolle der Lieferanten

In Abbildung 2–4 ist die Konstellation eines Aggregators abstrakt dargestellt. Ein einzelnes Unternehmen eines solchen B-Web kontrolliert hierarchisch mehrere Hersteller. Der Aggregator kauft Produkte und Dienstleistungen nach eigenem Ermessen. Zudem legt er die Einkaufspreise weitgehend selbst fest.

Abb. 2–4
Aggregator kombiniert Produkte und diktiert Preise [Tapscott et al. 2001, S. 47].

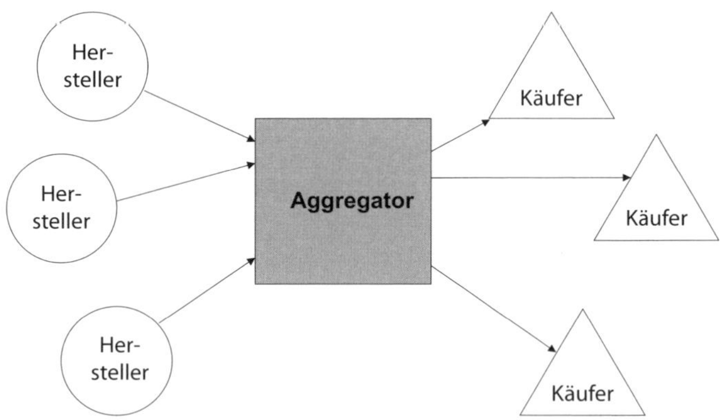

Für das gewählte Sortiment bestimmt er die Verkaufspreise und Rabatte. Zudem kontrolliert er Absatz und Verteilung der Waren.

Vermittlungsfunktion des Aggregators

Ähnlich wie bei Affiliates und Vergleichsportalen übernehmen Aggregatoren eine *Vermittlerfunktion* zwischen Herstellern und Kunden. Normalerweise bieten sie eine große Auswahl von Produkten und Diensten an, jedoch ohne oder nur mit minimaler Wertintegration (siehe dazu die Wertschöpfungskette des B-Web Integrator im folgenden Abschnitt).

Einsatz intelligenter Softwareagenten

Durch Marktvolumen und Marktmacht können Aggregatoren ihre Transaktionskosten senken, vor allem bei der Nutzung der Internettechnologien und entsprechender digitaler Agenten. Der digitale Supermarkt kann weitgehend mithilfe intelligenter Softwareagenten betrieben werden. Einfache Agenten beraten die Käufer, suchen und bewerten die gewünschten Produkte im eigenen Supermarkt oder direkt bei den Anbietern. Intelligente Agenten helfen den Kunden, ihre Wünsche einzugrenzen und aus der Vielfalt von Angeboten eine attraktive Kombination auszusuchen. Im Einzelfall können Softwareagenten über Wertemix, Qualitätsanforderungen, Preis, Lieferungsbedingungen und Zahlungsmodalitäten verhandeln.

Vorteile eines Aggregators

Zusammenfassend ergeben sich bei den Aggregatoren folgende Vorteile:

- **Große Verhandlungsmacht:**
  Der Aggregator wählt die Produkte aus und bestimmt die Preiskonditionen.
- **Einsatz digitaler Berater:**
  Softwareagenten unterstützen Such- und Vergleichsvorgänge und beraten den Kunden.
- **Unabhängige Produktbewertung:**
  Vor- und Nachteile von Produkten werden von den Kunden erfasst und durch den Aggregator als Entscheidungshilfe publiziert.
- **Stimulierung des Verkaufs:**
  Im digitalen Supermarkt lassen sich Produkte bündeln und Cross-Selling-Maßnahmen realisieren.
- **Kunde spart Versandkosten:**
  Durch Skaleneffekte und tiefe Transaktionskosten kann der Aggregator Anreize schaffen.

Aggregatoren gibt es sowohl im B2B- wie im B2C-Bereich. Neben Konsumgütern lassen sich digitale Produkte, z.B. Finanz- und Versicherungsdienstleistungen, mit Aggregatoren vertreiben.

Der Weg zum Cross-Selling

Der Unternehmens- bzw. Marktwert eines Aggregators setzt sich aus unterschiedlichen Komponenten zusammen, wie sie in der Tabelle 2–2 beispielhaft aufgezeigt sind. Durch Marktmacht können Preise festgelegt und Rabatte erzielt werden. Zudem ermöglichen unterschiedliche Lieferanten gezielte Cross- und Up-Selling-Aktionen. Das Kundenkapital kann gesteigert werden, falls Kundenbewertungen organisiert und gezielt für die Community genutzt werden. Aus den Skaleneffekten ist es möglich, die Versandkosten tief zu halten. Zudem erlauben Softwareagenten, Beratungsdienstleistungen, Suchfunktionen und Vergleichsmöglichkeiten kostengünstig anzubieten.

Tab. 2–2 *Kapitalkomponenten und Kennzahlen zum Aggregator*

Kapital des Aggregators	Mögliche Webkennzahlen
Finanzkapital	▪ Produktpreise ▪ Rabatte von Lieferanten ▪ Cross- und Up-Selling
Kundenkapital	▪ Produktbewertungen ▪ Erfolg des Community-Marketings ▪ Versandpreise
Organisationskapital	▪ Nutzung der Softwareagenten ▪ Bewertungen und Vergleiche ▪ Grad des Fulfillment (Erfüllungsgrad)

Beispiel Amazon

Das bekannteste Beispiel eines Aggregators ist *Amazon*. Dieses Business Web bietet neben den anfänglich im Schwerpunkt gelegenen Medienprodukten Buch, Musik, CDs und DVDs eine Vielzahl von Produkten (Spielwaren, Elektronik, Haus- und Gartengegenstände, Sport- und Freizeitgüter) an und gilt als größter Online-Einzelhändler.

Geld verdient Amazon als virtueller Supermarkt mit teilweise hohen Margen, beispielsweise im Elektronik- und Spielzeugbereich. Zudem offeriert Amazon automatisierte Transaktions- und CRM-Dienstleistungen. Der Aggregator Amazon integriert die Käufer als Content-Lieferanten, z.B. bei der Abgabe von Rezensionen für Buchangebote. Er bietet eine Reihe von Zusatzfunktionen an, vor allem die Personalisierung des Zuganges und kontextgetriebene Angebote aufgrund ausgewerteter Nutzungs- und Kaufprofile. Zusätzlich offeriert Amazon individualisierte Benachrichtigungsdienste.

Amazon beherrscht die Logistik (z.B. Auslieferung häufig noch am gleichen Tag), die Möglichkeit der Rückverfolgung des Lieferprozesses im Web und einfache sowie vertrauenswürdige Bezahlfunktionen. Der Versand ist ab einem niedrigen Mindestwarenwert kostenlos. Als wesentliches Erfolgskriterium gilt die große Marktpräsenz aufgrund des frühen Markteintritts, die Logistik, das individualisierte Kundenmanagement und nicht zuletzt die Vertrauenswürdigkeit des Bezahlverfahrens und die Zuverlässigkeit der Lieferung.

2.2.3 Business Web vom Typ Integrator

Integrator als Wertschöpfungskette

Ein Business Web vom Typ Integrator ist eine Wertschöpfungskette mit allen Komponenten von der Spezifikation, Produktion und Lieferung bis zum Support der vom Kunden gewünschten Produkte oder Dienstleistungen. Ein Integrator produziert selbst keine Dienstleistungen und Produktkomponenten, sondern wirkt als *Kontextanbieter.* Als solcher integriert er die Wertbeiträge verschiedener Inhaltsanbieter wie externe Entwickler, Teilelieferanten, Händler, Lösungsintegratoren, Betreiber und andere Partner. Mit anderen Worten kontrolliert der Integrator die Gestaltung des Produkts bzw. der Dienstleistung und lenkt die Schritte zur Wertintegration.

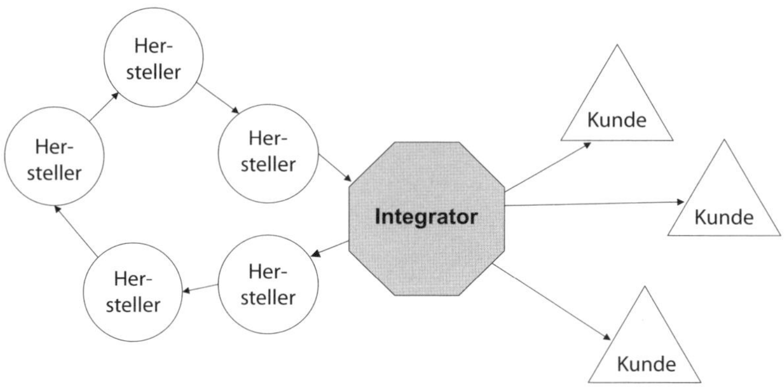

Abb. 2–5
B-Web Integrator kontrolliert die optimierte Wertschöpfungskette [Tapscott et al. 2001, S. 48].

Funktionsweise eines Integrators

In Abbildung 2–5 ist das Grundprinzip eines Integrators veranschaulicht: Unterschiedliche Hersteller mit unterschiedlichen Fähigkeiten und Dienstleistungen werden zu Wertschöpfungsketten zusammengefasst und vom Integrator geführt. Der Anstoß einer solchen Wertschöpfungskette wird von Kunden gegeben, die eine individuelle und meist komplexe Lösung mit eventuell großem Investitionsvolumen anstreben. Da ein einzelner Hersteller die Lösung nicht optimal anbieten kann oder will, übernimmt der Integrator diese Verantwortung; oft tritt er als Generalunternehmer mit entsprechender Haftung auf. Dies wiederum zwingt den Integrator, die Inhaltsanbieter in eine optimierte Lieferantenbeziehung einzubinden und den Planungs-, Entwicklungs-, Installations- und Serviceprozess kompetent zu steuern.

Ein Integrator hat zum Ziel, die Wertschöpfungskette nachfrageorientiert zu gestalten. Mit anderen Worten schafft man ein Angebot erst auf eine Nachfrage hin. Ein Kundenbedürfnis löst also den Aufbau einer eventuell individuell zugeschnittenen Lieferantenkette aus.

Bei einer Wertschöpfungskette denkt man normalerweise an eine Massenproduktion oder Routineproduktion mit großer Logistik und

Lagerhaltung. Wertschöpfungsketten vom Typ Integrator können hingegen die Werkstattfertigung unterstützen, d.h., es werden maßgefertigte Netzwerke für kundenspezifische Probleme entwickelt.

Werkstattfertigung

Eine Werkstattfertigung unterscheidet sich wesentlich von der Massenproduktion: Erstens sind die in einer Werkstattfertigung notwendigen Aktivitäten keine Routinevorgänge, sie werden aufgrund des Kundenproblems geplant und durchgeführt. Zudem folgt die Werkstatt nicht der Logik »Make and Sell«, sondern die Herstellung der Ware wird erst begonnen, wenn sie schon verkauft ist. Eine Werkstattfertigung orientiert sich somit an der Nachfrage und produziert »on Demand«. Der auftraggebende Kunde setzt die Wertschöpfungskette in Gang. Schließlich ist der Kunde einer Werkstattfertigung an der Konzeption und von Fall zu Fall auch an der Umsetzung einer Lösung mitbeteiligt.

Nutzenvorteile von Integratoren

Inhaltsanbieter in einem B-Web vom Typ Integrator sind oft verteilt und spezialisiert. Der Erfolg eines Integrators hängt demnach von guter Planung und Koordination der unterschiedlichen Partner ab. Dabei spielt das Projektmanagement eine wichtige Rolle, inklusive der Nutzung von Wissensressourcen. Die Nutzenvorteile bei einem B-Web vom Typ Integrator lassen sich wie folgt zusammenfassen:

- **Kundenlösung:**
  Der Kundenauftrag steht am Anfang, erste Teilzahlungen erfolgen bei der Auftragserteilung.
- **Generalunternehmer:**
  Der Integrator übernimmt die Gesamtverantwortung für den Kundenauftrag.
- **Bildung einer Wertschöpfungskette:**
  Die Lieferantenauswahl samt der Vernetzung sowie entsprechende Verhandlungen werden vom Integrator durchgeführt.
- **Werkstattfertigung anstelle Routinefertigung:**
  Es werden auf den Kunden zugeschnittene Komponenten gefertigt.
- **Projekt- und Methodenwissen:**
  Der Integrator beherrscht Projektmanagement und Wissensverarbeitung.

In der digitalen Wirtschaft konkurrieren die besten Wertschöpfungsketten sowohl im Hinblick auf Kosten wie auch Differenzierung. Sie müssen kundenorientierte Lösungen suchen und anstelle von Massenwaren servicegestützte und individuelle Fertigung anbieten.

In Tabelle 2–3 ist das Finanz-, Kunden- und Organisationskapital eines Integrators aufgeführt samt möglichen *Webkennzahlen* zur Steuerung. Das hohe Investitionsvolumen verlangt, dass Teilzahlungen bereits bei Auftragserteilung erfolgen. Zudem lassen sich Erlöse aus der Wertintegration erzielen, da der Integrator die Wertschöpfungskette zusammensetzt und kontrolliert. Trotz kundenindividueller Lösung geschieht »alles aus einer Hand«, d.h., der Integrator ist Generalunternehmer und Kontextanbieter. Er beherrscht komplexe Werkstattfertigungen und verfügt über hohe Projekt- und Methodenkompetenz.

Webkennzahlen des Integrators

Tab. 2–3
Marktwert und Steuerungskennzahlen eines Integrators

Kapital des Integrators	Mögliche Webkennzahlen
Finanzkapital	▪ Investitionsvolumen ▪ Teilzahlung bei Auftragserteilung ▪ Erlös aus Wertintegration
Kundenkapital	▪ Nutzung kundenindividueller Lösung ▪ Share of Wallet ▪ Anzahl/Art der Kontextanbieter
Organisationskapital	▪ Grad der Werkstattfertigung ▪ Integrationstiefe und -komplexität ▪ Projekt- und Methodenkompetenz

Ein bekanntes Beispiel eines Integrators ist *Cisco* als Ausrüster von Telekommunikationsnetzen und -komponenten. Cisco verbindet in der Wertschöpfungskette unterschiedliche Unternehmen, so z.B. Halbleiterhersteller, Händler von Komponententeilen, Logistikunternehmen und Systemintegratoren.

Beispiel Cisco

2.2.4 Business Web vom Typ Allianz

Allianzen als Business Webs sind lose gekoppelte und *selbstorganisierte Partnernetze* (oft auch Gemeinschaften genannt, siehe Abschnitt 2.5), die eine gemeinsame Zielsetzung verfolgen. Die einzelnen Partner bringen ihr spezifisches Know-how ein und beteiligen sich gleichzeitig an der Lösungsentwicklung. Sie sind und bleiben *unabhängig* und versuchen, fehlende Kompetenzen durch Gewinnung geeigneter Netzwerkpartner wettzumachen.

Wozu dient eine Allianz?

In Abbildung 2–6 ist eine Allianz als Business Web illustriert. Die Mitglieder dieses Partnernetzes treten in Doppelfunktion auf: Sie haben ein Bedürfnis und suchen nach einer Lösung als Nachfrager oder Consumer (grafisch durch Dreiecke ausgedrückt), gleichzeitig beteiligen sie sich an der Lösungsentwicklung als Hersteller oder Producer (durch Kreise angedeutet). Mit der Wortschöpfung »*Prosumer*« wird die Doppelfunktion als Producer und Consumer untermauert.

Allianz als Prosumer

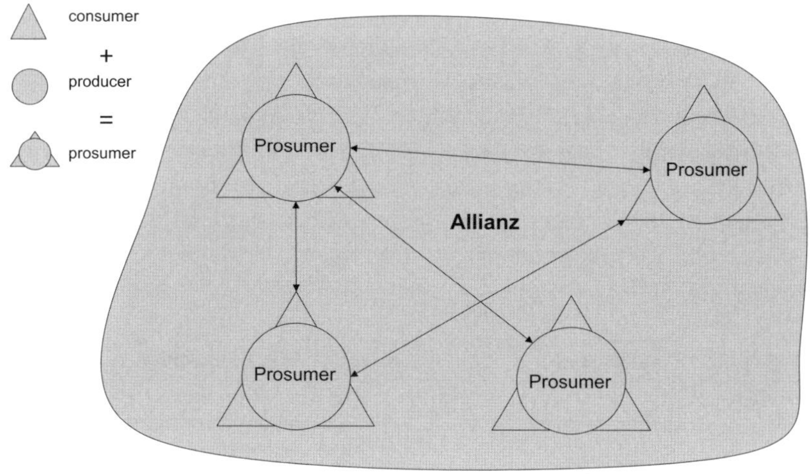

Abb. 2–6
Das B-Web Allianz bildet einen Wertschöpfungsraum [Tapscott et al. 2001, S. 49]

Netz gleichberechtigter Partner

Ein B-Web vom Typ Allianz ist ein dynamisches Gebilde *gleichberechtigter Partner*, das sich bei wechselnden Herausforderungen jeweils neu organisiert und weiterentwickelt. Dabei tritt kein Partner dominant auf und kontrolliert das Partnernetz. Vielmehr wird versucht, mit wenigen Verhaltensregeln das lose gekoppelte Partnernetz zusammenzuhalten.

Etablierung eines Wertschöpfungsprogramms

B-Webs vom Typ Allianz entstehen auf freiwilliger Basis, motiviert durch ein gemeinsames Bedürfnis. Am Anfang steht oft eine kreative Idee, die gemeinsam mit weiteren Partnern umgesetzt werden soll. Gegenseitiger Respekt, immaterielle Werte und unkonventionelle Ideen sind die Treiber solcher Partnernetzwerke. Allianzen zeichnen sich durch eine hohe Wertintegration aus; man spricht in diesem Zusammenhang von einem Wertschöpfungsraum.

In vielen Fällen sind Allianzen zeitlich befristet. Sie entstehen, indem Kleinunternehmen oder Einzelpersonen sich zusammenfinden und eine gemeinsame Lösung entwickeln. Ist die Lösung gefunden, wird sie verbreitet und weitergegeben, im Normalfall gebührenfrei.

Die Bildung von Allianzen ist vielfältig. Neben Netzwerken zur Entwicklung von *Open-Source-Softwarepaketen* gibt es soziale Gemeinschaften (vgl. Abschnitte 2.6 und 2.7), spezifische Diskussions- und Hilfeforen, Netzwerke für Künstler, Expertengemeinschaften usw.

Nutzenpotenziale einer Allianz

Ein B-Web vom Typ Allianz weist folgende Vorteile auf:

- **Netzwerkbildung:**
  Partner einer Allianz bilden ein Netz von Gleichberechtigten.
- **Selbstorganisation:**
  Wenige Verhaltensregeln dienen der Zusammenarbeit.

- **Prosumer:**
  Die Partner sind gleichzeitig Producer (Hersteller von kreativen Produkten und Dienstleistungen) und Consumer (Nachfrager von Lösungen).
- **Wertschöpfungsraum:**
  Immaterielle Werte werden gemeinsam geschaffen.
- **Idealisierte Zielsetzung:**
  Gegenseitiger Respekt, Vertrauen und gemeinsame Wertschöpfung bilden die Basis der Allianz.

Eine Allianz ist ein virtuelles Netzwerk für kreative Lösungen, das auf hierarchische Führungsstrukturen verzichtet. Die Teilnehmer einer Allianz bilden eine *schöpferische Gemeinschaft*, die auf ein Ziel ausgerichtet ist. Sie bleibt damit eine der vergänglichsten und gleichzeitig innovativsten Form eines Business Web.

Tab. 2–4
Kapitalkomponenten und Webkennzahlen einer Allianz

Kapital der Allianz	Mögliche Webkennzahlen
Finanzkapital	▪ Grad der Aufmerksamkeit (Attention) ▪ Immaterielle Werte ▪ Reputation
Kundenkapital	▪ Grad/Innovation der Beiträge ▪ Höhe des Sozialkapitals ▪ Grad der Reziprozität
Organisationskapital	▪ Grad der Wertschöpfung ▪ Qualität der Innovationsprozesse ▪ Grad des organisationellen Lernens

In Tabelle 2–4 sind die wichtigsten Wertanteile einer Allianz aufgelistet. Webnutzer finden sich zusammen, um gemeinsam eine Lösung oder ein Produkt zu entwickeln ohne monetäre Entschädigung. Sie bringen ihre Kreativität ein, tauschen sich aus und treiben das Projekt gemeinsam voran. Sie generieren primär immaterielle Werte, erhalten bei Erfolg Anerkennung und Respekt (Attention Economy). Falls selbst erstellte Produkte oder Produktkomponenten breit genutzt werden, steigt die Reputation einer Allianz. Die Doppelrolle Prosumer und Consumer verlangt Sozialkompetenz und die Mitglieder gehen davon aus, dass die Investition in den Wertschöpfungsraum auf Reziprozität beruht: Wer Zeit und Kreativität investiert, profitiert im Gegenzug von den sozialen Beziehungen und von der Community. Innovationsprozesse und gemeinsame Lernprozesse werden angestoßen und Erfahrungen ausgetauscht.

Beispiel Linux

Als Beispiel eines Business Web vom Typ Allianz kann die Entwicklung des Betriebssystems *Linux* angesehen werden. Nachdem ein einfacher Kern eines Unix-Clons für PCs entwickelt war, wurde dieser im Internet für Weiterentwicklungen quelloffen freigegeben. Die Nutzer sind verpflichtet, das Softwareprogramm und mögliche Erweiterungen mit dem Quellcode weiterzugeben. Dadurch entstand ein umfangreiches Betriebssystem für unterschiedliche Zwecke.

Herausforderungen von Allianzen

Als Herausforderung einer Allianz gilt: Nicht alle Teilnehmer geben gleich viel in das Netzwerk an Vorleistungen hinein, sondern manche nehmen mehr, als sie investieren. Oft stellt sich heraus, dass Vorleistungen bzw. netzwerkbezogene Leistungen quantifiziert bewertet und zum Ausgleich gebracht werden wollen. Zudem fällt es Netzwerkpartnern schwer, bestehende Kontakte einzubringen, da sie mit dem eigenen Unternehmenserfolg verknüpft sind. Ein stetes Thema ist die Frage, wie stark bei Kundenkontakten die individuelle Corporate Identity im Vordergrund steht oder eine virtuelle Identity erschaffen werden muss. Unterschätzt werden auch die rechtlichen Verpflichtungen, die die Netzwerkpartner eingehen, falls das Netzwerk keine explizite eigene Rechtsform hat. Umgekehrt können Allianzen erfolgreich sein, wenn die Rollen der Partner klar und komplementär definiert werden, die Beiträge ins Netzwerk adäquate »Verrechnungen« finden, die überwiegend elektronische Kommunikation erfolgreich gemeistert wird [Bullinger & Hofmann 2002] und ein Management der internen und externen Beziehungen vorangetrieben wird.

2.2.5 Business Web vom Typ Distributor

Definition Distributor

Unter einem **Distributor** versteht man als B-Web ein *Verteilungsnetzwerk*, das materielle und immaterielle Produkte und Dienstleistungen vom Anbieter zum Nutzer bringt. Distributoren erfüllen eine Distributionsfunktion, sei es als Transportunternehmer, Stromanbieter, Finanzdienstleister, Kurier- und Postdienst, Kommunikationsnetzbetreiber oder Logistikunternehmen.

Integratoren und Allianzen leisten ihren Beitrag zur Wertschöpfung, indem sie Rohstoffe und Ideen zu Produkten oder Dienstleistungen veredeln. Agoren und Aggregatoren selektieren Waren, bieten sie an und verhandeln die Preiskonditionen. Distributoren hingegen bedienen in ihrer Ursprungsform die vier bereits diskutierten B-Webs, indem sie den Austausch von Informationen, Waren und Dienstleistungen gewährleisten.

In Abbildung 2–7 ist die Grundform eines Distributors aufgezeigt. Das Distributionsnetzwerk verbindet die Hersteller von Produkten und Dienstleistungen mit den Abnehmern. Dabei kann es sich um physische oder digitale Netzwerke und Verteilsysteme handeln.

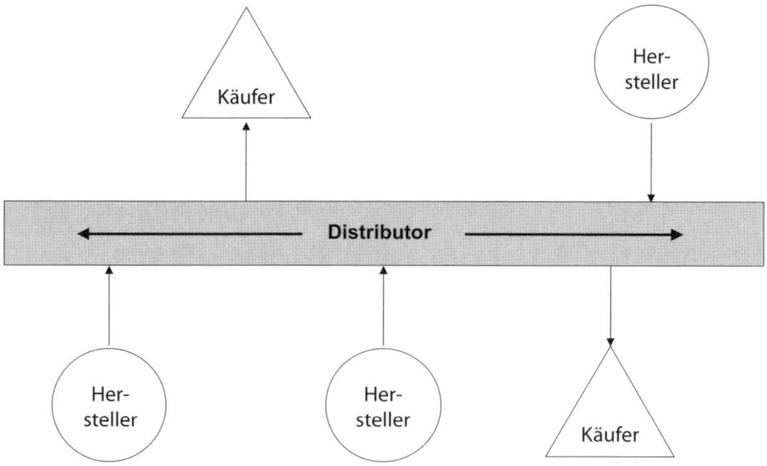

Abb. 2–7
Grundkonzeption des B-Web Distributor [Tapscott et al. 2001, S. 51]

Nutzenvorteile des Distributors

Distributoren sind darauf spezialisiert, den Unternehmen und Privatpersonen *Netzwerkdienste* mit abgestuftem Leistungsdurchsatz und unterschiedlichen Sicherheitsniveaus anzubieten. Internetbasierte Distributoren versuchen, auf Ereignisse in Echtzeit zu reagieren und optimierte Distributionsprozesse anzubieten. Die Vorteile eines B-Web vom Typ Distributor lauten:

- **Internationalisierung:**
  Der Distributor erfüllt seine Verteilungsfunktion in globalen Teilmärkten.
- **Skaleneffekte:**
  Durch die Bündelung der Transport- und Verteilfunktion können Skaleneffekte erzielt werden.
- **24-Stundenbetrieb:**
  Viele Distributoren, vor allem bei digitalen Kommunikationslieferanten, bieten ihre Dienste rund um die Uhr an.
- **Spezialisierung pro Warentyp:**
  Distributoren wirken als Netzwerkdienstleister für teilbare, weitergeleitete oder nutzbare Waren.
- **Spezialfunktion des Infomediärs:**
  Ein Infomediär steuert die Zugangsfunktion und bereitet die Transaktionsdaten auf.

Das Nutzenversprechen eines Distributors ermöglicht Austausch und Lieferung von Informationen, Waren und Dienstleistungen. Distributionsnetze tragen zur Umwandlung regulierter Monopole in wettbewerbsfähige, disaggregierte Märkte bei.

Tab. 2–5
Unternehmenskapital und Webkennzahlen von Distributoren

Kapital des Distributors	Mögliche Webkennzahlen
Finanzkapital	▪ Umsatz durch Transaktionsgebühren ▪ Umsatz Support-/Servicegebühren ▪ Umsatz durch Werbeeinnahmen
Kundenkapital	▪ Grad des Vertrauens ▪ Treue/Loyalität ▪ Grad der Internationalität
Organisationskapital	▪ Grad der sicheren Abwicklung ▪ Grad des Datenschutzes ▪ Grad der Verfügbarkeit

In Tabelle 2–5 sind *Webkennzahlen* für Bewertung des Finanz-, Kunden- und Organisationskapitals eines Distributors aufgeführt. Primär finanziert sich ein Distributor über Transaktions-, Support- und Servicegebühren. Da die meisten Distributoren international tätig sind, können sie auch Erlöse aus dem Verkauf von *Werbeflächen* generieren. Die Kunden sind entsprechend international, bauen ein Vertrauen auf und gehen in den meisten Fällen längerfristige Beziehungen mit dem Distributor ein. Dieser sorgt für sichere und datenschutzkonforme Vermittlungsdienste und zeichnet sich durch hohe Verfügbarkeit aus.

Beispiel Telcos

Als Beispiele von Distributoren können *Telekommunikationsunternehmen* und *Internetprovider* angesehen werden. Abhängig von den zu transportierenden Waren werden die folgenden drei Angebotsformen unterschieden:

- **Netzwerkdienstleister für teilbare Waren:**
  Sie sammeln und verteilen teilbare Güter wie Strom oder Bandbreiten für den Transport von Multimediaobjekten über digitale Kommunikationsnetze.
- **Netzwerkdienstleister für weitergeleitete Waren:**
  Dazu zählen unter anderem Spediteure, Postdienste, Fluggesellschaften, aber auch Sprach-, Bild- und Tonvermittler bei digitalen Kommunikationsnetzen.
- **Netzwerkdienstleister für nutzbare Waren:**
  Darunter fallen Finanz- und Versicherungsunternehmen, die Kapital verleihen oder für Risiken bürgen.

Distributoren als Infomediäre

Durch digitale Technologien entwickeln sich viele Distributoren mehr und mehr zu *Infomediären* – das sind Intermediäre im Market Space – mit entsprechenden Dienstleistungen. Mit anderen Worten verlagert sich die Wertschöpfung von Distributoren oft vom Market Place in den Market Space.

2.3 Vergleich und Bewertung von Business Webs

Bei der Entwicklung eines Geschäftsmodells stellen sich zwei Grundsatzfragen: Welches ist das Erfolg versprechende Business Web für das Kerngeschäft des eigenen Unternehmens und mit welchen Business Webs sollen Ergänzungsleistungen angeboten werden?

Business Webs im Vergleich

Die Typisierung von B-Webs zeigt vor allem die grundlegenden Merkmale und die entsprechenden Nutzungsaspekte auf; einen *Vergleich* dazu gibt Tabelle 2–6.

	Agora	Aggregator	Integrator	Allianz	Distributor
Zielsetzung	Marktplatz für Waren & Werte	Digitaler Supermarkt	Optimierte Wertschöpfungskette	Selbstorganisierender Wertschöpfungsraum	Austausch von Informationen, Waren & Diensten
Merkmale	▪ Marktinformation ▪ Verhandlungsprozess ▪ dynamische Preisfindung	▪ Auslagen von Produkten ▪ fester Preis ▪ einfache Erfüllung	▪ gezielte Lieferantenauswahl ▪ Prozessoptimierung ▪ Produktintegration	▪ Innovation ▪ Vertrauensbildung ▪ Verzicht auf hierarchische Kontrolle	▪ Netzoptimierung ▪ uneingeschränkte Nutzung ▪ Logistikprozesse
Kundenrolle	Marktteilnehmer	Käufer	Wertmotor	Beitragender	Empfänger
Nutzen	verhandelbare Marktleistung	bequeme Auswahl & Erfüllung	kundenspezifisches Produkt	kreative & gemeinschaftliche Lösung	zeitgerechte Lieferung
Beispiele	▪ eBay ▪ auctions.yahoo	▪ Amazon ▪ eTrade	▪ Cisco ▪ Dell	▪ Linux ▪ music.download	▪ UPS ▪ AT&T ▪ Telecom

Tab. 2–6 *Hauptmerkmale der unterschiedlichen B-Webs im Vergleich [Meier & Stormer 2012, S. 48]*

Zur Vielfalt von Business Webs

Zielsetzung und Hauptmerkmale der B-Webs sind recht unterschiedlich und reichen von freien Marktplätzen über straff organisierte Netzwerke bis zu selbstorganisierten und lose gekoppelten Gemeinschaften.

Unterschiedliche Kundenrollen

Die Rolle der Kunden in den unterschiedlichen B-Webs unterscheidet sich ebenfalls. Bei der Agora ist der Kunde Marktteilnehmer, der sich am Marktgeschehen orientiert und den Austausch von Waren verhandelt. Die Käuferrolle des Kunden beim Aggregator bzw. die Empfängerrolle beim Distributor wird beim Integrator erweitert, indem hier der Kunde zu einem Wertmotor aufsteigt. Eine Allianz funktioniert nur, wenn der Kunde sich einbringt und an der Lösungssuche und -entwicklung mitwirkt.

Abgrenzungsproblematik bei Business Webs

In konkreten elektronischen Märkten treten die Marktteilnehmer nicht immer als klar abgrenzbare B-Webs auf. Vielmehr weist ein bestimmtes B-Web oft Eigenschaften eines anderen B-Web auf. Zudem lassen sich verschiedene B-Webs in einem eigenen Netz von Anbietern und Kunden integrieren. Des Weiteren liegt es auf der Hand, dass jedes B-Web eine Distributionsfunktion aufweisen muss, eventuell ausgelagert bei einem marktgängigen Distributor.

2.4 Gemeinschaftsbildung im Market Space

Zur Bedeutung von sozialen Netzen

Online-Communitys bzw. *soziale Netze* gewinnen im Market Space an Bedeutung [Bacon 2009; Meier & Reich 2011; Rheingold 2000; Schaffert & Wieden-Bischof 2009]. Sie können helfen, Verbesserungen in die Wertschöpfungskette einzubringen, Marken aufzubauen, Kundentreue zu stärken oder das Innovationspotenzial besser auszuschöpfen. Sie stellen deshalb einen wesentlichen Bestandteil des webbasierten Geschäftsmodells dar. Soziale Netzwerke bilden nicht nur wichtige Komponenten des Geschäftsmodells, sondern können selbst als webbasiertes Geschäftsmodell verstanden werden. So kann das Business Web vom Typ *Allianz* als *soziales Netz* aufgefasst werden, in das die Teilnehmer ihr Know-how und ihre Beziehungen einbringen und gleichzeitig vom Know-how und Beziehungsgeflecht der Gemeinschaft profitieren [Weinberg 2009].

Definition soziales Netz

Ein **soziales Netz** hat nach [Hamman 2001] die folgenden vier konstituierenden Elemente: Es handelt sich um eine Gruppe von Personen (1), die in sozialer Interaktion (2) stehen, Beziehungen und Bindungen (3) unter sich aufweisen und die zeitweise einen gemeinsamen Ort (4) frequentieren. Bedient sich das soziale Netz webbasierter Werkzeuge für den Austausch und die Beziehungspflege, so spricht man von einer *Online-Community*.

Gestaltungsoptionen für Communitys werden in Abbildung 2–8 gezeigt.

Gestaltungsoptionen für soziale Netze

Eine Gruppe von Internetnutzern bestimmt das Teilnehmerfeld und die Bedürfnisse eines sozialen Netzes, die durch die Gemeinschaft erfüllt werden sollen. Ein Mindestmaß an Homogenität bezüglich der Interessen und Bedürfnisse ist notwendig, damit es zu sozialer Interaktion kommt. Der Grad der Eingrenzung bestimmt die Reichweite der Gemeinschaft. Aufgrund empirischer Studien lässt sich zeigen, dass Eingrenzungen die Interaktionsbereitschaft steigern [Stegbauer 2001]. Neben der Eingrenzung bestimmen die Mitglieder der Gemeinschaft die Umgangsregeln. Bei Missbrauch des Netzes legen sie je nach Verstoß gegen den Verhaltenskodex Sanktionen fest.

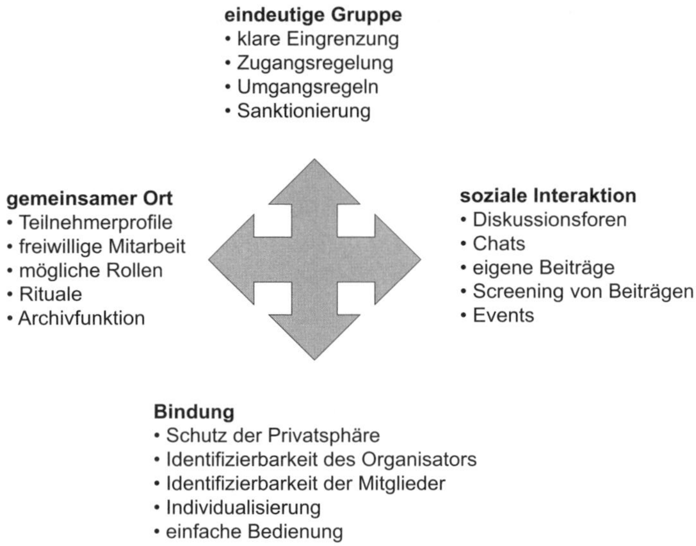

Abb. 2-8
Gestaltungsoptionen für Online-Communitys

Kommunikation und Austauschbeziehungen

Online-Communitys fördern die soziale Interaktion durch unterschiedliche Kommunikationsangebote, wie z.B. Diskussionsforen oder Chats. Neben der Kommunikation können Austauschbeziehungen gepflegt und Transaktionen durchgeführt werden. Aufgrund sozialer Interaktion werden Ressourcen gebildet, primär durch Informations- und Wissensaustausch. Diese Ressourcen sind Bestandteil des sozialen Kapitals (vgl. Abschnitt 2.6).

Beziehungen und Bindungen einer Gemeinschaft halten diese zusammen. Die Intensität der Beziehungen beeinflusst das Verhalten der Mitglieder. Dabei muss der Schutz der *Privatsphäre* gewährleistet werden, indem den Mitgliedern Schutzmechanismen zur Verfügung stehen. Je schwächer die Bindung, je geringer ist die gegenseitige Abhängigkeit, die Bereitschaft zur Hilfe sowie die Bereitstellung eigener Ressourcen. In jedem Fall sollte der Organisator bzw. Betreiber der Webplattform identifizierbar sein. Bei nicht anonymen Gemeinschaften können die Mitglieder ihre persönlichen Profile und Präferenzen abgestuft deklarieren.

Soziale Raum von Communitys

Gemeinsamer Ort bei einer Online-Community bedeutet gemeinsamer *sozialer Raum*. Der Ort der Begegnung kann physisch wie virtuell sein. Im Laufe der Zeit lassen sich bei sozialen Netzen funktionale Differenzierungen mit entsprechenden Rollen, Ritualen oder Machtstrukturen beobachten [Hummel 2005]. Mit anderen Worten verändert sich eine Online-Community stetig, da sie von Interaktionsbreite und -tiefe ihrer Mitglieder lebt.

2.5 Zur Charakterisierung sozialer Netze

Das Internet als virtueller Aufenthaltsort

Das Internet und seine Kommunikationsmöglichkeiten dienen Anwendern nicht nur beim elektronischen Austausch oder bei der rechnergestützten Arbeitsbewältigung, sie ermöglichen Begegnungen und Gemeinschaften. Der Cyberspace als Erweiterung des Market Space wächst zu einem Raum, in dem sich dessen Bewohner begegnen, Beziehungen und Wissen austauschen, gemeinsame Projekte vorantreiben sowie Sprachgrenzen und kulturelle Barrieren überwinden. So wie im realen Leben Straßencafés, Marktplätze oder Ausstellungen neben Familie und Arbeit als dritte Begegnungsstätte fungieren, entwickelt sich das Netz der Netze zu einem virtuellen Aufenthaltsort. Eine neue Form der Gemeinschaftsbildung entsteht durch themenspezifische, kommerzielle, kulturelle oder wissenschaftliche Treffpunkte im Internet.

Interessen- und Projektgemeinschaften

Computernetze sind von Internetnutzern und von *Avataren*[1] bevölkert. Das Internet ermöglicht einen erweiterten Lebensraum. Wie im realen Lebensraum werden Infrastrukturen für den virtuellen Raum entwickelt, Austauschplattformen bereitgestellt und Serviceangebote gemacht. Darüber hinaus dienen Verhaltensregeln und Schutzmechanismen dazu, die eigene Privatsphäre zu erhalten und Missbräuche abwehren zu können. Bei den im Internet entstehenden *Gemeinschaften* kann man zwei Arten unterscheiden:

Definition Communities of Interest/Practice

Communities of Interest: Dazu zählen Internetanwender, die an einer gemeinsamen Sache interessiert sind oder ein gemeinsames Hobby teilen.

Communities of Practice: Hierzu gehören Gruppen von Internetnutzern, die sich an einem Projekt der Gesellschaft beteiligen und Zeit bzw. Wissen investieren.

Beide Arten von Gemeinschaften können mit *Informations- und Kommunikationssystemen* unterstützt werden. Supportsysteme für Communitys dienen den Mitgliedern, sich zu treffen, den Austausch von Know-how und Wissen zu ermöglichen sowie gemeinsame Aufgaben oder Herausforderungen zu meistern. Webbasierte Plattformen geben nicht nur die Existenz von Gemeinschaften Preis, sondern erlauben, andere Mitglieder der Community zu treffen sowie das Know-how und die Kompetenz dieser Gemeinschaft zu nutzen.

1. Avatare sind im Hinduismus Verkörperungen eines Gottes auf Erden und bei der Informationsgesellschaft im Internet dargestellte Personen, die eine fiktive Identität annehmen.

Webbasierte Plattformen und entsprechende Softwaresysteme für die Bildung von Gemeinschaften haben *unterschiedliche Zielsetzungen und Charakteristiken* [Ingenhoff & Meier 2010]. In diesem Abschnitt werden fünf Klassen von Webplattformen vorgestellt, nämlich Community Networks, Buddy Systems, Matchmaking Systems, Recommender Systems und Corporate Blogs:

Verschiedene Typen von sozialen Netzen

- **Community Networks:**
  Dies sind *elektronische Treffpunkte* für Internetanwender, die einen gemeinsamen Ort, ein Interesse oder einen Lebensraum teilen. Dabei handelt es sich zum Beispiel um die Bewohner einer Stadt oder einer Bergregion, die sich mit den Mitbewohnern im virtuellen Raum treffen wollen. Neben der Einrichtung und Moderierung von Diskussionsforen geht es um das Umsetzen von *Projekten* für die Gemeinschaft. Zum Beispiel werden verbesserte und erweiterte Schulungs- und Weiterbildungsmöglichkeiten entwickelt und angeboten.

  Treffpunkte für User mit gemeinsamen Interessen

- **Buddy Systems:**
  Das englische Wort Buddy bedeutet Kumpel oder Kamerad und deutet an, dass die Buddy Systems aufzeigen, wo sich die *Arbeitskollegen oder Freunde* gerade befinden und wie sie elektronisch erreicht werden können. Die soziale oder aufgabenorientierte Wahrnehmung von Gruppenmitgliedern (Awareness) ermöglicht, dass man sich virtuell treffen oder austauschen kann. Die Systeme zeigen zudem auf, wann ein Teilnehmer nicht gestört werden will. Für eigentliche Treffs können die Systeme Audio- und Videoverbindungen herstellen, damit die räumliche Distanz überwunden wird (Media Space). Neuere Entwicklungen erlauben, dreidimensionale Welten zu erzeugen und reale Begegnungsräume durch virtuelle zu ersetzen (Virtual Reality).

  Systeme für private und berufliche Kontakte

- **Matchmaking Systems:**
  Matchmaking heißt frei übersetzt Heirats- oder Eheanbahnung, wird im Cyberspace jedoch breiter gesehen. Es geht um den *Austausch von Beziehungen für Wirtschaft und Gesellschaft.* Die Systeme unterstützen Kontakte und Handlungen in einer gemeinsam genutzten Umgebung für eigene Zwecke. So werden Netzwerke von Bekannten dazu verwendet, um Kontakte auf einer bereits vorhandenen Vertrauensbasis weiterzuknüpfen und Informationen austauschen zu können.

  Matchmakingsysteme

- **Recommender Systems:**
  Hier handelt es sich um *Empfehlungssysteme*, die die Vorlieben der Internetnutzer herausfinden und ihnen Vorschläge zu Weiterent-

  Empfehlungssysteme

wicklung machen [Klahold 2009]. Spezielle Verfahren (Collaborative Filtering) ermöglichen es, die Präferenzen der Teilnehmer zu klassifizieren und die für eine bestimmte Klasse wichtigen Handlungsoptionen weiterzugeben. Möchte man sich z.B. in ein neues Sachgebiet einarbeiten, empfehlen solche Systeme geeignete Literatur, eventuell ergänzt mit einer Expertenbewertung.

Blog-Systeme

- **Corporate Blogs:**
  Corporate Weblogs oder Blogs sind nachgeführte *digitale Journale* von Personengruppen oder Organisationseinheiten [Zerfass 2005]. Diese Systeme oder Plattformen erlauben, Wissen zu vermitteln, Themen zu besetzen oder Beziehungen zu pflegen. Corporate Blogs dienen zur Unterstützung der Ziele von Gemeinschaften und Organisationen und können normalerweise von allen Anspruchsgruppen abonniert werden.

Vergleich von sozialen Systemen

Die fünf Webplattformen werden anhand von zehn *Zielsetzungen* gemäß [Ingenhoff & Meier 2010] gegenübergestellt (siehe Tab. 2–7). Die Größe der Sterne drückt aus, ob es sich um ein Hauptziel (großer Stern) oder ein Nebenziel (kleiner Stern) handelt. Es ist ersichtlich, dass einige Nebenziele für unterschiedliche Webplattformen gelten.

Tab. 2–7
Vergleich der fünf Webplattformen nach [Ingenhoff & Meier 2010]

	Community Networks	Buddy Systems	Matchmaking Systems	Recommender Systems	Corporate Blog Systems
Treffen virtualisieren	★				
Freundeskreis ausbauen		★			
Kontakte vermitteln			★		
Präferenzen klassifizieren				★	
Themen besetzen					★
Beziehungen pflegen	⋆	⋆	⋆		
Wissen austauschen	⋆			⋆	⋆
Projekte durchführen	⋆				
Image bilden					⋆
Virtual Reality nutzen	⋆	⋆			

Alle Webplattformen haben gemeinsam, dass es sich um *Kommunikations-, Austausch- und Diskussionsplattformen* handelt. Aus diesem Grunde werden in der Abbildung keine Ziele formuliert, die Kommunikation, Diskussion und Erfahrungsaustausch betreffen. Vielmehr wird vorausgesetzt, dass die entsprechenden Systeme elektronische Mail, Diskussionsforen und Chaträume zur Verfügung stellen. Darüber hinaus werden je nach technologischer Reife dieser Webplattformen auch Audio- und Videomöglichkeiten genutzt, um zum Beispiel elektronische Diskussionen mit Bild und Ton führen zu können.

Kommunikationsplattformen

Tabelle 2–7 zeigt, dass die Hauptziele exklusiv für die einzelnen Webplattformen gelten. Bei den Nebenzielen gibt es Überlappungen bei der Beziehungspflege, beim Wissensaustausch und bei der virtuellen Realität. Beispielsweise ist die *Beziehungspflege* sowohl für Community Networks als auch für Buddy Systems und Matchmaking Systems von Bedeutung. *Wissensaustausch* ist ein Nebenziel bei Community Networks, Empfehlungssystemen sowie bei Corporate Blogs. Das Durchführen von *gemeinsamen Projekten* mit entsprechendem Support zur Planung, Entscheidung und Zusammenarbeit ist ein wichtiges Nebenziel bei den Community Networks.

Ziele von sozialen Netzen

Für die *Virtualisierung der Treffen* bei Community Networks und bei Buddy Systems wird oft auf Methoden und Techniken der Virtual Reality zurückgegriffen. Bei den Corporate Blogs hingegen steht neben der *Besetzung von Themen* und dem Wissensaustausch vor allem die *Imagepflege* im Vordergrund.

2.6 Wertbeitrag zum sozialen Kapital

Soziale Netze und Online-Communitys leisten einen Beitrag zum sozialen Kapital (vgl. Abb. 2–9). Dieses bezieht sich auf die Beziehungen zwischen Individuen und fasst alle materiellen und immateriellen Werte dieses Beziehungsgeflechts zusammen.

> Das **Sozialkapital** ist nach [Bourdieu 1983] die Gesamtheit der aktuellen und potenziellen Ressourcen, die mit dem Besitz eines dauerhaften Netzes oder Anerkennens verbunden sind.

Definition Sozialkapital

Im Gegensatz zum Humankapital bezieht sich das Sozialkapital nicht auf Personen, sondern auf Beziehungen zwischen ihnen. Soziale Netze bieten Zugang zu folgenden Ressourcen:

Soziale Ressourcen

- Unterstützung
- Anerkennung
- Information

- Wissen
- Kontakte
- Empfehlungen etc.

Reziprozität

Damit das soziale Kapital überhaupt entsteht oder gesteigert werden kann, vertrauen die Netzmitglieder der sogenannten *Reziprozität* [Franzen & Freitag 2007]. Darunter wird die gegenseitige Wechselwirkung unter den Mitgliedern einer Community verstanden und insbesondere die Erwartung, bei einer Leistung im Netzwerk früher oder später eine Gegenleistung zu erhalten.

Wird der Reziprozität von einzelnen Mitgliedern nicht nachgelebt oder gegen Regeln der Fairness verstoßen, so behält sich die Community Maßnahmen vor. Beispielsweise werden einzelnen Mitgliedern Sanktionen auferlegt oder der Zugang zu bedeutenden Teilen des Netzwerkes verweigert. Natürlich ist die Durchsetzung solcher Disziplinierungsmaßnahmen nicht einfach, da eine Online-Community auf Toleranz aus ist und in vielen Fällen nicht über etablierte Machtstrukturen verfügt.

Bedeutung von Vetrauen

Eine weitere wichtige Komponente des sozialen Kapitals bildet das *Vertrauen*. Einerseits geht es um das Vertrauen ins Netz und in die Netzplattform, andererseits um das Vertrauen unter den Netzteilnehmern. Vorbildliches Verhalten und entsprechende Auszeichnungen im Netz haben Signalwirkung für alle Netzteilnehmer. Besondere Programme zur Förderung der Vertrauensbasis werden publik gemacht, Exponenten mit herausragenden Leistungen werden vermerkt und Teilgruppen mit attraktiven Lern- und Entwicklungserfahrungen werden ausgezeichnet.

Abb. 2–9
Die Tragpfeiler des sozialen Kapitals

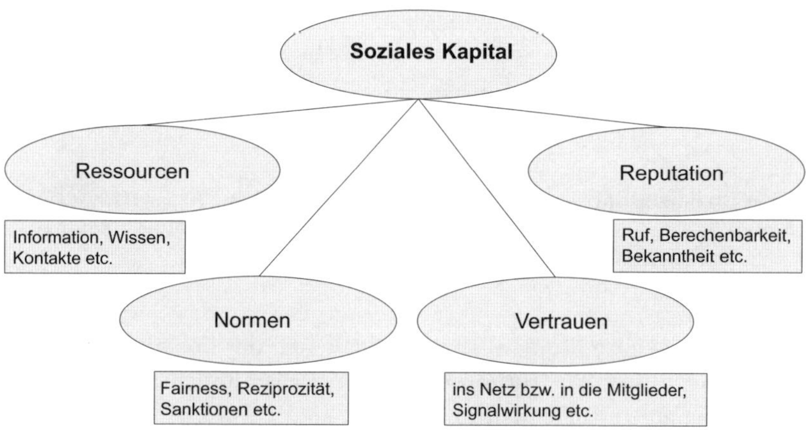

Eine weitere Komponente des sozialen Kapitals bildet gemäß Abbildung 2–9 die Reputation. *Reputation* bezeichnet den Ruf eines Netzmitgliedes, einer Teilgruppe oder des gesamten sozialen Netzes. Reputation dient der Berechenbarkeit: Es kann abgeschätzt werden, wie sich die Community bzw. einzelne Mitglieder verhalten. Bei hoher Reputation kann künftiges Handeln bezüglich Entscheidungsfindung, Austauschoptionen, Investitionen ins Netz oder Pflege einzelner Beziehungen verlässlicher eingeschätzt werden. Damit lassen sich nicht zuletzt auch Aufwände und Kosten reduzieren [Einwiller et al. 2005].

Tragpfeiler von sozialem Kapital

2.7 Ertragsmodelle

Geschäftsmodelle des electronic Business lassen sich anhand der Positionierung, des Kundennutzens, der Produkte und Dienstleistungen, der Wahl des Business Web und des *Ertragsmodells* charakterisieren. Die Festlegung der Ertragsquellen, mit denen sich das Unternehmen refinanziert, bildet einen zentralen Bestandteil des Geschäftsmodells. Das Ertragsmodell beschreibt den finanziellen und immateriellen Nutzen aus der Geschäftstätigkeit.

Ertragsmodell als zentraler Teil des Geschäftsmodells

Direkte Ertragsmodelle bedeuten, dass die Erträge direkt aus der Geschäftstätigkeit des Unternehmens resultieren.

Direkte und indirekte Ertragsmodelle

Bei den *indirekten Ertragsmodellen* werden finanzielle Mittel aus dem Kapitalmarkt bereitgestellt.

Abbildung 2–10 zeigt die direkten und indirekten Ertragsmodelle für Unternehmen in elektronischen Märkten. Zu den *direkten Ertragsmodellen* zählen:

- **Advertising-Modell:**
  Der Anbieter elektronischer Produkte und Dienstleistungen verkauft *Werbefläche* auf seiner frequentierten Website. Dies ist nur möglich, wenn das Unternehmen eine starke Marktposition hat, über eine ansehnliche Anzahl von Besuchern bzw. Onlinekunden sowie über viele Seitenzugriffe verfügt.

  Verkauf von Werbefläche

- **Preismodell für Produkte und Dienstleistungen:**
  Dieses Ertragsmodell tritt im Internet am häufigsten auf und beinhaltet den klassischen Webshop (Onlineshop, eShop). Das heißt, dass über ein Webshop-System *physische* und/oder *digitale Produkte* bzw. *Dienstleistungen* für einen bestimmten Preis online zum Verkauf angeboten werden. Das Preismodell verlangt eine Diskussion zur Preisdifferenzierung und die Wahl der geeigneten Parameter zum Preismodell. Voraussetzung ist, dass der gesamte Prozess einer Beschaffung bis zur Verteilung auch wirtschaftlich gestaltet

  Verkauf von Produkten und Dienstleistungen

Abb. 2–10
Ertragsmodelle in elektronischen Märkten nach [Birkhofer 2002]

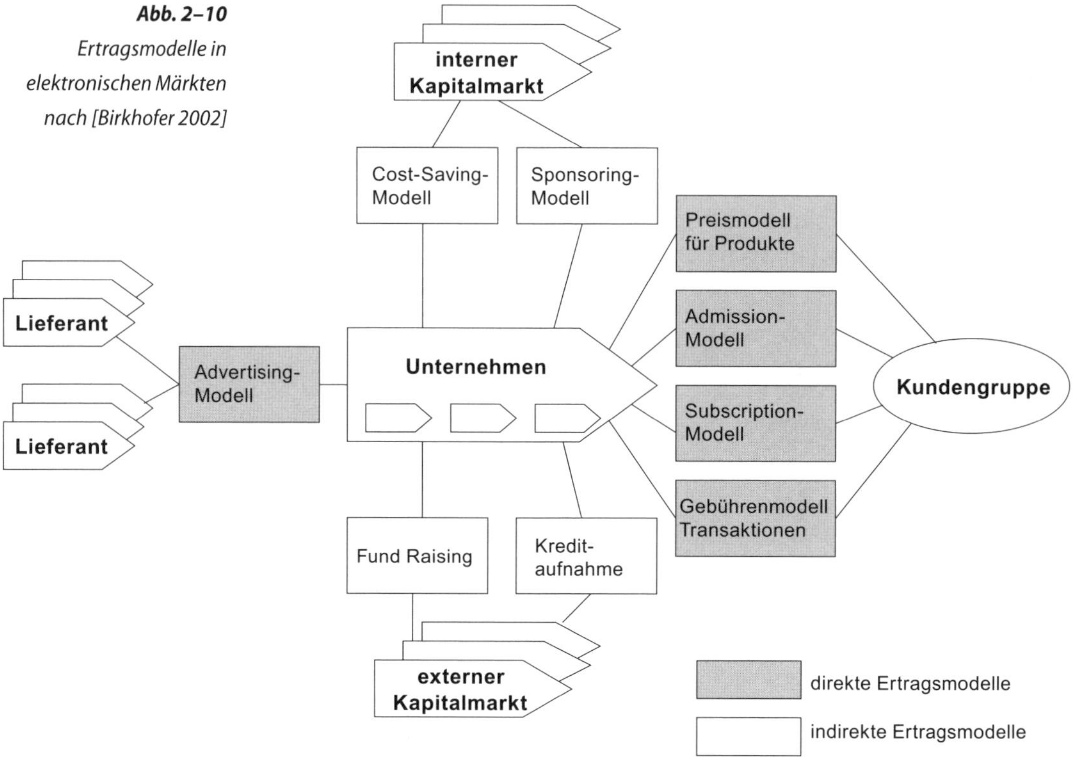

werden kann. Bei digitalen Produkten können Kosten eingespart werden, falls Bestellvorgänge, Auslieferungen und Servicedienstleistungen ebenfalls digital vorgenommen werden.

Verkauf von Zugängen

- **Admission-Modell:**
  Der Kunde muss hier eine *Eintrittsgebühr* entrichten für die zeitlich befristete Nutzung eines Angebots bzw. für den Zugang zu Inhalten (z.B. Archive, Volltexte). Dieses Ertragsmodell eignet sich für Zielgruppen mit Bedarf nach Informationen, Know-how oder Unterhaltung.

Verkauf von Abonnements

- **Subscription-Modell:**
  Der Verkauf von Inhalten kann nach einer fixen und periodisch zu entrichtenden *Abonnementsgebühr* angeboten werden.

Verkauf von Transaktionen

- **Gebührenmodell für Transaktionen:**
  Hier wird den Kunden eine *Transaktionsgebühr* verrechnet. Diese kann sich nach der Nutzungsdauer richten (Usage Fee), nach dem Inhalt der heruntergeladenen Information (Content Delivery Fee) oder nach dem angebotenen Support (Service Fee).

Zu den *indirekten Ertragsmodellen* zählen folgende Typen:

- **Cost-Saving-Modell:**
  Bei diesem Modell wird angenommen, dass sich die Investition in Webtechnologien und in entsprechende elektronische Geschäftsprozesse auszahlt und sich dadurch längerfristig *Kosten einsparen lassen.*
  Kosteneinsparungen
- **Sponsoring-Modell:**
  Bei diesem Modell treten Sponsoren bzw. Gönner auf. Interne Geschäftsbereiche können den Auftritt im Web für eine bestimmte Zeitdauer finanziell unterstützen, bis die Dienstleistungen selbsttragend werden.
  Sponsoren
- **Fund Raising** und Kreditaufnahmen zählen zu den Ertragsmodellen, die auf einen *externen Kapitalmarkt* angewiesen sind.
  Fremdfinanzierung

KPIs für jedes Geschäfts- bzw. Erlösmodell

In Abhängigkeit der webbasierten Geschäfts- und Ertragsmodelle messen Unternehmen im Web Analytics und Web Controlling den Erfolg dieser Modelle. Für jedes Ertrags- bzw. Erlösmodell, das in einem Unternehmen zur Anwendung kommt, müssen *spezifische KPIs und Webkennzahlen definiert*, heruntergebrochen, gemessen und bewertet werden, wie Kapitel 5 detaillierter aufzeigt. Ertrag ist das Ergebnis einer wirtschaftlichen Leistung; Erlös bezeichnet den Gegenwert, den ein Unternehmen durch den Verkauf von Waren und Dienstleistungen erzielt. Erlös wird ab und zu mit Leistung gleichgesetzt.

3 Business Intelligence & Web Controlling

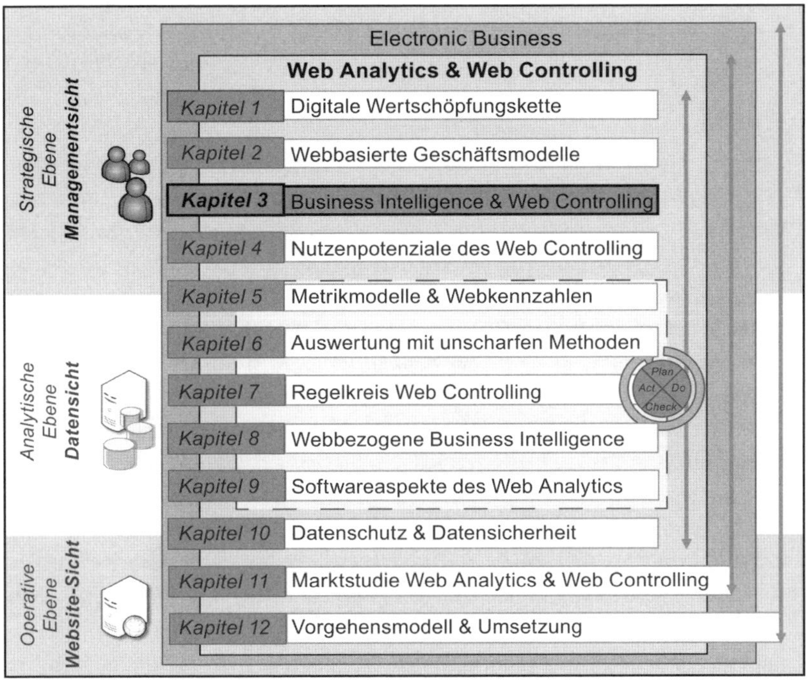

Abb. 3–1
Business Intelligence & Web Controlling

Das Kapitel vermittelt Grundlagen zum Web Controlling aus strategischer Sicht. Ausgehend von der Website Governance, abgeleitet von der Corporate Governance, wird in Abschnitt 3.1 die Bedeutung transparenter Führungs- und Serviceprozesse für das Website-Management hervorgehoben und eine Website-Governance-Architektur vorgestellt. Abschnitt 3.2 zeigt den Regelkreis für das Web Controlling auf, der sich wie ein roter Faden durch das gesamte Werk zieht. Er dient der Wirksamkeitsmessung und Steuerung und bedient die strategische, taktisch-analytische und operative Ebene. Um den Regelkreis im Unternehmen zu verankern, wird in Abschnitt 3.3 eine dazu notwendige Organisations-

pyramide mit abgestuften Zielen und Aufgaben beschrieben. Als bedeutende Gremien werden das Web Steering Committee und das analytische Webkernteam vorgeschlagen, damit die webbasierte Unternehmensstrategie mit Erfolg gekrönt wird. Die wichtigsten Berufsbilder für das Website-Management werden anschließend in Abschnitt 3.4 diskutiert. Der Chief Web Officer ist auf der obersten Führungsebene verankert und sorgt als Vorsitzender des Web Steering Committee für die Strategiefestlegung und -umsetzung. Auf der taktisch-analytischen Führungsebene wirkt der Web Controller. Neben seiner Leitungstätigkeit im analytischen Webkernteam arbeitet er eng mit dem Webmaster und weiteren Leistungsträgern aus Website-Administration, Marketing, Verkauf und Unternehmensplanung zusammen. Aus den Anspruchsgruppen des Unternehmens müssen gemäß Abschnitt 3.5 die Zielgruppen für den Webauftritt festgelegt werden. Pro Zielgruppe werden die webbasierten Ziele und Webkennzahlen formuliert und aufeinander abgestimmt. Die Webkennzahlen betreffen nicht nur Metriken der Websitenutzung und Marketingkennzahlen, sondern müssen gemäß Abschnitt 3.6 um Kennzahlen des intellektuellen Kapitals ergänzt werden, da webbasierte und wissensintensive Organisationen ihre Wertschöpfung mit immateriellen Werten stark beeinflussen. Um das Web Controlling im Unternehmen über alle drei Führungsebenen implementieren zu können, wird in Abschnitt 3.7 eine entsprechende Vorgehensmethodik vorgestellt. Ausgehend von einer strategischen Analyse, der Entwicklung eines webbasierten Geschäftsmodells, der Zielformulierung und Maßnahmenplanung bis hin zur Umsetzung begleitet das Web Controlling in einem iterativen Vorgang alle Entwicklungsschritte. Abschnitt 3.8 unterstreicht die Bedeutung eines internen Kontrollsystems für das Website-Management und lehnt sich an das breit abgestützte Framework COBIT (Control Objectives for Information and Related Technology) an, wie es vom internationalen Verband ISACA weltweit vorangetrieben wird.

3.1 Website Governance

Definition Corporate Governance

Unter **Corporate Governance** oder unternehmensweite Governance werden Grundsätze, Verfahren und Maßnahmen zusammengefasst, die der effizienten und effektiven Umsetzung der Unternehmensziele und der dazu notwendigen Strategien dienen.

> Bei der Corporate Governance stehen transparente und verantwortungsbezogene Führungsaufgaben im Vordergrund, die das Planen, Analysieren, Überwachen, Entscheiden und Steuern der Geschäftstätigkeit unterstützen, um die Unternehmensziele umzusetzen.

Insbesondere betrifft die Corporate Governance den Ordnungsrahmen und das Berichtswesen (Reporting) eines Unternehmens und damit das Beziehungsgeflecht zwischen Management, Aufsichtsorganen und weiteren Anspruchsgruppen des Umfeldes.

OECD-Richtlinien für Corporate Governance

Die OECD (Organisation for Economic Cooperation and Development) legt in ihren Richtlinien für die Corporate Governance *sechs Grundsätze* fest [OECD 2004, S. 17 ff.]:

- The corporate governance framework should promote *transparent and efficient markets*, be consistent with the *rule of law* and clearly articulate the division of *responsibilities* among different supervisory, regularity and enforcement authorities.
- The corporate governance framework should protect and facilitate the exercise of *shareholder's rights*.
- The corporate governance framework should ensure *the equitable treatment of all shareholders*, including minority and foreign shareholders. All shareholders should have the opportunity to obtain effective redress for violation of their rights.
- The corporate governance framework should recognize the rights of stakeholders established by law or through mutual agreements and *encourage active cooperation* between corporations and stakeholders in creating wealth, jobs, and the sustainability of financially sound enterprises.
- The corporate governance framework should ensure that *timely and accurate disclosure* is made on all material matters regarding the corporation, including the financial situation, performance, ownership, and governance of the company.
- The corporate governance framework should ensure the *strategic guidance* of the company, the effective monitoring of management by the board, and the board's accountability to the company and the shareholders.

Compliance

Wichtiger Bestandteil der Corporate Governance ist gemäß obigen Grundsätzen die *Compliance*, d.h. die Einhaltung gesetzlicher und aufsichtsrechtlicher Regelwerke und Empfehlungen. Darunter fallen weitere Grundsätze bezüglich Ethik, Umwelt oder Privatsphäre, die teilweise auf freiwilliger Basis miteinbezogen werden (siehe dazu die Richtlinien zum Datenschutz und Datensicherheit in Kap. 10).

Web Governance bzw. Website Governance ist ein integraler Bestandteil der Corporate Governance und betrifft alle websitebezogenen Führungsaufgaben.

Definition Website Governance

> **Website Governance** beinhaltet alle organisatorischen Grundsätze, Strukturen, Verfahren, Maßnahmen und technische Infrastrukturen, die dem effizienten und effektiven Betrieb einer Website dienen sowie der Umsetzung der Website-Ziele und der dazu notwendigen Strategien.

Bei der Website Governance geht es um einen zielgerichteten und verantwortungsvollen Umgang mit ICT-Ressourcen (ICT – Information and Communication Technology), d.h. mit der Kommunikationsinfrastruktur, den Webanwendungen und -inhalten sowie mit den Webdiensten (siehe auch Literatur zum IT-Controlling von [Gadatsch & Mayer 2006; Kütz & Meier 2007; Kütz 2005]).

Serviceorientiertes Website-Management

Den Grundstein für die Website Governance und transparente Management- und Serviceprozesse bildet das Referenzmodell *ITIL* (Information Technology Infrastructure Library [Van Bon et al. 2002; Meier & Myrach 2004]). Dieses betont die Nutzenpotenziale, die sich beim Übergang technologieorientierter Informatikproduktion in ein *serviceorientiertes Website- und Informationsmanagement* ergeben.

Abb. 3–2 *Website-Governance-Architektur*

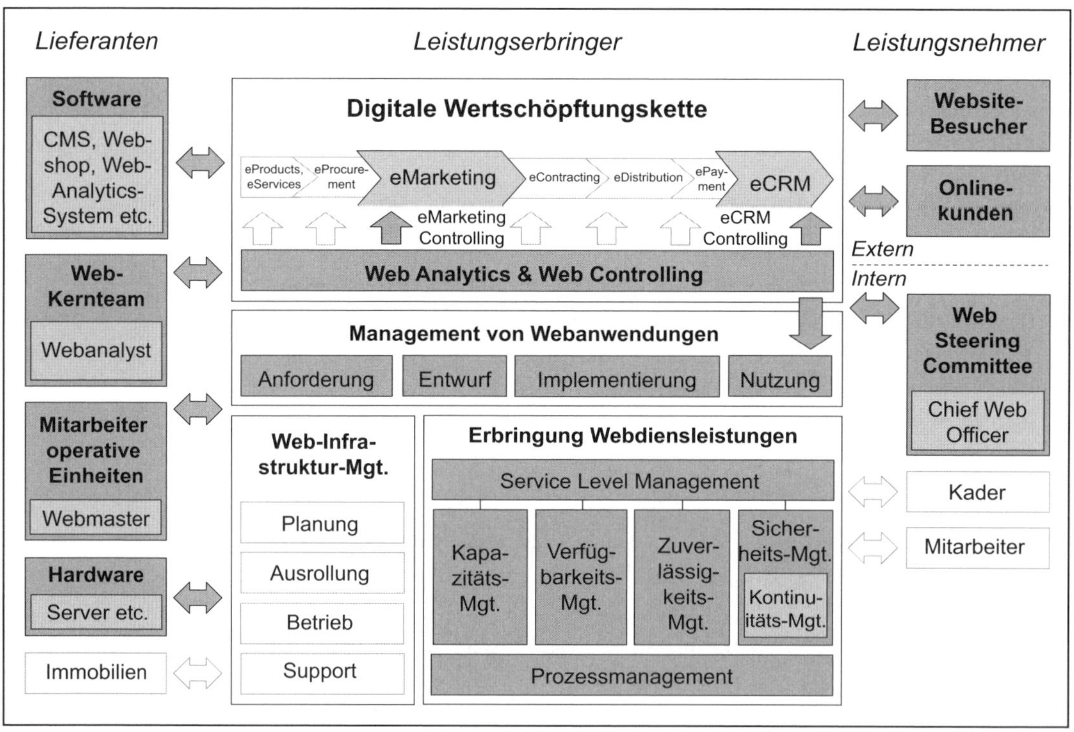

Die *Website-Governance-Architektur* in Abbildung 3–2 umfasst neben dem Management der digitalen Wertschöpfungskette [Meier & Stormer 2012] drei Prozessbereiche:

Website-Governance-Architektur

- Die Webanwendungen (Web Application Management)
- Die Webdienstleistungen bzw. -dienste (Web Service Delivery)
- Die Bereitstellung der technischen Infrastruktur (Web Infrastructure Management) für Webanwendungen und Services

Das *Web Application Management* beschäftigt sich mit der Entwicklung und dem Betrieb sämtlicher Informationssysteme, die für einen Webauftritt eines Unternehmens erforderlich sind. Darunter fallen Content-Management-Systeme (CMS), Webshop-Systeme (eCommerce), ePayment-Systeme oder Web-Analytics-Systeme. Zuerst müssen klare Anforderungen und Zielsetzungen an diese Webanwendungen formuliert werden (Requirements Analysis), bevor die Software entworfen (Design), entwickelt (Build) bzw. gekauft (Buy), getestet und eingeführt (Implement) sowie genutzt (Operate) wird.

Web Application Management

Die Planung und Lieferung von Webdienstleistungen benötigen ein rechtzeitiges und kosteneffektives Bereitstellen von Kapazitäten. Dazu muss die Leistung (Performance) der Webplattformen und weiterer Informatikdienste ermittelt und bewertet werden.

Capacity Management

Neben dem Capacity Management müssen beim *Web Service Delivery* auch die Verfügbarkeit (Availability), Zuverlässigkeit (Reliability) und die Sicherheit (Security) der Website und ihrer Dienste jederzeit garantiert sein. Katastrophen oder Pannen beim Betrieb und Management der Website können die Kommunikation einer Organisation lahm legen, so beispielsweise bei Serverausfällen oder gezielten Angriffen auf Internetdienste (Denial of Service). Das sogenannte *Continuity Management* sorgt dafür, dass die technische Infrastruktur und die Webdienstleistungen (einschließend Support und Helpdesk) nach einem Vorfall möglichst rasch wiederhergestellt werden.

Web Service Delivery
Continuity Management

Das *Web Analytics* widmet sich der Analyse und Steuerung der geschäftlichen Leistungserbringung und -nutzung, z.B. im Bereich des Onlinemarketings (eMarketing Controlling), des elektronischen Kundenbeziehungsmanagements (eCRM Controlling) oder der Inhaltsnutzung der Website (Web Content Controlling).

Web Analytics

Das *Web Controlling* im Sinne der Website Governance hingegen ist umfassender und beinhaltet das Planen, Analysieren, Entscheiden und Steuern sämtlicher Bereiche der websitebezogenen Leistungserbringung, wie im folgenden Abschnitt dargelegt wird. Dabei sind verschiedene Gremien involviert, z.B. der Chief Web Officer, der Webanalyst und der Webmaster (vgl. Abb. 3–2 und Abschnitt 3.4).

Web Controlling

3.2 Regelkreis des Web Controlling

Web Controlling = Planung, Analyse und Steuerung des Webauftrittes

Das Web Controlling beschäftigt sich mit der Planung, Analyse und Steuerung des Webauftrittes, inklusive websitebezogener Anwendungen, Dienstleistungen, Aktivitäten, Prozesse und Inhaltsnutzung [Meier & Zumstein 2010, S. 9]. Die Controllingobjekte sind unterschiedlicher Art und sollten ganzheitlich festgelegt werden (siehe Value Controlling von [Schierenbeck & Lister 2002]). Abhängig von der Corporate Governance reichen sie von Inhalts- und Produktangeboten, Webanwendungen, Supportdienstleistungen, Kundenbeziehungen, Sicherheitsvorkehrungen bis hin zu Personal- und Führungselementen (vgl. Abb. 3–2). Das Web Controlling bildet einen *Regelkreis*, der kontinuierlich durchlaufen und verbessert wird (vgl. Abb. 3–3).

Strategische Ebene des Web Analytics

Auf der strategischen Ebene wird zuerst das *webbasierte Geschäftsmodell* diskutiert und festgelegt (Schritt 1 in Abb. 3–3 und 7–2 in Kap. 7). Je nach Ausrichtung werden bestimmte Teile des unternehmensweiten Geschäftsmodells oder gar das Gesamtmodell mit der Hilfe von Webtechnologien umgesetzt. Dazu müssen die *strategischen Ziele* der Website und des Angebots formuliert sowie geeignete Strategien und *Maßnahmen* zur deren Umsetzung festgelegt werden.

Abb. 3–3
Regelkreis des Web Controlling und der Web-Analytics-Architektur [Meier & Zumstein 2010, S. 10]

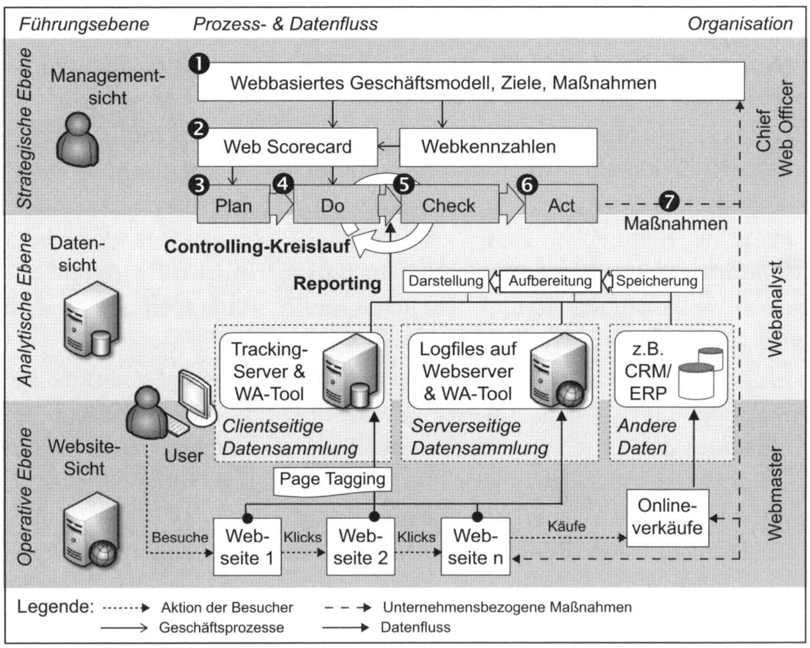

In einem zweiten Schritt (2) geht es darum, die für die Überwachung und Steuerung notwendigen Messgrößen (Key Performance Indicators oder KPIs) in einer strategischen *Web Scorecard* festzuhalten. Diese werden im Rahmen des Entwicklungsprozesses der strategischen Unternehmensplanung für den Webauftritt ermittelt. Sie beziehen sich auf den strategischen Leistungsumfang der Webplattform sowie auf den mittel- und langfristigen Mitteleinsatz. Zusätzlich bilden strategische Meilensteine des Website-Managements wichtige Größen, die für alle Anspruchsgruppen erhoben und regelmäßig ausgewiesen werden.

Web Scorecard

Der dritte Schritt (3) betrifft die *Planung* dispositiver und operativer Messgrößen, die mit den Instrumenten des Web Analytics periodisch erhoben werden (vgl. Kap. 6). Dazu müssen die strategischen KPIs auf unterschiedliche Organisationseinheiten heruntergebrochen und entsprechend verfeinert werden. Die Periodizität der Erhebung ist ebenfalls von Bedeutung, damit ein widerspruchsfreies *Kennzahlensystem* aufgebaut und genutzt werden kann.

Planung der Messgrößen

Im Schritt (4) (Do) werden websitebezogene Maßnahmen zur Erreichung der Website-Strategie und -Ziele umgesetzt sowie entsprechende Kennzahlen für das Web Controlling (vgl. Kap. 6) festgelegt.

Umsetzung der Strategie

Anschließend werden die Kennzahlen für Web-Inhalte und Benutzerverhalten in Schritt (5) (Check) analysiert. Dabei werden die Kennzahlen mit den festgelegten Sollkennzahlen verglichen sowie Abweichungen untersucht. Hier stehen verschiedene Instrumente zur Verfügung, um die Entwicklung der Istkennzahlen und die Abweichungen zu den Sollkennzahlen aufbereiten zu können. Aufgrund dieser Analysen lassen sich die Ursachen der Abweichungen näher untersuchen, um steuernd einzugreifen (Schritt 6).

Webanalyse

Je nach Entwicklung der Websitenutzung und nach der Größe der Abweichung drängen sich in Schritt 6 und 7 *Sofortmaßnahmen* auf, die eventuell durch Taskforce-Gruppen in die Hand genommen werden. Zudem geben Abweichungen zusätzlichen Input für die strategische wie operative Unternehmens- und Webplanung (rollende Planung).

Handlungsmaßnahmen

Der *Controlling-Kreislauf* erlaubt einen Überblick über die Nutzung und Optimierung des Onlineangebots (vgl. Kap. 7) und das Erkennen von Trends (zum Controlling-Kreislauf siehe auch Standardliteratur, wie z.B. [Horvath 2009; Küpper 2008]).

Üblicherweise werden die Kennzahlen des (Web) Controlling in einem Performance-Measurement-System bzw. *Data Warehouse* rechnergestützt erfasst bzw. integriert und abgelegt (vgl. Kap. 8). Dadurch können Schnittstellen zu den strategischen wie operativen Web-Analytics-, Informations- und Kommunikationssystemen erstellt und

Speicherung der Daten

genutzt werden. Zudem lassen sich Eckwerte aus Planungssystemen des Webmanagements integrieren, damit Planabweichungen frühzeitig erkannt und Maßnahmen ergriffen werden können.

3.3 Organisationspyramide und Gremien

Beispielhafte Organisationspyramide

Auf der Website werden Angebote und Dienste des Unternehmens gebündelt. Die wichtigsten Funktionsbereiche dazu sind Informations-, Kommunikations- und Katalogdienste, Leistungsaustausch (z.B. in einem Webshop) sowie Unterstützungsdienste und Beziehungspflege. Um diese Webanwendungen und -dienstleistungen zu realisieren, müssen auf verschiedenen Führungsebenen einer *Organisationspyramide* unterschiedliche Aufgaben vorgenommen werden. Im Folgenden werden diese Führungsebenen mit ihren wichtigsten Vertretern, Rollen und Aufgaben angesprochen (vgl. Tab. 3–1).

Tab. 3–1
Organisationspyramide mit Führungsebenen, Gremien und Aufgaben

Führungsebenen		Rollen/Positionen	Aufgaben
Strategische	Web Steering Committee	**Chief Web Officer**	**Website-Strategie**
		Marketingleiter	Marktstrategie
		Produktmanager	Produktstrategie
		Kundenmanager	Kundenstrategie
		IT-Verantwortlicher	IT-Strategie
Analytische	**Webkernteam**	**Webanalyst**	**Webanalyse**
		Kampagnenmanager	Kampagnenanalyse
		PR-Verantwortlicher	Wirkungsanalysen
		Web-Mining-Spezialist	Business Intelligence
		Unternehmensplaner	Planungsaktivitäten
Operative	**Operative Einheiten** in Website-Administration, Marketing & Verkauf	**Web Master**	**Administration**
		Content Manager und Mitarbeitende in den operativen Einheiten	Durchführen von Aktivitäten und Anpassungen

Corporate Identity

Im Internetzeitalter ist der Webauftritt prägend für die *Corporate Identity*, sprich für das Erscheinungsbild des Unternehmens nach innen und nach außen. Aus diesem Grund müssen wichtige Ziele und Grundsätze des Webauftrittes und der Webdienste auf der strategischen wie der taktisch-analytischen Ebene festgelegt werden. Dazu werden bei der *Website-Strategie* alle Unternehmensbereiche miteinbezogen, insbesondere das Onlinemarketing, der Onlineverkauf, die Produktion und das Finanz- bzw. Informationsmanagement.

Für die Planung und Umsetzung webbasierter Geschäftsmodelle müssen die drei Führungsebenen – strategische, analytisch-taktische und operative – unterschieden und aufeinander abgestimmt werden. Die Eigenart einer Organisationspyramide (vgl. Tab. 3–1) liegt darin, betriebswirtschaftliche, markt- und kundenspezifische sowie webbasierte Aufgaben in *interdisziplinären Teams* wahrzunehmen.

Die Eigenart des Web Analytics: interdisziplinäre Teams

Selbstverständlich sind unterschiedlichen Rollen bzw. Positionen auf die jeweilige Organisation anzupassen; bei kleinen und mittleren Unternehmen können deshalb auch Arbeiten in Personalunion wahrgenommen werden. Weitere Hinweise zum Vorgehen und zur Eingliederung in die Organisationsstruktur finden sich in Abschnitt 11.3.5.

Organisation von Web Analytics: in jedem Unternehmen anders

3.3.1 Web Steering Committee

Steuerungsausschuss

Das Web Steering Committee setzt sich aus oberen Führungskräften, die Markt- und Kundenverantwortung haben, zusammen. Unter dem Vorsitz des *Chief Web Officer* (CWO, siehe Abschnitt 3.4.1) entwickelt es das webbasierte Geschäftsmodell. Ausgehend von einer Markt- und Kundenanalyse werden *strategische Ziele* zur webbasierten Kundenentwicklung, zu Marketing und Verkauf sowie zur Kundenbindung, zum Support wie zum Multi-Channel-Management formuliert. Danach müssen geeignete Website-Strategien und -Maßnahmen für die Umsetzung entwickelt werden. Mit dem strategischen Web Controlling werden die strategischen Ziele gesteuert und überwacht.

3.3.2 Webkernteam

Interdisziplinäres Webkernteam

Auf der taktisch-analytischen Ebene wird ein Webkernteam zusammengestellt, das vom *Web Controller bzw. Webanalyst* geführt und das Spezialisten aus Unternehmenskommunikation, Marketing und Verkauf sowie des Web Analytics und Web Mining vereint. Dieses Team verbindet die strategische Führungsebene mit der operativen Führungsebene und konzentriert sich auf Analyse und Planung in Bezug auf Website, Marketing, Verkauf und Kundenbindung. Die entsprechenden Kennzahlen zur Messung der *Effizienz* (wie z.B. Konversionsraten) sowie zur *Effektivität* (z.B. Wirkungen des Webshops sowie der Kundenentwicklung) werden analysiert und interpretiert. Da diese Analyse-, Planungs- und Programmentwicklungsmaßnahmen kaum in einer einzigen Organisation aus der Linie erfolgen können, trägt das interdisziplinäre Webkernteam hier Verantwortung.

3.3.3 Operative Einheiten

Webaktivitäten operativer Einheiten

Die Detailplanung und die *Durchführung der Webaktivitäten* werden in den Organisationseinheiten der Website, der Produkte, des Marketings und des Verkaufs vorgenommen. Die im Regelkreis des Web Controlling festgelegten Metriken werden mithilfe von Web-Analytics-Tools erhoben. Notwendige Anpassungen der Website und der Webanwendungen werden, zumindest bei kleineren Firmen und Websites, vom *Webmaster* durchgeführt. Bei technischen Problemen im Bereich des Web Infrastructure Management und Web Service Delivery (vgl. Abb. 3–2) sowie bei Fragen bezüglich der Webplattform ist der Webmaster ebenfalls der Ansprechpartner.

3.4 Berufsbilder

Im Folgenden werden die drei wichtigsten Berufsbilder für das Website-Management charakterisiert: der Chief Web Officer auf der strategischen Führungsebene, der Webanalyst auf der analytischen und der Webmaster auf der operativen Führungsebene (vgl. Abb. 3–2 und 3–3 sowie Tab. 3–1).

3.4.1 Chief Web Officer

Website-Verantwortliche

Die Schaffung einer Position Chief Web Officer (CWO) mit Verankerung auf der obersten Führungsebene ist stark abhängig von der Tätigkeit des Unternehmens.

Zur Bedeutung des Chief Web Officer

Ist das Unternehmensmodell identisch mit dem webbasierten Geschäftsmodell und wird die Wertschöpfung (etwa bei Internetfirmen) primär über Webplattformen gemacht, drängt sich eine solche Position geradezu auf. Aber auch bei Unternehmen, die auf leistungsfähige Webplattformen angewiesen sind, sollte über das Profil CWO und die Verankerung auf oberster Führungsebene nachgedacht werden.

Web Steering Committee für webbasierte Geschäftsmodelle verantwortlich

In Tabelle 3–2 ist das Stellenprofil des Chief Web Officer mit den wichtigsten Führungs- und Fachaufgaben zusammengestellt.

Als Leitidee gilt es, das webbasierte Geschäftsmodell im Rahmen des Web Steering Committee zu entwickeln und umzusetzen. Es wird erwartet, einen Beitrag zum intellektuellen Kapital zu leisten (vgl. Abschnitt 3.6). Gleichzeitig werden die Beziehungen zu allen Anspruchsgruppen der Webplattform gefördert und ausgebaut, indem z. B. Social-Media-Dienste gezielt genutzt werden. Um die Wertbeiträge auszuweisen, wird Web Analytics und Web Controlling betrieben.

Tab. 3–2
Stellenprofil des Chief Web Officer

Profil Chief Web Officer (CWO)
Leitidee ▪ Gewährleisten einer webbezogenen Geschäftspolitik ▪ Fördern des intellektuellen Kapitals ▪ Pflegen der Beziehungen mit allen Anspruchsgruppen
Führungsaufgaben ▪ Gewährleisten der Website Governance ▪ Leiten des Web Steering Committee ▪ Entwickeln und Umsetzen der Website-Strategie ▪ Fördern der Zusammenarbeit mit Marketing und Verkauf ▪ Rekrutieren und Fördern starker Nachwuchskräfte
Fachaufgaben ▪ Schaffen von monetären und nicht monetären Wertbeiträgen ▪ Gewinnen von Kunden mit hohem Markt- und Ressourcenpotenzial ▪ Unterstützen des Onlinemarketings und der Onlinekommunikation ▪ Nutzen von Social Media und Online-Communitys ▪ Fördern der Web-Content-Entwicklung und der Webdienste ▪ Betreiben des Web Analytics und Web Controlling
Leistungsmaßstäbe ▪ Monetäre und nicht monetäre Wertbeiträge aus webbasierten Diensten ▪ Zufriedenheit der Onlinekunden und weiterer Anspruchsgruppen ▪ Qualität der Webplattformen

3.4.2 Web Controller

Rollen und Aufgaben des Webanalysten

Der Webanalyst – manchmal auch Web Controller genannt – arbeitet auf der taktisch-analytischen Führungsebene (vgl. Abschnitt 3.3) und leitet unter anderem das analytische Webkernteam, das an das Steering Committee berichtet. Der Web Controller ist für das Web Content Controlling und Web User Controlling verantwortlich und überwacht die entsprechenden Webkennzahlen (vgl. Kap. 5).

In den Tabellen 3–3 und 3–4 werden die wichtigsten Funktionen des Web Controller und des Webmasters dargestellt.

Tab. 3–3
Aufgabenspektrum Web Controller

Web Controller/Webanalyst
▪ Web Content Controlling ▪ Web User Controlling ▪ Interpretation von Wertbeiträgen ▪ Implementierung und Betrieb von Web-Analytics-Tools ▪ Messung der Wirksamkeit von Werbemitteln und Kampagnen ▪ Grafische Aufbereitung der Kennzahlen ▪ Reporting an das Web Steering Committee ▪ Aufzeigen Verbesserungsvorschläge

3.4.3 Webmaster

Rollen und Aufgaben des Webmasters

Der Webmaster entwickelt die Website in inhaltlicher, funktionaler und gestalterischer Hinsicht. Je nach Organisation sowie Ausbildung und Erfahrung arbeitet er mit ausgewiesenen Webdesignern und Kommunikationsspezialisten zusammen, damit der Webauftritt professionell und aus der Sicht der Nutzer attraktiv gestaltet ist. Er administriert die Website und ist darum bemüht, dass die Suchmaschinen die Website gut bewerten. Basierend auf einem Content-Management-System sorgt er dafür, dass weitere Dienste des Social Web (Blogs, soziale Netzwerke, Community-Bildung, Umfragen etc.) genutzt werden können.

Tab. 3–4 *Aufgabenspektrum Webmasters*

Webmaster
Pflege der Website-Inhalte (Web Content Management)
Weiterentwicklung der Website
Gestaltung der Mediendienste
Suchmaschinenoptimierung
Fördern des Community-Marketings
Administrieren des Webshops
Optimierung der Usability
Auswerten technischer Kennzahlen
Support von Kunden bei Problemen

3.5 Anspruchsgruppen und Zielgruppen

Anspruchsgruppen von eBusiness-Unternehmen

Anspruchsgruppen (Stakeholder) sind natürliche oder juristische Personen oder Personengruppen, die ein Interesse an der wirtschaftlichen Entwicklung des Unternehmens haben. Neben den Eigentümern oder Kapitalgebern einer Organisation (Aktionäre) zählen das Management, die Mitarbeiter, Kunden, Lieferanten, Verwaltungsstellen bis hin zur Öffentlichkeit dazu. Die Anspruchsgruppen besitzen unterschiedliche Ziele oder Erwartungen (vgl. Tab. 3–5).

Stakeholder Value

Im Unterschied zum Shareholder Value, den die Anteilseigner in den Vordergrund stellen, zielt der *Stakeholder Value* darauf ab, alle Anspruchsgruppen zufriedenzustellen. Dabei wird das Unternehmen als Organisation im sozialökonomischen Kontext (Umwelt) erfasst und alle Anspruchsgruppen miteinbezogen. Ein Gleichgewicht zwischen endogenen und exogenen Einflüssen wird angestrebt. Bei einem Webauftritt bzw. bei der Entwicklung eines Unternehmensportals muss festgelegt werden, welche Anspruchsgruppen bedient und welche Webziele pro Anspruchsgruppe erreicht werden sollten.

Anspruchsgruppen	Zielsetzungen/Erwartungen
Management	Einkommen Gestaltungsmöglichkeit Werterhaltung und -steigerung Prestige Macht
Mitarbeiter	Einkommen Soziale Sicherheit Entfaltungsmöglichkeit Zwischenmenschliche Kontakte Anerkennung
Eigentümer/Kapitalgeber	Gewinn Einfluss Wertsteigerung des Kapitals
Kunden	Attraktive Marktleistung Service Aufmerksamkeit
Staat	Steuern Sicherung der Arbeitsplätze Sozialleistungen
Öffentlichkeit	Transparente Information Erhaltung der Umwelt Kulturbeitrag

Tab. 3–5
Auswahl von Anspruchsgruppen (angelehnt an [Ulrich & Fluri 1995])

Ziele/Erwartungen von Anspruchsgruppen

Alle in Tabelle 3–5 aufgeführten Anspruchsgruppen sind für das Web Analytics und das Web Controlling von Bedeutung, da entsprechende Werkzeuge für die Steuerung des Unternehmens und der Erfolgsmessung webbasierter Unternehmensziele dienen.

Festlegung von Zielgruppen

Abgeleitet von der Diskussion der Anspruchsgruppen und ihrer Ziele lohnt es sich, konkrete Zielgruppen zum Webauftritt festzulegen und entsprechende Webkennzahlen zur Zielerreichung zu erarbeiten. Ein Beispiel dazu ist in Abbildung 3–4 schemenhaft gegeben.

Für den Webauftritt wird oft zwischen externen Zielgruppen (z.B. Kunden, Lieferanten, Verwaltungsstellen, Medien, Öffentlichkeit) und internen Zielgruppen (Mitarbeitende, Fachbereiche, Aktionäre, Kooperationspartner etc.) unterschieden, wobei die Trennlinie dazwischen nicht immer klar gezogen werden kann.

Beispielsweise ist der Personalbereich daran interessiert, das Unternehmensportal für die Rekrutierung von Fach- und Führungskräften zu nutzen; entsprechende Stellenangebote werden sowohl intern wie extern kommuniziert.

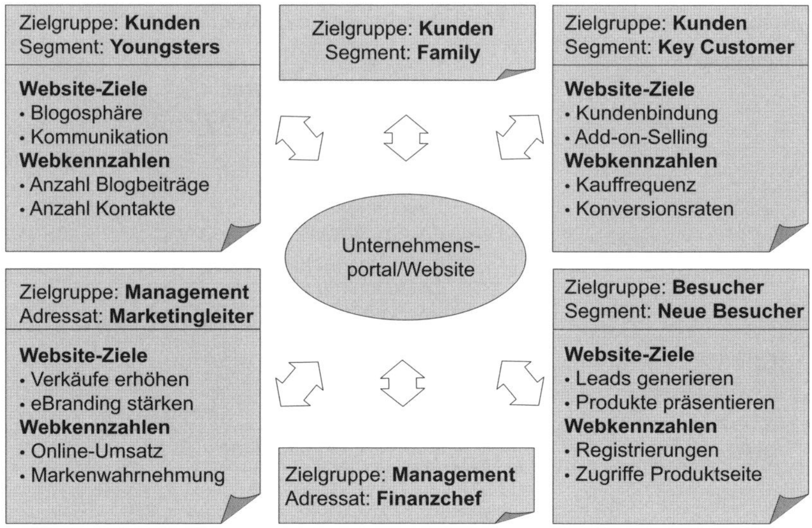

Abb. 3–4
Zielgruppendefinition mit Beispielen von Website-Zielen & Webkennzahlen

3.6 Immaterielle Vermögenswerte

3.6.1 Intellektuelles Kapital

Bei webbasierten und wissensintensiven Organisationen teilt sich der Marktwert neben dem bilanzierbaren Sachwert in einen schlecht bilanzierbaren Wertblock mit *immateriellen Vermögenswerten* (sog. Intangible Assets) auf. Diese Werte, auch intellektuelles Kapital genannt, können selten durch materielle oder finanzielle Größen konkretisiert werden, stellen aber kritische Erfolgspositionen dar (siehe wertorientierte Unternehmensführung [Coenenberg & Salfeld 2007]).

Definition immaterielle Vermögenswerte

Immaterielle Vermögenswerte (Intangible Assets) beinhalten alle nicht monetären Vermögensgegenstände, die nicht in physischer Form vorliegen, aber dennoch wesentliche Werttreiber eines Unternehmens sind. Darunter fällt intellektuelles Kapital wie Humankapital (z.B. Ausbildung, Know-how), Kundenkapital (z.B. Kundenbasis, Kundenwert), Innovationskapital (z.B. Patente, Urheberrechte) oder Informationskapital (z.B. Daten, Wissen).

Unternehmen generieren unter anderem Erträge aus Wissensarbeit, Informationen über die Besucher sowie Webdienstleistungen. Aus diesem Grunde muss das Finanzkapital durch Anteile des intellektuellen Kapitals gemäß Abbildung 3–5 ergänzt werden [Edvinsson & Malone 1997, S. 52].

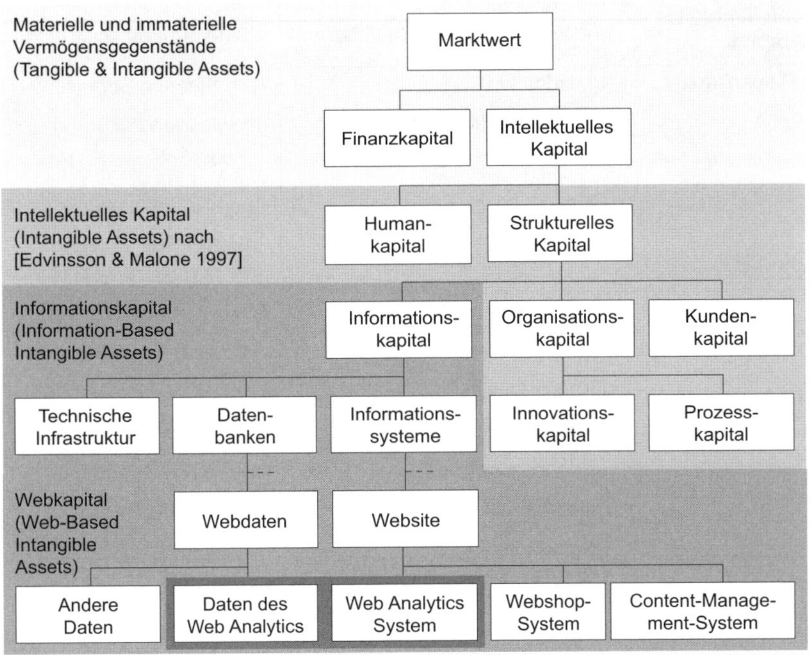

Abb. 3–5
Intellektuelles Kapital, Informations- und Webkapital

3.6.2 Informationskapital

Im Zeitalter der Informations- und Wissensgesellschaft gewinnt der Produktionsfaktor *Information* an Bedeutung.

Definition Informationskapital

Das **Informationskapital** (Information-Based Intangible Assets) als Teil des strukturellen Kapitals umfasst alle Informationssysteme, Datenbanken und Infrastrukturen, die im Unternehmen die notwendigen Daten, Informationen und das Wissen zur Verfügung stellen.

Alle Anspruchsgruppen sind interessiert, Informationen über die Wertentwicklung und die Verwendung der materiellen wie immateriellen Vermögenswerte zu erhalten. Aufgrund solcher Informationen muss es den Verantwortlichen des Unternehmens bzw. dem Web Steering Committee gelingen, steuernd einzugreifen, bevor sich Fehlentwicklungen auf die finanziellen Ergebniskennzahlen auswirken.

In Tabelle 3–6 sind einige Erfolgspotenziale und webbezogene Beispiele für die verschiedenen Eckpfeiler des intellektuellen Kapitals aufgeführt.

Tab. 3–6
Eckpfeiler des intellektuellen Kapitals mit webbezogenen Beispielen

Intellektuelles Kapital	Bereiche der Erfolgsmessung	Webbezogene Beispiele
Humankapital	Leadership	Web Steering Committee
	Mitarbeiterfähigkeiten Qualifikationsniveau Ausbildungsstand Motivationsniveau	Knowledge Worker, Analytisches Webkernteam, Operative Einheiten
	Vernetzungsgrad	Geschäftsbeziehungen über soziale Netzwerke
Kundenkapital	Wahrnehmung & Image	Positive Online-Ratings
	Kundenpotenziale	Wiederkehrende Besucher
	Kundenbasis	Anzahl Onlinekunden
	Treue der Kunden	Onlinekunden-Wert
Innovationskapital	Erfahrungswissen	Web- & IT-Erfahrung
	Methodenwissen	Web- & IT-Know-how
	Sozialkompetenz	Sozialkapital im Web 2.0
	Patente und Lizenzen	Patentierte Anwendungen
	Alleinstellungsmerkmale	Wissensintensive Dienstleistungen
Prozesskapital	Prozessqualität	Prozesszeiten & -kosten
	Webdienstleistungen	Nutzungintensität
	Zufriedenheit Stakeholder	Zufriedenheitsindex
	Erfüllungsgrad & Sicherheit	Web Service Level
Informationskapital	Informationssysteme	Kodifizierung von Wissen
	Kundendatenbank	Onlinekunden-Profile
	Profil- und Nutzerdaten	Besucher-Clickstream
	Technische Infrastruktur	Performance

Know-how und Expertenwissen

Webbasierte Unternehmen legen viel *Know-how und Expertenwissen* in ihre Webplattformen, webbasierten Dienstleistungen, angeschlossenen Informationssysteme und eventuell in ein Data Warehouse. Solche Systeme mit Kennzahlen über das Finanz-, Human-, Kunden-, Innovations- und Prozesspotenzial bilden als Informationskapital die Basis zur Berechnung des Markt- und Ressourcenkapitals des Unternehmens. Aus diesem Grunde muss diese Informationsbasis durch das Webkernteam speziell gepflegt und ausgewertet werden.

Wissensbasierte Wertschöpfung

Das intellektuelle Kapital umfasst alle wissensbezogenen Vermögensteile des Unternehmens. Sie sind die Basis einer *wissensbasierten Wertschöpfung* und damit entscheidender Erfolgsfaktor für den Organisationserfolg. Das Management hat die Aufgabe, im Web Controlling das Wissen über Kundenbasis, Beziehungsnetzwerke oder webbasierte Geschäftsprozesse zum geistigen Eigentum weiterzuentwickeln und es in einem Performance-Measurement-System bzw. Data Warehouse als strukturelles Kapital zu sichern.

3.6.3 Webkapital

Corporate Websites als Eckpfeiler des Webkapitals

Bei webbasierten immateriellen Vermögenswerten handelt es sich um wirtschaftliche Vorteile des electronic Business, die nur teilweise oder gar nicht in die Bilanz, Investitions- und Erfolgsrechnung eines Unternehmens einfließen, aber dennoch dessen finanziellen Erfolg mitbestimmen und für die Zukunftssicherung sorgen.

Corporate Websites als Eckpfeiler des Webkapitals sind intellektuelle Vermögenswerte, die gemessen werden (vgl. [Welling & White 2006, S. 142]).

Definition Webkapital

> Das **Webkapital** (Web-Based Intangible Assets) als Teil des Informationskapitals umfasst alle Vermögenswerte eines Unternehmens, die im und mit dem Internet generiert werden. Darunter fallen u.a. alle Websites, Webanwendungen, Webdienstleistungen, das Inhaltsangebot einer Website sowie alle Daten und Informationen über die Website-Nutzer.

Beispiele von Webkapital

Folgende Beispiele zeigen einige immaterielle Wertgegenstände des webbezogenen Kapitals, mit denen Wettbewerbsvorteile und entsprechende *Alleinstellungsmerkmale* erzielt werden können.

- Sichtbarkeit:
  Gute Auffindbarkeit im Internet
  Eine hohe Reichweite und eine gute Auffindbarkeit einer Website im Internet (z.B. ein gutes Ranking in Suchmaschinen) stellt für Unternehmen einen hohen immateriellen Wert dar, der nur schwer bezifferbar ist. Gerade Internetfirmen, die einen hohen oder sogar den gesamten Anteil des Umsatzes online generieren, sind auf eine gute Sichtbarkeit im Netz angewiesen.
- Domainnamen:
  Wertvolle Domainnamen
  Der registrierte Domainname (Internetadresse) ist für viele Unternehmen (.com) bzw. Organisationen (.org) von hohem Wert. Der Domainhandel, in dem hohe Beträge für die einzelne Domains bezahlten werden, zeigt die Bedeutung der Internetadresse für das electronic Business.
- eBranding:
  Starke eBrands
  Das Internet stellt ein kostengünstiger Kommunikationskanal dar, um Marken des Unternehmens zu profilieren und um die Marken-

bekanntheit sowie den Markenwert der einzelnen Produkte oder Dienstleistungen zu steigern.

Positives Image durch Bewertungen

- **Wahrnehmung:**
  Die Wahrnehmung und das Image der Website, des Unternehmens und seiner Marken im Web stellen einen wichtigen immateriellen Vermögenswert dar. Zum Beispiel können positive Bewertungen und Kundenmeinungen im Social Web die Kaufentscheidungen von Konsumenten maßgeblich mitentscheiden.

Hoher Wert von Nutzerdaten

- **Daten:**
  Daten von und über Website-Besucher und Kunden, ihre Verhaltensweise auf den Webseiten oder in sozialen Netzwerken sowie Informationen über ihre Interessen und Einstellungen können für Unternehmen einen hohen Nutzen darstellen. Der Markt- bzw. Börsenwert von Facebook beispielsweise ist auch auf den *essenziellen Wert der Nutzerdaten* (wie z.B. Interessen, Vorlieben, Gruppenmitgliedschaften, Vernetzung) zurückzuführen. Die Pflege einer Nutzer- bzw. Kundendatenbank zum Aufbau des Informations- und Kundenkapitals stellt für das Web User Controlling und für das Kundencontrolling eine wichtige Herausforderung dar.

Innovations- und Technologiemanagement

- **Innovationen:**
  Die Entwicklungskosten für wissensintensive Dienstleistungen respektive Produkte sind im Allgemeinen hoch. Im Falle des *dokumentierten Wissens* sind die Herstellungs- und Vervielfältigungskosten allerdings gering. Entwicklungs- und Herstellungskosten alleine genügen deshalb nicht als Basis einer Wertbetrachtung. Zusätzliche Faktoren wie Mitwirkung, Kundenbeziehungen über soziale Netzwerke, erzielte Marktdurchdringung oder Qualität der webbasierten Dienstleistungen spielen im Innovations- und Webtechnologiemanagement eine Rolle.

Wissensmanagement

- **Wissen:**
  Dokumentiertes Expertenwissen, Know-how und die Kodifizierung von Wissen im Internet oder Intranet, z.B. in Wikis, Wissensdatenbanken oder Expertensystemen, stellen für viele Organisationen ebenfalls einen zentralen Posten des Informations- und Innovationskapitals dar. Es trägt dazu bei, Teile des Humankapitals der Wissensarbeiter in der Organisation zu behalten, falls diese nicht verfügbar sind oder das Unternehmen verlassen.

Expertenwissen von Knowledge Worker

Bei den menschlichen Ressourcen eines webbasierten Unternehmens bestehen kaum feststellbare Eigentumsrechte. Zudem sind Onlinekunden sowie eigene Mitarbeitende mit implizitem und personengebundenem Wissen nicht im Besitz des Unternehmens. Als Knowledge Worker machen sich die Kunden und Mitarbeitenden unabhängig, indem sie Expertenwissen verschiedenen Institutionen zur Verfügung stellen oder gar Aufträge für Teilaufgaben vergeben (Multioptionsgesellschaft).

3.7 Vorgehensmethodik

Für den Aufbau und den Betrieb eines effizienten und effektiven Webauftrittes bedarf es einer iterativen Vorgehensmethodik, wie sie in Abbildung 3–6 skizziert ist.

Teile der strategischen Analyse

Die Nutzung von Websites und der Dienstleistungen sollte aufgrund hoher Investitionen nachhaltig erfolgen. Aus diesem Grunde ist es notwendig, unterschiedliche *strategische Analysen* durchzuführen:

- **Organisationsanalyse:**
  Analyse der Organisation
  Die Analyse der Organisation bezweckt, das Unternehmen bezüglich der Wertbeiträge aus Webdienstleistungen auf Stärken und Schwächen abzuklopfen. Neben einer Prozessanalyse müssen die finanziellen, organisatorischen und personellen Ressourcen beim Website-Management unter die Lupe genommen werden.
- **Umweltanalyse:**
  Analyse der Umwelt
  Die Umweltanalyse konzentriert sich auf den Markt und die externen Anspruchsgruppen. Hier müssen Chancen und Risiken erhoben werden, um Erfolgsfaktoren fürs Unternehmen ableiten zu können. Ein Benchmarking bzw. ein Konkurrenzvergleich mit ähnlich gelagerten Unternehmen [Porter 2008] verstärkt die Aussagekraft der Marktanalyse.
- **Technologieanalyse:**
  Analyse der Technologie
  Hier geht es darum, das Innovationspotenzial der Webtechnologien einzuschätzen. Dazu zählen Methoden und Techniken des Web 2.0 [Beck et al. 2007; Alby 2007] sowie des semantischen Web (Web 3.0, [Blumauer & Pellegrini 2009; Hengartner & Meier 2010; Hitzler et al. 2008]).

Festlegung der Erfolgsfaktoren

Basierend auf den Analysen und der Gestaltungskraft der eigenen Führungskräfte wird ein *webbasiertes Geschäftsmodell* (vgl. Kap. 2) für den Webauftritt und die Webdienstleistungen entwickelt. Dabei fließen Feedbacks von Kunden oder Anspruchsgruppen in den strategischen Planungsprozess mit ein. Insbesondere werden die *strategischen Erfolgsfaktoren* [Pümpin 1992] für das Website-Management erarbeitet und die Grundsätze zur Zielerreichung festgelegt.

Festlegung von Webkennzahlen

Ein wichtiger Schritt im iterativen Vorgehen betrifft das Herunterbrechen der webbasierten Ziele in messbare Teilziele und das Festlegen der entsprechenden *Webkennzahlen*. Das analytische Webkernteam kann dabei helfen, die Zielgruppendefinition mit den entsprechenden Webkennzahlen aufgrund von Analyse- und Prognoseverfahren zu konkretisieren. Wichtig dabei ist, dass die Webkennzahlen realistisch, konkret und überprüfbar festgelegt werden (vgl. Kap. 5 und 6 zur Festlegung von Webmetriken und Webkennzahlen).

Abb. 3–6 *Iteratives Vorgehen beim Web Controlling*

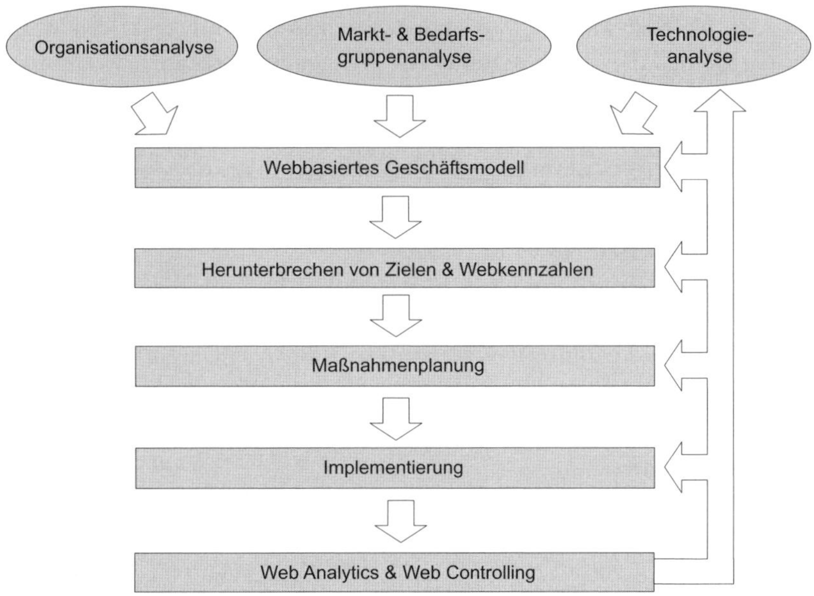

Maßnahmenplanung & Umsetzung

Bei der *Maßnahmenplanung* müssen Kommunikations- und Informationsinfrastrukturen festgelegt respektive angepasst werden. Zudem wird ein Portfolio für webbasierte Produkte und Dienstleistungen entwickelt und bereitgestellt. Zusätzlich müssen Maßnahmen für den Datenschutz, die Datensicherheit sowie für den Betrieb der Webplattformen festgelegt werden. In der *Umsetzungsphase* werden die getroffenen Maßnahmen entweder im Hause oder durch externe Partner implementiert. Eine entsprechende Projektorganisation mit Lenkungsausschuss und Projektcontrolling drängt sich auf, um Zeit- und Budgetpläne einhalten zu können.

Webanalysen und Reporting

Das Web Controlling bezweckt bei der eigentlichen *Daten- und Webanalyse*, die festgelegten Webkennzahlen periodisch zu messen und auszuwerten. Bei größeren Abweichungen von den Sollwerten müssen mit der Hilfe der Experten des analytischen Webkernteams und in Absprache mit dem Webmanagement Anpassungen und Änderungen festgelegt, eingeplant und freigegeben werden.

Das vorgeschlagene Vorgehensmodell basiert auf einem iterativen Ansatz: Alle am Webprozess beteiligten Kräfte müssen mit einem *aussagekräftigen Reporting* auf dem Laufenden gehalten werden. Veränderungsmaßnahmen werden im Webkernteam vorbereitet und dem Web Steering Committee respektive der Geschäftsleitung vorgelegt. Die entsprechenden Entscheide und Vorgehensmaßnahmen werden den betroffenen Bedarfsgruppen kommuniziert.

3.8 Ordnungsmäßigkeit

Internes Kontrollsystem

Die Entwicklung von Webplattformen und die breite Nutzung von Internettechnologien verlangt nach Sicherheit und Kontrollierbarkeit. Verantwortliche eines Unternehmens sind deshalb bestrebt, ein *internes Kontrollsystem* (IKS) zu implementieren. Dieses muss nicht nur die Erreichung der Unternehmensziele untersuchen, sondern auch die Verlässlichkeit und Qualität der Ressource Information sowie die Einhaltung von Gesetzen und Verordnungen garantieren.

COBIT-Framework

Das *Framework COBIT* (Control Objectives for Information and Related Technology) stellt ein System von international anerkannten Kontrollzielen zusammen, um eine verlässliche Anwendung der Informationstechnologie zu gewährleisten. Es wurde vom internationalen Verband der IT-Prüfer *ISACA* (Information Systems Audit and Control Association) in der vierten Version aufgelegt, wobei die fünfte Version in Vorbereitung ist (siehe [ISACA 2010]).

Das Framework integriert verschiedene Sicherheits- und Kontrollanforderungen bekannter Standards und Modelle und hat sich zu einem *Referenzmodell für die IT-Governance* und im Speziellen auch für die Website Governance entwickelt. Damit ein Unternehmen seine webbasierten Zielsetzungen erreichen kann, muss die Informationsfunktion verschiedene Kriterien erfüllen.

Kriterien des Frameworks

COBIT definiert die folgenden *sieben Kriterien* für die Qualität, Sicherheit und Ordnungsmäßigkeit der Informationsversorgung:

- **Wirksamkeit** (Effectiveness):
  Effektivität bedeutet, dass konsistente Informationen für die Geschäftsprozesse rechtzeitig bereitgestellt werden können.
- **Wirtschaftlichkeit** (Efficiency):
  Mit dem Kriterium der Effizienz soll die Bereitstellung von Informationen mit optimalem Einsatz von Ressourcen erfolgen.
- **Vertraulichkeit** (Confidentiality):
  Dieses Kriterium betrifft den Schutz von personenbezogenen und geheimen Daten vor unberechtigter Veröffentlichung oder Weitergabe.

- **Integrität** (Integrity):
  Dieses Kriterium verlangt von der Informationsversorgung richtige und vollständige Informationen.
- **Verfügbarkeit** (Availability):
  Informationen werden (nur) dann bereitgestellt, wenn sie benötigt werden. Dazu müssen Rechner-, Kommunikations- und Datenbanksysteme verfügbar sein.
- **Einhaltung rechtlicher Vorschriften** (Compliance):
  Dieses Kriterium verlangt die Einhaltung der für die Geschäftsprozesse gültigen Gesetze, Verfügungen und vertraglichen Abmachungen.
- **Zuverlässlichkeit** (Reliability):
  Um Organisationsbereiche führen zu können, müssen verlässliche Daten dem Management und weiteren Anspruchsgruppen zur Verfügung stehen.

Überblick zum COBIT-Framework

Geschäftsprozesse benötigen Informatikbetriebsmittel, d.h. Daten, Anwendungen, Netzwerke oder Rechnersysteme. Daneben spielt das Personal für Planung, Implementierung, Betrieb und Überwachung der Webplattformen eine bedeutende Rolle.

Abb. 3–7
Framework COBIT zur Informationsversorgung

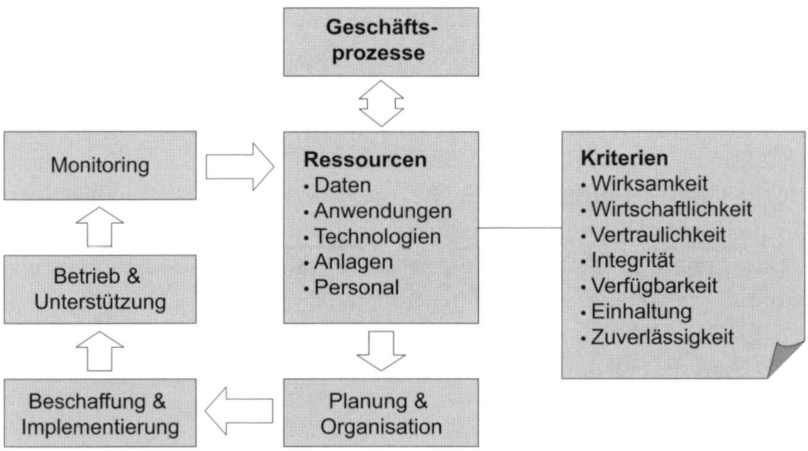

Bereiche von Ressourcen

Gemäß Abbildung 3–7 definiert das Framework COBIT neben den Kriterien zur Qualität, Sicherheit und Ordnungsmäßigkeit *fünf Bereiche* von websitebezogenen Betriebsmitteln inklusive des oben angesprochenen Personals:

- **Daten** (Data):
  Darunter werden interne und externe Datenbestände verstanden, die für die Geschäftstätigkeit benutzt werden.
- **Anwendungen** (Application Systems):
  Darunter fallen alle rechnergestützten Informations- und Kommunikationssysteme inklusive möglicher Webplattformen.
- **Technologien** (Technology):
  Diese Technologien umfassen Hardware, Systemsoftware, Datenbanksysteme und Netzwerke.
- **Anlagen** (Facilities):
  Darunter fallen alle weiteren Ressourcen, die der Unterstützung der Informationsversorgung dienen.
- **Personal** (People):
  Hierunter sind die Fähigkeiten der Mitar-beitenden für die Planung, Beschaffung, Ablieferung, Unterstützung und Überwachung von Serviceprozessen gemeint.

Kernaufgaben und Kontrollziele für kritische IT-Prozesse

Der geschlossene Kreislauf des Frameworks COBIT fällt in die Bereiche IT-Planung und Organisation, Beschaffung und Implementierung, Betrieb und Unterstützung sowie Monitoring (Überwachung).

Für die *kritischen IT-Prozesse* (34 an der Zahl) legt das Framework COBIT generisch fest, welche Kernaufgaben (Activities) definiert und welche Kontrollziele damit abgedeckt werden müssen. Insgesamt werden 318 Kontrollziele formuliert.

In der neusten Ausgabe des Frameworks COBIT werden zudem kritische Erfolgsfaktoren (Critical Success Factors) bzw. Leistungsindikatoren (KPIs) spezifiziert, um die Controlling-Aufgaben betreffend der IT-Prozesse durch das Management zu ermöglichen.

4 Nutzenpotenziale des Web Controlling

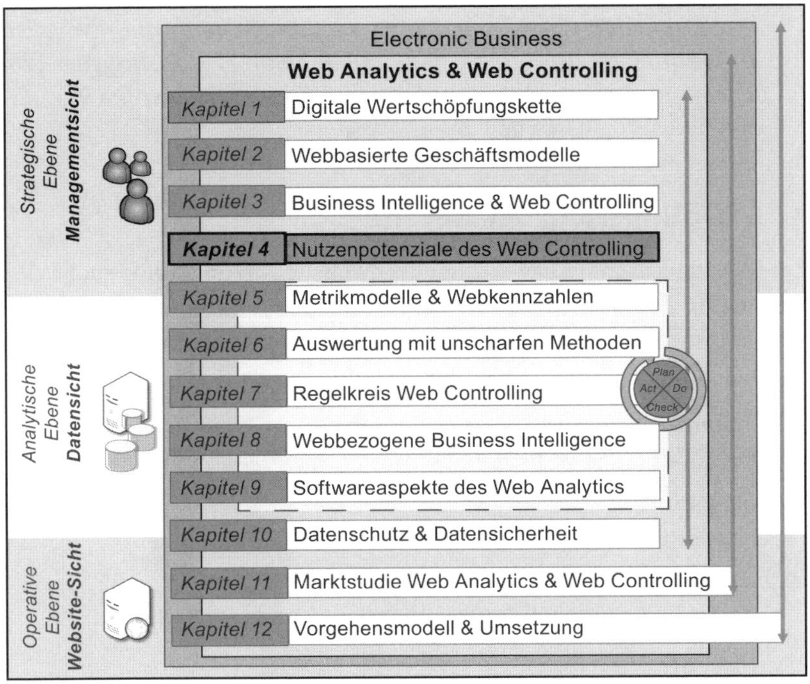

Abb. 4–1
Nutzenpotenziale des Web Controlling

Dieses Kapitel behandelt verschiedene Vorteile und Nutzenpotenziale des Web Analytics und Web Controlling für das Website-Management und elektronische Geschäft. Es soll gezeigt werden, warum bzw. wozu Website-Betreiber die Webanalyse einsetzen sollen, um langfristig im Internet erfolgreich zu sein. Abschnitt 4.1 zeigt, wie das Web Analytics zur Optimierung der Website – insbesondere des Contents, der Navigation, des Designs und der Usability – eingesetzt werden kann. Abschnitt 4.2 widmet sich dem Onlinemarketing: Es wird dargelegt, wie und wozu das Web Analytics und Web Controlling dazu genutzt wird, die Wirksamkeit der verschiedenen Onlinemarketing-Instrumente zu überprüfen.

Zu diesen Instrumenten gehören unter anderem die Bannerwerbung, Suchmaschinenoptimierung bzw. -marketing, Newsletterversand, Blogs, Kampagnen in sozialen Netzwerken wie z. B. Facebook oder Online-Promotionen wie etwa Spiele. Abschnitt 4.3 diskutiert die Nutzen des Web-Controlling-Kreislaufes aus Kapitel 7 im Rahmen des Kundenbeziehungsmanagements zur stetigen Analyse und Optimierung der Lead-Generierung bzw. Kundenakquisition, der Kundenbindung und Kundensegmentierung. Abschnitt 4.4 behandelt die Analyse von webbasierten Geschäftsprozessen, sprich wie sich dank Web Analytics z. B. elektronische Registrierungs-, Bestell- und Zahlungsprozesse optimal gestalten lassen. Abschnitt 4.5 widmet sich auf strategischer Führungsebene der Frage, wie das Web Controlling zur Management- und Entscheidungsunterstützung eingesetzt werden kann. Die wichtigsten Vorteile von Web Analytics und Web Controlling werden für das eBusiness in Abschnitt 4.6 zusammengefasst.

4.1 Optimierung der Website

Überprüfung der Website-Qualität

Eine systematische Auswertung der Websitenutzung ermöglicht den Betreibern, die Website als Ganzes anzupassen, um die Website-Qualität zu garantieren und laufend zu verbessern (vgl. dazu Kap. 7 und [Zumstein 2012, S. 101 ff.]). Dabei sind folgende Bereiche betroffen:

- **Content:**
  Der Inhalt einer Website (Abschnitt 4.1.1)
- **Navigation:**
  Die Menüführung der Website (Abschnitt 4.1.2)
- **Design:**
  Die grafische Darstellung der Website (Abschnitt 4.1.3)
- **Usability:**
  Die Benutzerfreundlichkeit (Abschnitt 4.1.4)

4.1.1 Optimierung des Contents

Bereitstellung von Inhalten

Ziel und Zweck des Web Analytics liegt nicht nur in der Analyse der Inhaltsnutzung, sondern auch in der *optimalen Bereitstellung der Inhalte*. Die Qualität häufig nachgefragter Inhalte kann erhalten bzw. erhöht werden, indem zum Beispiel sprachliche und/oder inhaltliche Überarbeitungen vorgenommen und Inhalte aktuell gehalten werden.

Verbesserungen des Inhalts mit Web Analytics

Studien zeigen, dass die Verbesserung des Inhalts zu den am häufigsten genannten Hauptwecken der Webanalyse gehört [Forrester 2009; Hong 2007; WAA 2010]. Das Web Analytics dient unter anderem dazu, die inhaltlichen Angebote entsprechend der Nachfrage von Benutzern der Website anzupassen oder auszubauen. In anderen Worten: Das Web Content Controlling hilft, das *Informationsangebot einer Website an der Nutzungsnachfrage auszurichten* und Inhalte dynamisch, zielgerichtet oder sogar individualisiert bereitzustellen.

»Content is King!« lautet ein oft gehörter Website-Slogan. In der Tat hat der Informationsgehalt einen erheblichen Einfluss auf die Nutzung, Nutzungsabsicht und Benutzerzufriedenheit einer Website und auf deren Erfolg (z.B. [Molla & Licker 2001; Palmer 2002; DeLone & McLean 2004; Schaupp et al. 2006]).

Die wichtigsten Erfolgsfaktoren der *Informationsqualität* sind:

Genaue, relevante, verständliche und aktuelle Inhalte

- die Genauigkeit,
- die Relevanz,
- die Vollständigkeit,
- die Verständlichkeit und
- die Aktualität von Informationen.

Forschungsresultate von [Econsultancy 2010] belegen, dass die Analyse der Inhaltsnutzung einer Website bei der *Akquisition von Onlinekunden* bedeutend ist.

4.1.2 Optimierung der Navigation

Klickraten auf Links

Die meisten Web-Analytics-Tools zeigen die Klickhäufigkeiten der einzelnen Navigationspunkte und Hyperlinks in einer Webseite in einem sogenannten *Site Overlay* an (siehe Abb. 4–2). Die Prozentwerte geben an, wie oft ein Link angeklickt worden ist.

Navigationsverhalten von Besuchern

Dank der Angabe relativer Häufigkeiten, mit der jeder einzelne Link einer Website in einer bestimmten Periode ausgeführt wurde, lässt sich das *Navigationsverhalten* der Besucher auf aggregierter Ebene nachvollziehen. Die Funktionalität der relativen und absoluten Klickhäufigkeit erlaubt die Analyse, welche Links häufig oder selten aufgerufen wurden, d.h. bei Usern beliebt oder unbeliebt sind.

Klick- und Pfadanalysen

Zahlreiche Web-Analytics-Tools erlauben detaillierte *Klick- und Pfadanalysen*, die die häufigsten Navigationspfade der Besucher durch die Website in grafischer oder tabellarischer Form darstellen. Der Einsatz dieser Analysen dient im Web Analytics dazu, die Auswirkungen veränderter Menüleisten oder Verlinkungen in Bezug auf das Klickverhalten oder die Erreichung der Website-Ziele zu vergleichen und auszuwerten. Gut ein Drittel der von [Forrester 2009] und immerhin ein Zehntel der von [Hong 2007] befragten Organisationen gaben an, dank der Messung von Klickhäufigkeiten die Navigation der Website

Abb. 4–2
Site-Overlay zur Seitenanalyse am Beispiel von Google Analytics

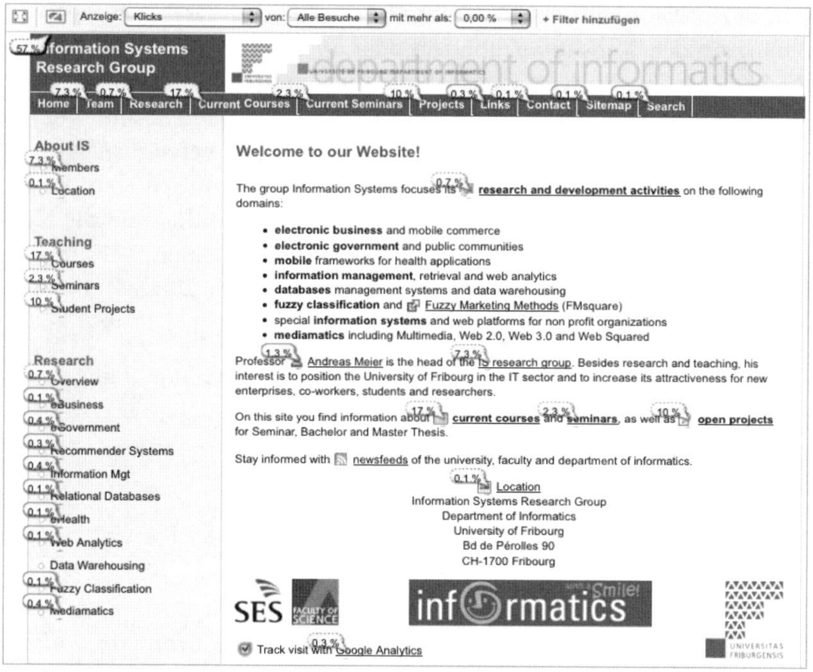

verbessert zu haben. Die Marktstudie (vgl. Abschnitt 11.3.12) bestätigte diese Resultate ebenfalls.

A/B-Tests zur Verbesserung der Navigation

Neben Klick- und Pfadanalysen können bei der Optimierung der Website weitere fundierte Methoden wie z.B. A/B-Tests oder multivariate Tests eingesetzt werden, um sowohl die Navigation als auch das Design und die Usability einer Website zu verbessern. Auf die letzten beiden Punkte wird nun näher eingegangen.

4.1.3 Optimierung des Designs

Anpassungen am Layout mithilfe von Web Analytics

Web Analytics kann dabei helfen, gestaltungs- bzw. designbezogene Schwachstellen und Problemfelder einer Website aufzudecken und auszumerzen. So kann z.B. durch *Anpassungen des Designs bzw. Layouts* anhand der Seitenzugriffe, Absprungraten oder Verweildauer überprüft werden, ob und wie diese Anpassungen eine Veränderung der Metrikwerte bewirken. Gemäß einer Studie der Web Analytics Association [WAA 2010] hilft das Web Analytics maßgeblich beim *Redesign* einer Website. In den letzten Jahren erschien eine Fülle an praxisorientierter Fachliteratur, die zahlreiche Gestaltungsprinzipien, Webstandards oder sonstige Tipps und Tricks geben, um *modernes Webdesign* mit einer hoher Benutzerfreundlichkeit zu entwickeln (vgl. z.B. [Hoffmann 2009; Eberhard-Yom 2010]).

4.1.4 Optimierung der Usability

Erhöhung der Benutzerfreundlichkeit

Das Thema *Benutzerfreundlichkeit* (engl. usability, user friendliness, user experience, ease of use) von Websites hat sich im Internet zu einem großen Forschungsfeld entwickelt (vgl. [Fischer 2008; Puscher 2009; Loranger & Nielsen 2009; Eberhard-Yom 2010]). Web Analytics kann helfen, die Usability einer Website zu erhöhen, indem die Usability-Standards berücksichtigt, die Surf-, Klick- und Suchgewohnheiten der Besucher analysiert und die einzelnen Elemente der Website entsprechend angepasst werden.

Systemqualität durch verständliche Navigation

Neben der Informationsqualität gilt die Systemqualität als wichtiger Treiber der Nutzung und Zufriedenheit mit der Website. Dabei gehört die Benutzerfreundlichkeit neben der Betriebszuverlässigkeit, Funktionalität und der Einfachheit der Navigation zu den wichtigsten Kriterien der Systemqualität, wie wissenschaftliche Studien belegen [Molla & Licker 2001; Palmer 2002; DeLone & McLean 2004].

Tabelle 4–1 zeigt abschließend mögliche Nutzenpotenziale und Kennzahlen für die Website-Optimierung.

Tab. 4–1 *Nutzenpotenzial der Website-Optimierung nach [Zumstein 2012, S. 105]*

Website-Aufgabe	Nutzenpotenzial	Webkennzahlen
Optimierung des **Contents**	▪ Ausrichtung des Inhalts an der Informationsnachfrage ▪ Erhöhung Informationsqualität ▪ Erhöhung Besucherzufriedenheit	▪ Anzahl Seitenzugriffe ▪ Meistbesuchte Inhalte ▪ Absprungrate ▪ Besuchs-/Verweildauer
Optimierung der **Navigation**	▪ Benutzerfreundliche Navigation ▪ Ideale Informationsarchitektur ▪ Erhöhung der Systemqualität	▪ Klickrate ▪ Besuchstiefe ▪ Ein-/Austiegsseiten
Optimierung des **Designs**	▪ Modernes Webdesign ▪ Besuchererlebnis & Image ▪ Optimierung Usability	▪ Klickrate ▪ Absprungrate ▪ Besuchsdauer
Optimierung der **Usability**	▪ Erhöhung der Systemqualität ▪ Benutzerfreundliche Website ▪ Barrierefreie Website	▪ Absprungrate ▪ Abbruchrate ▪ Verweildauer

4.2 Optimierung des eMarketing

Analyse von Werbekampagnen

Web Analytics dient Unternehmen zur Analyse und Optimierung des Onlinemarketings. Dabei wird u.a. analysiert, inwiefern die *Maßnahmen der Internetwerbung* auf externen Websites erfolgreich waren, Besucher auf die eigene Website zu bringen. Rund 60 % der von der WAA Befragten gaben an, dass ihnen WA für die Optimierung des Onlinemarketings und der Konversionen behilflich sei [WAA 2010]. Forrester bestätigte, dass Firmen ihre WA-Systeme dazu nutzen, um

Erkenntnisse bezüglich der eMarketing-Initiativen zu gewinnen: 40 % gaben an, anhand von Webmetriken den Erfolg von *Werbekampagnen und Promotionen* zu eruieren [Forrester 2009]. Nach einer Untersuchung von [Hong 2007] setzen ein Siebtel der Organisationen Web Analytics dazu ein, die Effektivität von Werbekampagnen zu messen, um dadurch die Effektivität des eMarketing zu verbessern.

Erfolgsmessung von Instrumenten des Onlinemarketings

Die Marktstudie in Abschnitt 11.3.12 bestätigt diese Resultate. Im eMarketing unterstützt WA die Identifikation der *Werttreiber* und die Erfolgsmessung folgender Instrumente [Zumstein 2011, S. 108 ff.] (siehe auch Tabelle 4–2):

- **Bannerwerbung:**
  Erfolgsmessung von Bannern (Abschnitt 4.2.1)
- **Suchmaschinenoptimierung:**
  Wirkungsanalysen der Bemühungen bei der Search Engine Optimization (SEO; Abschnitt 4.2.2)
- **Suchmaschinenmarketing:**
  Performance-Analysen von Kampagnen des Search Engine Marketing (SEM; Abschnitt 4.2.3)
- Analyse von Kampagnen in **sozialen Netzwerken** (Abschnitt 3.2.4)
- **Weitere Instrumente des eMarketing:**
  zum Beispiel Newsletterversand, Blogs, Affiliate-Programme, Spiele, Umfragen (Abschnitt 4.2.5)

Tab. 4–2
Nutzenpotenzial und Webkennzahlen für das Onlinemarketing (nach [Zumstein 2012, S. 112]).

eMarketing-Task	Nutzenpotenzial	Webkennzahlen
Bannerwerbung	▪ Gestaltung von Werbebannern ▪ Optimierung Bannerkampagnen ▪ Optimale Abrechnungsmodelle	▪ Ad-Click-Rate ▪ Werbekonversionsrate ▪ Cost-per-View/Click
Suchmaschinen-optimierung	▪ Sichtbarkeit in Suchmaschinen ▪ Ranking in Suchmaschinen ▪ Optimale (Meta-Tag) Keywords	▪ Suchmaschinen-verweise ▪ Konversionsraten ▪ Benutzte Keywords
Suchmaschinen-marketing	▪ Sichtbarkeit in Suchmaschinen ▪ Effizientes AdWords-Budget ▪ Optimales Keyword-Advertising	▪ Ad-Click-Rate ▪ Werbekonversionsrate ▪ Cost-per-Click/Order
Social Web Monitoring	▪ Analyse von User-Meinungen ▪ Word-of-Mouth-Analyse	▪ Anzahl Fans/Followers ▪ Anzahl Empfehlungen
Newsletter-versand	▪ Regelmäßige Information ▪ Besucher- & Kundenbindung	▪ Anzahl Einschreibun-gen ▪ Click-to-Open-Rate

4.2.1 Erfolgsmessung von Bannerwerbung

Messung von Traffic-Akquisition, -Nutzung und -Vermarktung

Bannerwerbung ist ein wichtiges Instrument des Onlinemarketings und für viele Websites ein grundlegendes Erlösmodell (vgl. Abschnitt 2.7). Im Bereich der Bannerwerbung kann die Traffic-Vermarktung auf externen Websites oder auf der eigenen Website dank Web Analytics überprüft werden, um die Wirkung und den Erfolg der Banner auf Websites zu analysieren. Abbildung 4–3 zeigt den Zusammenhang der *Traffic-Akquisition, -Nutzung und -Vermarktung* sowie zugrunde liegende Abrechnungsmodelle. Unter Cost-per-Click versteht man die Summe, die pro Klick auf ein Werbemittel vom Nachfrager an den Anbieter (i.d.R. eine Werbeagentur) gezahlt wird. Beim Click-per-Lead wird ein gewisser Betrag pro generierten Interessenten bzw. pro Registrierung über das Werbemittel bezahlt (vgl. Abschnitt 4.3.2).

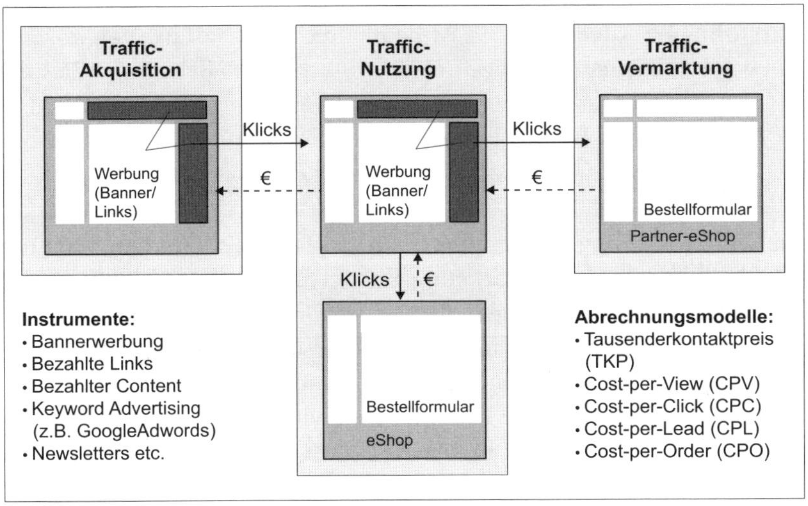

Abb. 4–3
Erfolgsmessung von Werbekampagnen, Quelle: (in Anlehnung an das Schema von [Contentmetrics 2006, S. 38])

4.2.2 Sichtbarkeit und Suchmaschinenoptimierung

Analyse genutzter Suchwörter

Neben der Internetwerbung ist die Suchmaschinenoptimierung, kurz SEO (Search Engine Optimization), ein zentrales Instrument des Onlinemarketings, um die Sichtbarkeit der Website in Suchmaschinen zu erhöhen und Traffic zu akquirieren. Die SEO hat zum Ziel, durch verschiedene Maßnahmen *das Ranking und die Auffindbarkeit* der Webseiten bei Suchmaschinen zu verbessern. Mit Web Analytics wird analysiert, wie Besucher auf die Seite gelangten und unter welchen *Keywords* (Suchwörtern) die Seite in Suchmaschinen gefunden wurde.

Reichweite im Internet

Ziel des Onlinemarketings ist, die *Wahrnehmung und Bekanntheit* der Websites im Internet zu verbessern. Neben der hohen Reichweite wird die positive Wahrnehmung und ein gutes Image der Website als ein immaterieller Vermögensgegenstand angesehen (vgl. Abschnitt 3.6). Eine hohe Reichweite und Sichtbarkeit im Internet korreliert stark mit dem Website-Traffic, wie [Drèze & Zufryden 2004] nachwiesen.

Verlinkung von Websites

Die Auffindbarkeit in Suchmaschinen kann z.B. verbessert werden, indem die Website mit anderen Websites *gut verlinkt* ist und dank dem Einsatz ausgewählter Keywords im Content der Website in Suchmaschinen gut gefunden wird. Durch den Einsatz anderer Instrumente des Onlinemarketings wie Newsletterversand, Bannerwerbung, Blogs und Suchmaschinenmarketing kann die Verlinkung und die Reichweite der Website ebenfalls erhöht werden.

4.2.3 Erfolgsmessung des Suchmaschinenmarketings

Werbeanzeigen in Suchmaschinen

Das Suchmaschinenmarketing (engl. Search Engine Marketing, SEM; Search Engine Advertising, SEA) beinhaltet die Schaltung von *kostenpflichtigen Textwerbeanzeigen in Suchmaschinen*. Bekanntes Beispiel ist Google AdWords: Bei der Eingabe von bestimmten Suchbegriffen in der Suchmaschine Google werden oberhalb und rechts der Suchresultate Textanzeigen passend zum Suchbegriff eingeblendet.

Erfolgsmessung von Suchmaschinenwerbung

Wie im Bereich der Bannerwerbung ist im Suchmaschinenmarketing das Controlling des bezahlten Traffics besonders wichtig. Denn es gilt, das knappe Onlinemarketing-Budget möglichst gewinnbringend einzusetzen, z.B. für Google AdWords. Der Einsatz von Web-Analytics-Tools erlaubt die detaillierte Analyse der Keywords, unter denen die Webseiten in den Suchmaschinen gefunden wurden. Auch ermöglicht das Web Analytics die Überprüfung, wie sich die Maßnahmen des Suchmaschinenmarketings in der Websitenutzung niederschlagen und ob sich diese auch gelohnt haben, z.B. in Form von höheren Konversionsraten oder Umsätzen.

4.2.4 Social Web Monitoring

Erfolgsmessung sozialer Netzwerke

Soziale Netze gewinnen für viele Organisationen an Bedeutung und sie wurden in Form von *sozialem Kapital* integraler Bestandteil von webbasierten Geschäftsmodellen. Zudem kann durch Verlinkungen in sozialen Netzwerken wie z.B. Facebook, Twitter oder XING zusätzlich Traffic auf die Website geleitet werden. Bei der Analyse der Zugriffsquellen kann im Web Analytics festgestellt werden, inwiefern Aktivitäten im Social Web Wertbeiträge auf der Website generieren.

4.2.5 Erfolgsmessung weiterer Marketinginstrumente

Auswirkungen des Einsatzes weiterer Onlinemarketing-Instrumente wie Blogs, Foren, Befragungen, Spiele oder Wettbewerbe können im Web Controlling ebenfalls gemessen werden. Zudem ermöglicht Web Analytics einen direkten Vergleich der Marketinginstrumente hinsichtlich ihrer Effektivität und Effizienz. Man kann z.B. analysieren, wie sich der Einsatz von Diensten wie Blogeinträgen oder Newslettern in den Konversionen niederschlägt [Zumstein 2012, S. 111]:

- **Newsletter:**
  Der Newsletterversand wird im Onlinemarketing als ein effektives Kommunikations- und Kundenbindungsinstrument betrachtet (vgl. z.B. [Kaushik 2007; Fischer 2008; Schwarz 2011]). Im Rahmen des *E-Mail* bzw. *Newsletter Analytics* trägt Web Analytics dazu bei, die Werbewirkung und den Erfolg der versandten Nachrichten zu analysieren. Dabei wird etwa überprüft, welcher Anteil der Empfänger den Newsletter empfangen, geöffnet und einen Link darin aktiviert hat, um auf die Website zu gelangen. In den meisten Fällen wird ebenfalls untersucht, wie hoch die Konversionsraten der Newsletter sind, z.B. welcher Anteil der Newsletterempfänger im Anschluss auf der Website gekauft haben.

Newsletter Analytics

- **Blogs:**
  Weblogs sind ein geeignetes Instrument, um mittels Links Traffic auf Websites zu leiten. Da Blogeinträge und -kommentare von Suchmaschinen erfasst, geordnet und gelistet werden, stellen Blogs neben der eigentlichen Kommunikation und Interaktion ein günstiges Medium dar, die Sichtbarkeit und Auffindbarkeit von verlinkten Websites in Suchmaschinen zu erhöhen.

Blog Analytics

- **Online-Promotionen:**
  Gewinnspiele, Spiele oder Abstimmungen bieten Anreize, zusätzliche Besucher auf die Website zu bringen und diese zu gewünschten Aktionen zu bewegen wie zum Beispiel Registrierung, Kontaktaufnahme oder Weiterempfehlung.
- **Klassisches Marketing:**
  Die Messung des Einflusses von Marketingaktivitäten in Offlinekanälen wie z.B. *Print-, TV-, Radio- oder Display-Werbung* auf die Websitenutzung ist ebenfalls Gegenstand des Web Analytics. Auch wenn es aufgrund von Medienbrüchen schwierig ist, direkte oder indirekte Effekte von Offline-Werbemaßnahmen auf die Websitenutzung zu messen, so können bei den Detailanalysen des Web Controlling zeitliche oder inhaltliche Rückschlüsse auf Marketing-

Messung von Online- und Offlinekanälen

aktivitäten gezogen werden. Umgekehrt kann Web Analytics dazu beitragen, den Einfluss der Website auf den Absatz und das Marketing anderer Vertriebskanäle wie Verkaufsläden, TV, Telefon oder Kataloge einzuschätzen.

4.3 Optimierung des Kundenbeziehungsmanagements

4.3.1 Erhöhung der Kundennähe

Kundenorientierung

Durch die Analyse der Webmetriken und Webkennzahlen zu den Besuchereigenschaften sowie dem Besucher- und Kaufverhalten kann etwa die Besucher- und Kundennähe erhöht werden. In der Marketingliteratur wird die Kundennähe auch unter dem Begriff der *Kundenorientierung* diskutiert [Bruhn 2011]. Avanish Kaushik spricht in diesem Zusammenhang von der *Kundenzentrierung* [Kaushik 2009].

Analyse von Besucherwünschen

Die Analyse des Such-, Klick- und Kaufverhaltens unterstützt das eCRM bei der Identifizierung der *Besucherwünsche und Kaufabsichten*. Eine hohe Besucher- und Kundenorientierung ist Voraussetzung für die erfolgreiche Akquisition von neuen oder abgewanderten Kunden.

4.3.2 Optimierung der Kundenakquisition

Kontaktanbahnung über das Internet

Ein häufig genanntes Ziel von Unternehmenswebsites ist die *Generierung von Leads*, sprich die erfolgreiche Kontaktanbahnung zu einem potenziellen Interessenten und die Erfassung seiner Adress- bzw. Kontaktdaten über ein Formular auf der Website (vgl. folgende Definition, Kap. 11 zur Marktstudie und [Zumstein 2012, S. 115]).

Definition Leads (potenzielle Neukunden)

> Unter einem **Lead** wird ein potenzieller Neukunde verstanden, der ein Interesse bzw. eine unverbindliche Kaufabsicht für ein Onlineangebot zeigt, indem er z.B. seine Kontaktdaten hinterlegt oder eine Offerte einholt.

Verhärtet sich das unverbindliche Interesse eines Leads für ein Onlineangebot zu einer erhöhten, konkreten Kaufabsicht, spricht man auch von einem *qualifizierten Lead*.

Analyse von Kaufabsichten und Erstkäufe

Der Onlinekanal stellt ein vergleichsweise kostengünstiges Medium für die Generierung von Anfragen, Kontakten oder Leads dar. Zudem kann das Interesse von potenziellen Kunden Online leichter gemessen werden als offline: Schon der einmalige Aufruf einer Produktseite im Webshop kann als ein *mögliches Kaufinteresse* gewertet werden. Besucht ein User eine Produktseite mehrmals oder legt er das entsprechende Produkt in den Warenkorb, kann man von einem hohen Interesse bzw. einer *konkreten Kaufabsicht* sprechen. Kommt es mit einem Lead zu einem erstmaligen Verkaufsabschluss, kann aus Sicht des eCRM von einer Online-Kundenakquisition gesprochen werden.

Definition Kundenakquisition

Unter der **Kundenakquisition** wird die erfolgreiche Gewinnung eines Neukunden verstanden, der im Webshop bzw. auf der Website erstmalig ein Produkt oder eine Dienstleistung nachfragte.

Für das eCRM ist es beispielsweise wichtig, zu wissen, wie viele *Neukunden* in einer bestimmten Periode online gewonnen werden konnten oder wie hoch der *Anteil an Neukunden* ist im Vergleich zu den wiederkehrenden Kunden, bzw. zum ganzen Kundenstamm.

Kosten einer Kundenaquisition

Im Onlinegeschäft ist es interessant, zu wissen, wie hoch sich die Kosten der Akquirierung eines Leads bzw. eines Neukunden belaufen. Der Studie von [Econsultancy 2010] zufolge sind die *Kosten einer Lead- bzw. Kundenakquisition* eine wichtige Information des WA.

Ziel Verkaufsabschluss

Oberstes Ziel des Onlineverkaufs ist der rechtlich verbindliche *Verkaufsabschluss* mit einem Onlinekunden. Der Verkaufsabschluss (eContract) kommt in der Regel mit der Annahme des Kaufvertrages und der Bezahlung (ePayment) zustande. Aus Sicht des Kundenentwicklungsmodells ist die Konversion (siehe Abschnitt 5.4.6) von interessierten Surfern zu Käufern ausschlaggebend, wobei die abgeschlossene Transaktion der entscheidende Akt im Kundenkaufzyklus ist.

4.3.3 Optimierung der Kundenbindung

Loyalisierung von Onlinekunden

»Nach dem Kauf ist vor dem Kauf«: Dieser Spruch gilt auch im eCommerce. Oberstes Ziel des Kundenbindungsmanagements ist, den Kunden zum Wiederkauf zu bewegen und langfristig an das Unternehmen zu binden (vgl. folgende Defintion nach [Zumstein 2012, S. 116]):

Definition Kundenbindung

Unter **Kundenbindung** wird die Schaffung und Intensivierung einer dauerhaften Beziehung zwischen dem eBusiness-Unternehmen und den Onlinekunden über die Website bzw. über das Internet verstanden.

Zusatz- und Querverkäufe

Das eCRM und eMarketing versucht, mit den entsprechenden Kundenbindungsmaßnahmen mehr Online-Umsatz zu erzielen, indem die Onlinekunden zu wiederholten Einkäufen animiert und ihnen zusätzliche Produkte oder Dienstleistungen verkauft werden (Add-on-Selling). Dazu gehört der Verkauf von zusätzlichen eProducts und eServices (Cross-Selling), wobei höherwertige Produkte und Dienstleistungen (Up-Selling) mit einer höheren Marge oder Zusatzverkäufe (Down-Selling) mit geringeren Margen abgesetzt werden können.

4.3.4 Optimierung der Kundensegmentierung

Relevanz der Kundensegmentierung

Jede Organisation hat ein wirtschaftliches Interesse daran, ihre wertvollsten Kunden zu kennen. Da eBusiness-Unternehmen ihre Onlinekunden meist nicht persönlich kennen, sind sie auf das Web Analytics und das BI angewiesen, um ihre wichtigen oder potenziell wichtigen Besucher und Onlinekunden zu identifizieren, um sie im Kundenbeziehungsmanagement entsprechend ihrem Wert zu behandeln.

Definition Kundensegmentierung

Unter **Kundensegmentierung** wird die Einteilung der Onlinekunden in Gruppen verstanden, die sich in ihrem Website- bzw. Kaufverhalten oder ihren Charakteristiken ähnlich sind, um das Website-Angebot zielgerichtet an diesen Kundengruppen auszurichten und um die Online-Kundensegmente im Rahmen des eCRM oder eMarketing differenziert zu bearbeiten.

Identifizierung wichtiger Besucher

Das Web Analytics unterstützt das eCRM bei der Identifizierung der wichtigen *Website-User* [Zumstein 2012, S. 116 f.], z.B. diejenigen, die

- die Website oft besuchen (hohe Besuchsfrequenz bzw. -loyalität),
- die Website lange besuchen (hohe Besuchs- und Verweildauer),
- viele Seiten aufrufen (hohe Besuchstiefe),
- sich für Produkte interessieren (hohe Click-to-Basket-Rate),
- sich als Prosumer aktiv auf der Seite einbringen (hohes Engagement),
- die Website weiterempfehlen (Word-of-Mouth).

Identifizierung wertvoller Kunden

Zudem ermöglicht der Einsatz von Web Analytics und CRM-Software die Identifizierung der wertvollsten *Onlinekunden*, die z.B.

- viele Produkte bzw. Dienstleistungen bestellten (hohe Anzahl Bestellungen bzw. Bestellrate),
- regelmäßig Produkte nachfragten (hohe Kauffrequenz),
- einen großen Teil ihrer Nachfrage bei einem einzigen Unternehmen abdecken (hoher Share-of-Wallet),
- im Webshop am meisten Geld ausgaben (hoher Online-Umsatz),
- am profitabelsten sind (tiefe Kosten und hoher Online-Gewinn),
- für das eBusiness am wertvollsten sind (hoher Kundenwert).

Abschließend zeigt Tabelle 4–3 die diskutierten Nutzenpotenziale des eCRM und mögliche Webkennzahlen.

eCRM-Aufgabe	Nutzenpotenzial	Webkennzahlen
Erhöhung der **Kundennähe**	▪ Erfassung/Analyse Bedürfnisse ▪ Analyse Interessen/Kaufabsicht	▪ Seitenzugriffe/Besuche ▪ Product-Click-Rate
Optimierung der **Lead-Generierung**	▪ Gewinnung von Interessenten ▪ Gewinnung von Kontaktdaten ▪ Erhöhung der Kaufabsicht	▪ Anzahl Leads ▪ Anzahl Registrierungen ▪ Click-to-Basket
Optimierung der **Kunden-akquisition**	▪ Optimierung Kundenansprache ▪ Gewinnung von Neukunden ▪ Erweiterung des Kundenstamms	▪ Responserate ▪ Anzahl (Neu-)Kunden ▪ Konversionrate
Optimierung der **Kunden-bindung**	▪ Langfristige Kundenbeziehungen ▪ Kundenentwicklung ▪ Erhöhung der Profitabilität	▪ Anzahl Stammkunden ▪ Add-on-Selling ▪ Online-Umsatz/Gewinn
Optimierung der **User-/Kunden-segmentierung**	▪ Identifikation wertvoller User ▪ Identifikation wertvoller Kunden ▪ Web (Usage) Mining & BI	▪ Besucherwert ▪ Kundenwert ▪ Website-Wert

Tab. 4–3 *Nutzenpotenzial und Webkennzahlen für das eCRM (nach [Zumstein 2012, S. 117])*

4.4 Prozessoptimierung

Optimierung von Bestell- und Zahlungsprozessen

Web Analytics und Web Controlling kann dazu dienen, websitebezogene Geschäftsprozesse zu analysieren, zu verbessern und zu beschleunigen. Beispiele hierzu sind die Analyse und die optimale Gestaltung elektronischer *Registrierungs-, Bestell- und Zahlungsprozesse*. Indem das Klick- und das Eingabeverhalten auf Registrierungs- und Bestellformularen aufgezeichnet werden, können mögliche Schwachstellen aufgedeckt werden, zum Beispiel wenn einzelne Eingabefelder unausgefüllt bleiben oder die Formulareingabe abgebrochen wird. Gerade die Analyse der *Abbruch- bzw. Absprungraten* bei den einzelnen Schritten des Zahlungsprozesses (ePayment) ist hilfreich, um beispielsweise mögliche Gründe zu eruieren, warum Besucher den Zahlungsvorgang abbrachen [Zumstein 2012, S. 117].

Ein weiteres Beispiel der Prozessoptimierung ist die Analyse und Verbesserung der *Bestellabwicklung*, die mit der Onlinebestellung beginnt und mit der Auslieferung der Produkte endet.

Analyse von Prozessabbrüchen

Eine Studie von [Econsultancy 2010] zeigte, dass die Analyse der Abbrüche bei Prozessen auf Schlüsselseiten des Onlineangebotes bei der Mehrheit der Befragten eine hohe Priorität darstellt. In der Marktstudie konnte bestätigt werden, dass zumindest die Hälfte der Befragten Web Analytics dazu nutzt, geschäfts- oder websitebezogene Prozesse zu optimieren (vgl. Abschnitt 11.3.12).

4.5 Strategisches Management und Entscheidungsunterstützung

Planung, Analyse und Überprüfung strategischer Ziele

Wie in Kapitel 3 angeschnitten, dient Web Analytics und Web Controlling zur Planung, Analyse, Überprüfung und Steuerung der strategischen und operativen *Ziele*, die mit jeder Website und dem eBusiness verbunden sind.

Überprüfung von Geschäftsmodellen

Der Erfolg *webbasierter Geschäftsmodelle*, denen die strategischen Ziele zugrunde liegen, kann anhand von Webkennzahlen bzw. KPIs überprüft und in der *strategischen Unternehmensführung*, sprich in der strategischen Planung, Umsetzung und Kontrolle, berücksichtigt werden [Zumstein 2012, S. 118].

Performance Measurement bei Internetfirmen

Bei Internetfirmen, bei denen der Umsatz ausschließlich oder zu einem Großteil online generiert wird, ist die Analyse der Umsatzentwicklung und die Überprüfung der Zielerreichung eine wichtige Aufgabe des Performance Measurement. Damit verbunden ist auch die *Budgetierung und Planung* der Aktivitäten des elektronischen Geschäfts, das laut der Umfrage der [WAA 2010] zu den wichtigsten Zielen des Web Analytics gehört.

Datengestützte statt Bauchentscheide

Web Controlling unterstützt das Management bei der Herleitung und Begründung websitebezogener *Entscheide*. Ein zielgerichtetes Kennzahlensystem fördert die Rationalität des unternehmerischen Denkens und Handelns [Weber & Schäffer 1999] sowie eine objektive und rationale Entscheidungsfindung, die auf harten Fakten und nicht auf Bauchentscheidungen beruht.

Entscheidungsunterstützung durch Web Analytics

Gemäß einer Studie von [Forrester 2009] spielt Web Analytics für 71 % der befragten Großunternehmen eine wichtige Rolle bei der Entscheidungsunterstützung. In der Marktstudie stimmten ebenfalls 65 % der Befragten zu, dass Web Analytics sie bei der geschäfts- oder websitebezogenen Planung, Entscheidung und Kontrolle unterstützt (vgl. Abschnitt 11.3.12).

4.6 Vorteile für das eBusiness

Vorteile des Web Analytics zusammengefasst

Das Web Analytics und Web Controlling haben verschiedene *Vorteile* für das eBusiness, wie die Abbildung 4–4 und Tabelle 4–4 zusammenfassend darstellen.

- Abschnitt 7.2 und 7.3 zeigen, dass Web Analytics auf *analytischer Ebene* in erster Linie dazu genutzt wird, den Website-Traffic zu analysieren. Dazu gehört im Rahmen des Web Content Controlling die *Analyse der Inhaltsnutzung* (z.B. Analyse der Reichweite, Zugriffsquellen, Ein-/Ausstiegsseiten) und im Web User Controlling die *Analyse des Besucherverhaltens* (z.B. die Analyse der Besuchertreue, Zugriffsorte, Besucherstruktur).

- Abschnitt 7.4 verweist auf die strategische Bedeutung von Web Analytics und Web Controlling, die *Erreichung websitebezogener Ziele* (wie Information, Kommunikation, Transaktion, Branding, Kundenakquisition und -bindung) anhand von Key Performance Indicators (KPIs) zu überprüfen, um gegebenenfalls Maßnahmen ergreifen zu können.
- Abschnitt 4.1 verdeutlichte, dass das Web Analytics beim operativen Betrieb der Website genutzt werden kann, um deren *Inhalt, Navigation, Design und Usability* zu verbessern.
- Abschnitt 4.2 zeigte die Nutzenpotenziale des Web Analytics für das *Onlinemarketing (Controlling)* und wie auf operativer Ebene die Auswirkungen von Kampagnen im Bereich der Bannerwerbung, Suchmaschinenoptimierung bzw. -marketing oder der sozialen Netzwerke zu überprüfen sind. Auch der Erfolg weiterer Instrumenten wie z.B. Newsletterversand, Blogs, Wettbewerbe oder Spiele kann dank Web Analytics analysiert und beurteilt werden.
- Abschnitt 4.3 widmete sich dem *Kundenbeziehungsmanagement* und zeigte, wie zentral das analytische CRM für die Steuerung der Kundenakquisition, -bindung und -segmentierung ist.

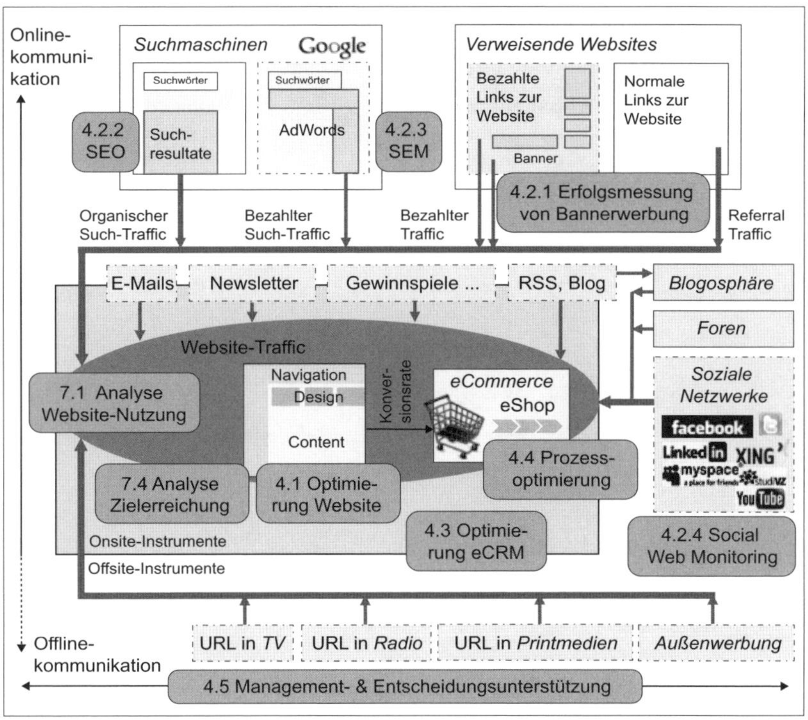

Abb. 4–4
Überblick zu den Nutzenpotenzialen des Web Controlling

- Abschnitt 4.4 ging kurz auf die Analyse *websitebezogener Prozesse* ein und verdeutlichte beispielhaft die Optimierungsmöglichkeiten von *Registrierungs-, Bestell- und Zahlungsprozessen.*
- Abschnitt 4.5 verwies auf den strategischen Nutzen des Web Controlling für die *Management- und Entscheidungsunterstützung.*

Tab. 4–4
Überblick zu den Nutzenpotenzialen auf den Ebenen des Web Controlling (nach [Zumstein 2012, S. 89])

Abschnitt	Nutzenpotenzial Web Controlling	Ebene	Gremium
4.1 4.1.1 4.1.2 4.1.3 4.1.4	**Optimierung der Website** ▪ Optimierung des Contents ▪ Optimierung der Navigation ▪ Optimierung des Designs ▪ Optimierung der Usability	Operativ, analytisch	Operative Einheiten ▪ Content Manager ▪ Webmaster ▪ Webdesigner ▪ Web Engineer
4.2 4.2.1 4.2.2 4.2.3 4.2.4	**Optimierung eMarketing** ▪ Erfolgsmessung Bannerwerbung ▪ Suchmaschinenoptimierung ▪ Suchmaschinenmarketing ▪ Social Web Monitoring	Operativ, analytisch, strategisch	Operative Einheiten ▪ Kampagnenmanager ▪ Webmaster ▪ Marketingleiter ▪ PR-Verantwortlicher
4.3 4.3.1 4.3.2 4.3.3 4.3.4	**Optimierung eCRM** ▪ Erhöhung Kundennähe ▪ Optimierung Kundenakquisition ▪ Optimierung Kundenbindung ▪ Optimierung Segmentierung	Operativ, strategisch, analytisch	Verschiedene Gremien ▪ Webanalyst ▪ Kundenmanager ▪ Sales Manager ▪ Web-Mining-Spezialist
4.4	**Prozessoptimierung**	Analytisch	▪ Prozessmanager
4.5	**Entscheidungsunterstützung**	Strategisch	▪ Chief Web Officer
7.1 7.2 7.3	**Analyse Websitenutzung** ▪ Web Content Controlling ▪ Web User Controlling	Operativ, analytisch	Webkernteam ▪ Webmaster ▪ Webanalyst
7.4	**Analyse der Zielerreichung**	Strategisch	▪ Chief Web Officer

5 Metrikmodelle & Webkennzahlen

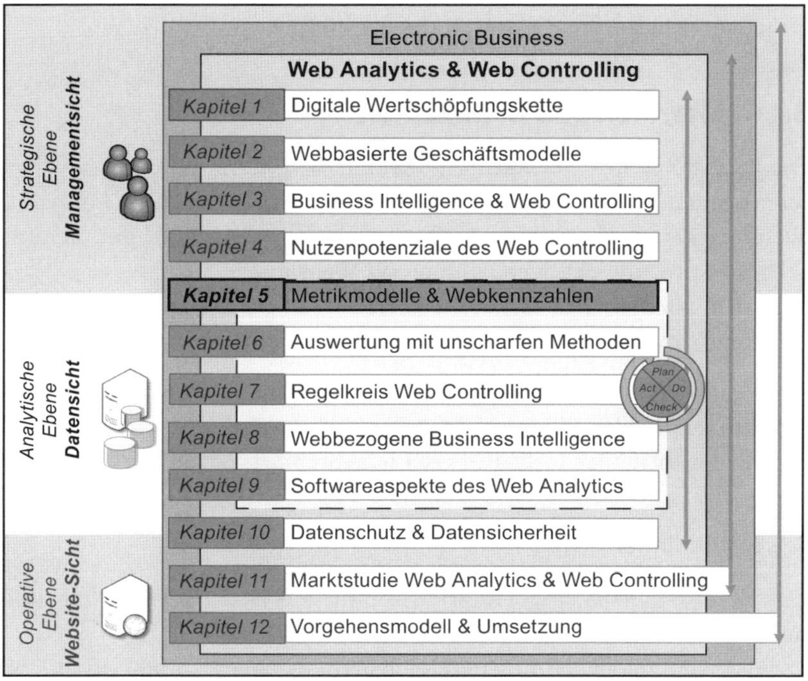

Abb. 5–1
Metrikmodelle & Webkennzahlen

Dieses Kapitel erläutert, wie mit Metriken und Kennzahlen die Nutzung von Webinhalten und das Verhalten der Besucher analysiert werden. In Abschnitt 5.1 werden die verschiedenen Begriffe – Webmetriken, Webkennzahlen und Key Performance Indicators – definiert. Abschnitt 5.2 stellt ein Reifegradmodell für das electronic Business vor, das vier Stufen unterscheidet: Stufe D – Information, Stufe C – Kommunikation, Stufe B – Transaktion und Stufe A – Integration. Zu jeder Stufe können eine Reihe von Webmetriken und -kennzahlen zugeordnet werden, die in den folgenden Abschnitten ausführlicher erläutert werden. Abschnitt 5.3 diskutiert informationsbezogene Standardmetriken wie etwa die Anzahl

Seitenzugriffe, Besuche oder Besucher. Auch Kenngrößen wie die Absprungrate, Verweildauer oder die Besuchstiefe werden in allen herkömmlichen Web-Analytics-Systemen erfasst. Abschnitt 5.4 behandelt transaktionsbezogene Webkennzahlen, wie sie typischerweise beim Betrieb eines Webshops analysiert werden. Eine der wichtigsten Kennzahlen ist die Konversionsrate. Abschnitt 5.5 widmet sich den Metriken der Stufen Kommunikation und Integration, die im Zuge des Social Web an Bedeutung gewinnen. Dazu gehören besucherinitiierte Kontakte, Registrierungen, Beiträge, Kommentare oder Bewertungen in Diensten und Anwendungen des Social Web. Abschnitt 5.6 zeigt auf, wie die Webmetriken und -kennzahlen zur Analyse und Optimierung in verschiedenen Bereichen des eBusiness genutzt werden können.

5.1 Metriken und Kennzahlen

Erfassung und Auswertung websitebezogener Daten

Die Erfassung, Speicherung, Analyse und die Interpretation von websitebezogenen Daten ist per Definition Kernaufgabe des Web Analytics. *Webmetriken* sind im Web Analytics eine Voraussetzung und Schlüsselelement für die Erfolgsmessung von Websites.

Grob wird im Web Analytics & Web Controlling zwischen folgenden *Begriffen* unterschieden, die nachfolgend diskutiert werden:

- Webmetriken (Abschnitt 5.1.1)
- Webkennzahlen (Abschnitt 5.1.2)
- Key Performance Indicators (KPIs, Abschnitt 5.1.3)

5.1.1 Webmetriken

Metrik = Maß

Der Begriff *Metrik* (engl. metric) kommt aus dem Griechischen und heißt Messung.

Webmetriken als websitebezogene Daten

Bei Webmetriken, im angelsächsischen Raum spricht man von e-metrics oder web metrics [Sterne 2002], werden die Werte der Webdaten statistisch erfasst. Webmetriken werden also immer auf Basis der Website und den damit verbundenen Informationstechnologien gewonnen [Hienerth 2010].

Definition Webmetrik

Webmetriken sind standardisierte Zahlensysteme, die mittels Web-Analytics-Systemen gemessen oder in Zusammenhang gebracht werden und die eine Aussage zur Nutzung oder zum Erfolg einer Website ermöglichen [Zumstein 2012, S. 57].

Jede Webkennzahl ist Teil einer Metrik. Der Terminus Kennzahl ist im betriebswirtschaftlichen Umfeld geläufiger und unterstreicht die Relevanz einer Messgröße für das eBusiness.

5.1.2 Webkennzahlen

Betriebswirtschaftliche Aussagen mit Webkennzahlen

Im Kontext der Betriebswirtschaftslehre sind *Kennzahlen* bzw. Kennziffern »Zahlen und Zahlenverhältnisse, die für ein betriebswirtschaftliches Erkenntnisziel Aussagewert besitzen« [Bouffier 1952, S. 28].

Definition Webkennzahl

> Unter **Webkennzahlen** werden Messgrößen verstanden, die mit Web-Analytics-Systemen erhoben werden und aussagekräftige Sachverhalte zur Websitenutzung und zum eBusiness in komprimierter Form wiedergeben. Mit Webkennzahlen wird mitunter der Erreichungsgrad von eBusiness- und websitebezogenen Zielen gemessen [Zumstein 2012, S. 58].

Funktionen von Webkennzahlen

Ähnlich wie im klassischen Controlling können für das Web Analytics & Web Controlling folgende *Funktionen von Webkennzahlen* hergeleitet werden [Lachnit 1976; Reichmann 2006; Zumstein 2012, S. 60]:

- **Analysefunktion:**
  Webkennzahlen erlauben die Analyse und den Vergleich der Websitenutzung und der Performance im eBusiness und das Aufzeigen von Trends.
- **Anregungsfunktion:**
  Metriken zu Veränderungen der Websitenutzung sollen das Webteam und Management zur Diskussion und Auseinandersetzung anregen, um falls notwendig rechtzeitig Gegensteuerungsmaßnahmen zu entwickeln und umzusetzen.
- **Priorisierungsfunktion:**
  Webkennzahlen helfen dem Webmanagement bei der Ausarbeitung und Priorisierung der Ziele.
- **Entscheidungsfunktion:**
  Webkennzahlen unterstützen das Webmanagement bei der Meinungsbildung und Entscheidungsfindung.
- **Rationalisierungsfunktion:**
  Webkennzahlen dienen der rationalen Begründung und Rechtfertigung von websitebezogenen Entscheidungen.
- **Operationalisierungsfunktion:**
  Webkennzahlen helfen, die Ziele der Website und des eBusiness messbar zu machen und dadurch ein »Web Management by Objectives« zu realisieren.

- **Steuerungsfunktion:** Kennzahlen ermöglichen im Web Controlling die Anordnung, Steuerung und Umsetzung von websitebezogenen Handlungsmaßnahmen.
- **Kontrollfunktion:**
  Aus Sicht des Managements dienen Webkennzahlen der Überwachung der Websitenutzung und des eBusiness.
- **Kommunikationsfunktion:**
  Kennzahlen vereinfachen die Kommunikation und das Management von geschäfts- und websitebezogenen Aufgaben und Prozessen im Unternehmen.
- **Reportingfunktion:**
  Hauptfunktion von Webkennzahlen ist die Berichterstattung der Web-Performance an die Geschäftsleitung und weitere Anspruchsgruppen.

5.1.3 Key Performance Indicators

Strategische KPIs

Key Performance Indicators (KPIs) sind Kennzahlen, die den Erreichungsgrad strategischer Website-Ziele oder des eBusiness messen.

Definition Key Performance Indicator

Unter **Key Performance Indicators** (KPIs) werden hier Webkennzahlen verstanden, die auf strategischer Ebene in verdichteter Form Auskunft geben über geschäftskritische Sachverhalte der Websitenutzung und des eBusiness. KPIs dienen mitunter zur Überprüfung wichtiger eBusiness-Ziele [Zumstein 2012, S. 61].

KPIs ausgerichtet auf das Geschäftsmodell

Da KPIs vom Geschäftsmodell und den Zielen abhängig sind, unterscheiden sie sich von Website zu Website. Tabelle 5–1 zeigt mögliche KPIs, die in Abhängigkeit von den Website-Zielen definiert werden können. Nachfolgend werden diese KPIs ausführlicher diskutiert.

Website-Ziel	Mögliche KPIs	
Information	▪ Anzahl Seitenzugriffe ▪ Anzahl Besuche & Besucher	▪ Besuchsdauer ▪ Besuchstiefe
Kommu-nikation	▪ Anzahl Kontakte ▪ Anzahl Beiträge & Kommentare	▪ Anzahl Registrierungen ▪ Weiterempfehlungen
Transaktion	▪ Konversionen/Konversionsrate ▪ Durchschnittlicher Bestellwert	▪ Online-Umsatz & -gewinn ▪ Besuchs- & Kundenwert
Kunden-gewinnung	▪ Anzahl Leads (Interessenten) ▪ Anzahl Neukunden	▪ Anzahl Anfragen ▪ Umsatz pro Neukunde
Kunden-bindung	▪ Anzahl Kunden ▪ Anzahl Stammkunden	▪ Werbekonversionsrate ▪ Umsatz/Kosten pro Klick
Nutzung der Website	▪ Anzahl Werbeeinblendungen ▪ Anzahl Ad Clicks	▪ Werbekonversionsrate ▪ Umsatz/Kosten pro Klick
Branding	▪ Anzahl Seitenzugriffe ▪ Engagement (z.B. Downloads)	▪ Besuchstiefe ▪ Verweildauer
Self Service	▪ Anzahl FAQ-Seitenzugriffe ▪ Absprungrate/Stickiness	▪ Qualität der Bewerbungen ▪ Anzahl Einstellungen
Rekrutierung	▪ Anzahl Seitenaufrufe ▪ Anzahl Onlinebewerbungen	▪ Qualität der Bewerbungen ▪ Anzahl Einstellungen

Tab. 5–1
Mögliche KPIs in Abhängigkeit der Website-Ziele [Zumstein 2012, S. 61]

5.2 Kennzahlensystem für das Web Controlling

Das Onlinemarketing untersucht vier Stufen auf dem Weg zur Ausschöpfung des electronic Business [Meier & Stormer 2012, S. 106].

Einordnung von Metriken in ein Reifegradmodell

Das vorgeschlagene *Reifegradmodell* (Abb. 5–2) erlaubt, das eigene Unternehmen anhand diverser Webmetriken und Webkennzahlen zu bewerten [Zumstein & Meier 2010, S. 305]:

Standardmetriken der Stufe Information

- **Stufe D – Information:**
  Dazu zählt das Bereitstellen allgemeiner Unternehmensinformationen, Produkt- und Dienstleistungskataloge oder das Unterhalten von Stellenbörsen. Wie oft solche Informationen nachgefragt werden, kann im Web Analytics anhand der Anzahl Seitenzugriffe, Besuche, Besucher, Verweildauer und mittels weiterer Metriken (in Abschnitt 5.3) analysiert werden.

Metriken der Stufe Kommunikation

- **Stufe C – Kommunikation:**
  Hierzu zählen Dienste und Anwendungen wie Suchfunktion, FAQ, E-Mail, Formulare, Newsletter, Newsgroups, Corporate Blogs, Wikis, Chat oder Diskussionsforen, um die Interaktivität mit den Usern zu fördern. Im Zuge des Web 2.0 geschieht die Kommunikation zunehmend in Form von User Generated Content (UCG) direkt in die Unternehmensseite, über Portale oder auf Community-Plattformen. Beiträge, Anfragen, Kontakte, Registrierungen

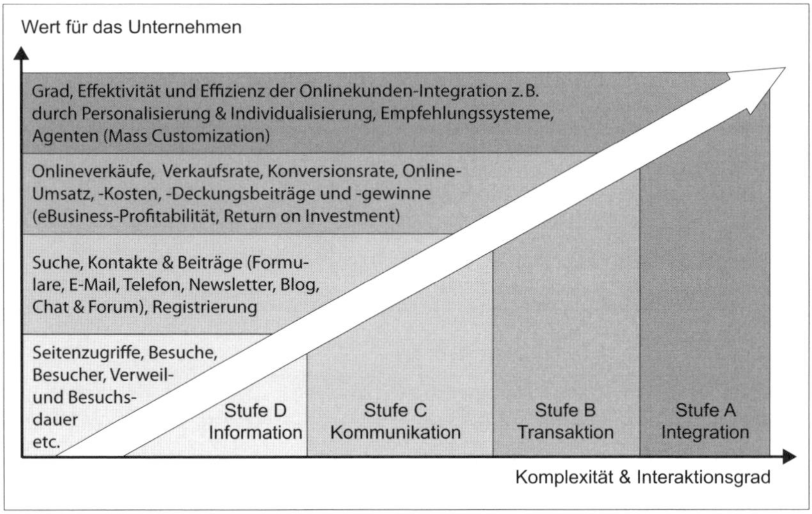

Abb. 5–2 *Kennzahlen für verschiedene Reifegrade im eBusiness (nach [Zumstein & Meier 2010, S. 305])*

und der Grad der Dialogfähigkeit sind wichtige Metriken der Kommunikation (vgl. Abschnitt 5.5).

Kennzahlen der Stufe Transaktion

- **Stufe B – Transaktion:**
  Bei dieser Stufe geht es um die elektronische Geschäftsabwicklung mit der Online-Angebotserstellung, dem Bestellwesen, der Bezahlung und Distribution. Das Monitoring damit verknüpfter Metriken bzw. Key Performance Indicators (KPIs wie z.B. die Anzahl Verkäufe oder Online-Umsatz) ist von besonderer Bedeutung für das eBusiness & eCommerce. Abschnitt 5.4 geht näher auf verschiedene transaktionsbezogene Kennzahlen ein.

Kennzahlen der Stufe Integration

- **Stufe A – Integration:**
  Die höchste Stufe betrifft die Integration bzw. Kundenbindung durch Personalisierung und Individualisierung (d.h. Mass Customization), One-to-One-Marketing, Online-Order-Tracking, Empfehlungssysteme oder durch den Einsatz von digitalen Agenten für Beratung und Verkauf individueller Produkte und Dienstleistungen. Der Grad sowie die Effektivität einer solchen Integration sollte im Web Controlling eingeschätzt werden können (vgl. Abschnitt 5.6).

Tabelle 5–2 gibt einen Überblick an Webmetriken und Webkennzahlen des Web Content Controlling und Web User Controlling, die in den folgenden Abschnitten definiert und genauer erläutert werden.

Überblick an Webmetriken und Webkennzahlen

Die folgenden Abschnitte 5.4 bis 5.6 enthalten Ausschnitte aus der Dissertation von [Zumstein 2012, S. 63-85].

Tab. 5–2
Überblick der Webkennzahlen und Einordnung in das Reifegradmodell [Zumstein 2012, S. 63]

Überblick zu den Webmetriken & Webkennzahlen des Web Analytics	
Web Content Controlling	**Web User Controlling**
Stufe D: Information (5.3) Seitenzugriffe (5.3.1) Besuche (5.3.2) Besucher (5.3.3) Absprungrate (5.3.4) Stickiness (5.3.5) Verweildauer (5.3.6) Besuchsdauer (5.3.7) Besuchstiefe (5.3.8) Besuchshäufigkeit (5.3.9) Besuchsaktualität (5.3.10)	**Stufe C: Kommunikation** (5.5) Kontakte & Anfragen Registrierungen Anmeldungen Kommentare Qualität der Kommentare Bewertungen Häufigste Suchwörter Weiterempfehlungen Grad Dialogfähigkeit Reaktionen auf Ansprachen
Stufe B: Transaktion (5.4) Konversionsrate (5.4.6) WS-to-Product-Page-Rate (5.4.1) Click-to-Basket-Rate (5.4.2) Basket-to-Buy-Rate (5.4.3) Bestellrate (5.4.4) Wiederkaufsrate (5.4.7) Kaufaktualität (5.4.9) Kauffrequenz (5.4.8) Finanzkennzahlen (5.4.10)	**Stufe A: Integration** (5.6) Online-Prosumer Registrierungen Logins/Zugriffe Online-Integratoren Integrationsgrad Integrationseffizienz Personalisierung Online Key Customer Kundenbindung

(Seitenbeschriftung: Reifegrade des eBusiness)

5.3 Metrikmodell zum Web Content Controlling

Einstiege auf der Website

Ein Besucher kann auf unterschiedliche Art und Weise auf die Einstiegsseite einer Website gelangen (vgl. Abb. 5–3): Entweder gibt er die URL (Uniform Resource Locator) direkt in die Adresszeile des Browsers ein oder er hat ein Lesezeichen auf die Seite gesetzt oder er gelangt über einen Link (Verweis) einer Drittseite auf die Website. Verweise

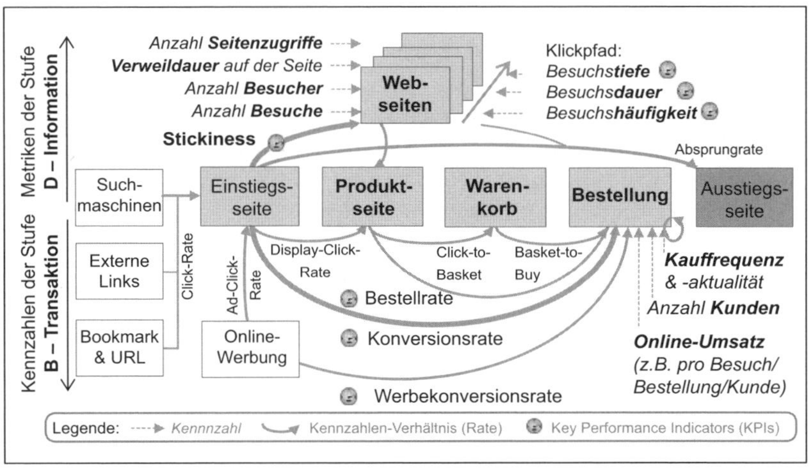

Abb. 5–3
Modell für das Web Content Controlling [Zumstein & Meier 2010, S. 306]

stammen meist von Suchmaschinen wie Google, können aber auch unbezahlte oder bezahlte Links auf externen Webseiten sein.

Absprünge auf der Website

Ein Besucher verlässt die Einstiegsseite wieder, wenn ihn die gebotenen Inhalte der Website nicht interessieren. Daraus ergibt sich die *Absprungrate*, also der Anteil der Besucher, die nur eine einzige Webseite aufriefen und danach den Besuch abbrachen (vgl. Abschnitt 5.3.4).

Ist der Besucher interessiert und klickt er durch weitere Seiten, resultiert dies in einem Klickpfad (Clickstream), er bleibt sozusagen auf der Website »kleben« (mehr zu *Page Stickiness* in Abschnitt 5.3.5).

Webmetriken der Stufe Information

Zu den Standardmetriken der Websitenutzung, die in jedem Web-Analytics-System gemessen werden, gehören zudem:

Tab. 5–3 *Webmetriken der Stufe D – Information [Zumstein & Meier 2010, S. 306]*

Webmetrik/ -kennzahl	Definition
Seitenzugriffe (Abschnitt 5.3.1)	Anzahl an Seitenaufrufe bzw. Seitenzugriffe durch einen menschlichen Besucher (ohne Crawler, Spiders, Robots)
Besuche (Abschnitt 5.3.2)	Eine Sequenz von Seitenzugriffen eines einzelnen Besuchers ohne Unterbrechung (i.d.R. definiert bei 30 Minuten)
Besucher (Abschnitt 5.3.3)	Anzahl an eindeutigen Besuchern auf der Website, i.d.R. identifiziert anhand eines Cookies
Absprungrate (Abschnitt 5.3.4)	Anteil an Besuche, bei denen die Besucher die Einstiegsseite ohne weiteren Seitenaufruf gleich wieder verlassen
Page Stickiness (Abschnitt 5.3.5)	Fähigkeit einer Seite, Besucher auf der Website zu halten (Anteil der Besucher, die nicht abgesprungen sind)
Verweildauer (Abschnitt 5.3.6)	Durchschnittliche Zeitdauer aller Besucher auf einer einzelnen Webseite (i.d.R. gemessen in Sekunden)
Besuchsdauer (Abschnitt 5.3.7)	Durchschnittliche Besuchszeit der Besucher auf der (kompletten) Website (i.d.R. gemessen in Sekunden)
Besuchstiefe (Abschnitt 5.3.8)	Anzahl besuchter Webseiten der Besucher während eines Besuchs (i.d.R. gemessen als Durchschnitt einer Periode)
Besuchshäufigkeit (Abschnitt 5.3.9)	Anzahl Besuche der Besucher bzw. eines Besuchers auf der Website in einer bestimmten Periode (Loyalität)
Besuchsaktualität (Abschnitt 5.3.10)	Anzahl der verstrichenen Tage seit dem letzten Besuch der Besucher auf der Website

Standardmetriken Seitenzugriffe, Besuche und Besucher

- **Seitenzugriffe** (engl. page views):
  Die Anzahl Seitenaufrufe einer Webseite, d.h. einer vollständig geladene Seite im Webbrowser des Besuchers (vgl. Abschnitt 5.3.1).
- **Besuche** (engl. visits, sessions):
  Die Anzahl Besuche, das heißt Sequenzen von Seitenzugriffen von einem Besucher ohne längere Unterbrechung (vgl. Abschnitt 5.3.2).

- **Besucher** (engl. visitors):
  Die Anzahl Besucher, die in einer bestimmten Periode auf die Website zugriffen (Abschnitt 5.3.3).

Die Besuchstiefe (Abschnitt 5.3.8), Verweildauer (Abschnitt 5.3.6), Besuchsdauer (Abschnitt 5.3.7), Besuchsaktualität (Abschnitt 5.3.10) und die Besuchshäufigkeit (Abschnitt 5.3.9) sind weitere Basiskennzahlen, die von den meisten WA-Tools in Abbildung 9–5 erfasst werden.

5.3.1 Seitenzugriffe

Aufruf einer Website

Die wohl bekannteste Webmetrik im Web Analytics ist die Anzahl Seitenzugriffe bzw. *Seitenaufrufe* (engl. page views, page request oder page impressions), die in einer bestimmten Periode getätigt wurden.

Die Anzahl Seitenzugriffe werden in Web-Analytics-Tools meist pro Tag, Woche, Monat oder Jahr dargestellt.

Definition Seitenzugriff

Unter einem **Seitenzugriff** wird der Aufruf einer einzelnen Webseite durch einen (menschlichen) Besucher verstanden. Jedes Mal, wenn eine einzelne (HTML-)Seite vollständig im Browser eines Besuchers geladen wird, wird dies als ein Seitenzugriff gezählt.

Allgemeine Nachfrage

Im Normalfall ist die Anzahl Seitenzugriffe eine standardisierte, gut geeignete Webmetrik, um die *allgemeine Nachfrage* auf der Website abschätzen zu können [Hassler 2012, S. 91].

Attraktivität einer Website

Einerseits spiegeln die Seitenzugriffe die Attraktivität und Nutzung einzelner Webseiten wieder, andererseits kann mit dieser Kennzahl die Effektivität von durchgeführten Marketingmaßnahmen bzw. einer Werbeträgerleistung evaluiert (vgl. Abschnitt 3.5) und die Planung von Serverkapazitäten abgeschätzt werden. Prinzipiell kann angenommen werden, dass das Interesse und die Kaufwahrscheinlichkeit eines Website-Besuchers mit einer steigenden Anzahl an Seitenaufrufe zunimmt [Hienerth 2010, S. 72].

Beschränkte Aussagekraft

Obwohl die Anzahl Seitenzugriffe als Standardmetrik schlechthin bezeichnet wird, ist sie auch kritisch zu betrachten: denn sie sagt nur wenig über den eigentlichen webbasierten Unternehmenserfolg oder über die Zielerreichung einer Webseite aus.

Eindeutige Seitenzugriffe

- **Eindeutige Seitenzugriffe** (engl. unique page views):
  Bei dieser Kennzahl werden nur diejenige Zugriffe auf eine Webseite erfasst, die während eines Besuches nicht zum wiederholten Male getätigt wurden. Besucht ein Besucher während eines einzelnen Besuches auf einer Website z.B. drei Mal die Startseite, werden

zwar drei Seitenzugriffe, aber nur ein einziger eindeutiger Seitenzugriff gezählt.

Durchschnittliche Anzahl Seitenzugriffe

- **Durchschnittliche Anzahl an Seitenzugriffen** (engl. average page views):
  Bei dieser Webkennzahl wird gemessen, wie viele Webseiten im Durchschnitt in einem bestimmten Zeitraum von allen Besuchern aufgerufen wurden (vgl. Abschnitt 5.3.8). Die Kennzahl errechnet sich anhand der Anzahl Seitenzugriffe dividiert durch die Besuche und gilt als Indikator für die Reichweite einer Website. Sie ist von verschiedenen Faktoren abhängig wie Website-Größe, Suchmaschinenplatzierung, Bekanntheit und Interesse einer Website oder Einsatz von Kampagnen.

5.3.2 Besuche

Anzahl Besuche auf der Website

Bei der Anzahl Besuche (engl. visits), manchmal spricht man auch von *Nutzungsvorgängen* oder *Sitzungen* (engl. sessions), handelt es sich ebenfalls um eine Standardmetrik des Web Analytics. Der Besuch ist eine Interaktion eines Besuchers mit der Website, die eine oder mehrere Anfragen von Inhalten (Webseiten) beinhaltet.

Zusammenhängender Nutzungsvorgang

Die Informationsgesellschaft zur Feststellung der Verbreitung von Werbeträgern e.V. (IVW) bezeichnet einen Visit als einen zusammenhängenden Nutzungsvorgang [IVW 2009].

Definition Besuch

Ein **Besuch** ist eine Serie von mehreren Seitenzugriffen durch einen einzelnen Besucher ohne größere zeitliche Unterbrechung (i.d.R. definiert bei 30 Minuten, gemessen anhand von Session Cookies).

Reichweite einer Website

Wie die Anzahl Seitenzugriffe oder Besucher ist die Anzahl an Besuchen ein Maß für die *Nutzungsintensität* einer Website. Zudem stellt ein Besuch einen *Kontakt* in der Zielgruppe dar [Amthor & Brommund 2010, S. 98] und ist eine wichtige Basiskennzahl für die *Reichweite und Bekanntheit* einer Webseite.

Beginn und Abschluss eines Besuches

Ein Besuch beginnt mit dem Aufruf der *Einstiegsseite* durch den Besucher und gilt als abgeschlossen, wenn der Besucher

- auf einer Webseite mindestens 30 Minuten inaktiv ist (gemessen anhand eines Session Cookies),
- die Website über einen Link auf eine externe Seite verlässt oder
- das Browserfenster mit der dargestellten Webseite schließt.

Ein Besuch bedeutet technisch, dass die Dateien von einer oder mehreren Webseiten erfolgreich vom *Server zum Client übertragen* und im

Browser dargestellt worden sind. Er sagt jedoch nichts darüber aus, ob ein Besucher die Webseiten tatsächlich gelesen hat.

Steigende Anzahl Besuche

Die Anzahl der Besuche steigt, wenn mehr Besucher auf die Website kommen oder wenn die gleiche oder sogar geringere Anzahl Besucher öfters auf der Website vorbeischauen [Hassler 2012].

5.3.3 Besucher

Die Webmetrik Besucher (engl. visitors) bzw. Benutzer (engl. user) gibt die Anzahl einzelner Personen an, die eine Website innerhalb eines bestimmten Zeitrahmens besuchen [Hassler 2012, S. 98].

Definition Besucher

Ein **Besucher** ist ein menschlicher Nutzer (User) einer Webseite, in der Regel identifiziert anhand eines (persistenten) Cookies. Automatisierte Besucher wie Robots von Suchmaschinen, Spiders oder Sonden gelten nicht als Besucher und werden im Falle der Logfile-Analyse herausgefiltert.

Eindeutige Besucher

Man spricht von *eindeutigen Besuchern* (engl. unique visitors), wenn gleiche Besucher nicht mehrfach gezählt werden. Betrachtet man in einer gewissen Zeitperiode nur die eindeutigen Besucher, so werden die Besucher, die die Seiten zum wiederholten Male besuchen, nicht mehrfach, sondern nur einmal gezählt. Die Identifikation von wiederkehrenden Besuchern geschieht mittels persistenter Cookies.

Messungenauigkeiten bei Besuchern

Die Messung der Anzahl (eindeutiger) Besucher ist mit einer gewissen Ungenauigkeit verbunden, da mehrere Personen (z.B. in einem gemeinsamen Haushalt, in Unternehmen oder an öffentlichen Arbeitsplätzen) denselben Computer benutzen können. Greifen verschiedene Personen (z.B. mehrere Familienmitglieder oder Mitarbeiter) von demselben Gerät auf eine Website zu, werden diese nur als ein Besucher erfasst. Andererseits kann eine einzelne Person dieselbe Website mit verschiedenen Computern (z.B. zu Hause, am Arbeitsplatz oder mit einem mobilen Gerät) zugreifen. In diesem Fall wird ein und derselbe Besucher vom Web-Analytics-System mehrfach gezählt.

Besucheridentifikation mit Cookies

Wie in Kapitel 9 erläutert, können die Besucher die *Cookies* in ihren Browsern deaktivieren oder löschen. Diese Messungenauigkeiten können bei Analysen der Besucherzahlen über längere Zeitperioden und gerade bei kleinen Websites mit wenig Traffic ins Gewicht fallen.

Eindeutig identifizierte Besucher

- **Eindeutig identifizierte Besucher**:
  Wenn ein Besucher z.B. anhand eines Cookies, der IP-Adresse, der User-ID oder anhand des Logins eindeutig identifizierbar ist, spricht man vom eindeutig identifizierten Besucher (engl. unique

identified visitor). Die Verknüpfung von Webdaten mit personenbezogenen Informationen unterliegt dem Datenschutz. Eine personenspezifische Zuordnung kann daher datenschutzrechtlich problematisch sein (vgl. dazu Kap. 10).

Qualifizierte Besucher

- **Qualifizierte Besucher:**
  Es kann unterschieden werden zwischen einem unqualifizierten und qualifizierten Besucher, der ein gewisses Interesse an einer Website ausdrückt oder eine spezifische, von vornherein definierte Aktion (Konversion) durchführt.

Neue und wiederkehrende Besucher

- **Neue und wiederkehrende Besucher:**
  Des Weiteren unterscheiden die meisten Web-Analytics-Tools zwischen der Anzahl der Erstbesucher bzw. *neuer Besucher* (engl. first visitors oder new visitors), die das erste Mal auf die Website kommen, und der Anzahl *wiederkehrender Besucher* (engl. returning visitors/return visitors), die zum wiederholten Male auf die Website zurückkehren.

Definition wiederkehrender Besucher

> Ein **wiederkehrender Besucher** ist ein Besucher, der in einem definierten Zeitraum wiederholt auf die Website zugreift. Erkannt werden wiederkehrende Besucher in der Regel anhand eines persistenten Cookies.

Der Anteil neuer bzw. wiederkehrender Besucher wird periodenspezifisch entweder durch die Gesamtzahl der Besucher errechnet (Anzahl neuer bzw. wiederkehrender Besucher dividiert durch Anzahl Besucher) oder durch das Verhältnis der neuen zu wiederkehrenden Besuchern. Ein wiederkehrender Besucher kann als ein an der Website interessierter Internetnutzer bezeichnet werden, hat er sich doch den Namen der Website gemerkt oder ein Bookmark gesetzt.

Kundenerhaltungs-/-akquisitionsmodus

Je nach Strategie kann eine Website im »Kundenerhaltungsmodus« einen hohen Anteil an wiederkehrenden Besuchern haben (z.B. 70 % bei Portalen oder Content-Websites) oder einen geringen Anteil von z.B. 20 % bei stark werbenden Seiten im »Kundenakquisitionsmodus« [Hassler 2012, S. 154]. Instrumente der Besucherakquisition wie z.B. Bannerwerbung, soziale Netzwerke, SEO und SEM helfen, den Anteil der neuen Besucher zu erhöhen. Andere Instrumente der Besucher- und Kundenbindung wie Newsletterversand, Treuerabatte, personalisierte Websites, Empfehlungssysteme oder Blogeinträge wiederum erhöhen den Anteil wiederkehrender Besucher.

5.3.4 Absprungrate

Eine weitere wichtige Webmetrik der Inhaltsnutzung ist die sogenannte Absprungrate, im angelsächsischen Raum als *Bounce Rate* bezeichnet.

Absprünge auf einer Website

> Die **Absprungrate** ist der Anteil an Seitenzugriffen, bei denen die Besucher einer Webseite im Anschluss keine weitere Webseite mehr aufriefen und die Website verlassen haben. Bei Einstiegsseiten bedeutet ein Absprung, dass der Besucher nur eine einzige Webseite aufrief (sog. Single Page Visit).

Definition Absprungrate

Es wird unterschieden zwischen der *Absprungrate für eine einzelne Webseite* (Anzahl Einzelzugriffe auf eine Webseite dividiert durch die Anzahl der Einstiege auf dieser Seite) und der *Absprungrate der gesamten Website*, sprich der Anteil an Besuchern, die nur eine einzige Webseite aufriefen. Im zweiten Fall handelt es sich bei der Einstiegsseite auch um die Ausstiegsseite eines Besuches.

Absprünge auf der Website und einer Webseite

Gerade bei Schaltung von Onlinekampagnen ist die Analyse der Absprungrate von großer Bedeutung, zumal möglichst geringe Absprungraten erzielt werden und die Besucher auf der Website gehalten werden sollen, um sie zur gewünschten Konversion zu bewegen. Bei einer Detailanalyse drängt sich auf, die Absprünge anhand verschiedener Kriterien zu segmentieren [Zumstein 2012, S. 70]:

Analyse der Absprungraten

- Wie groß sind die Absprungraten der einzelnen Traffic-Quellen? Unterscheiden sich die Absprungraten von Direktzugriffen, sozialen Netzwerken und von Suchmaschinenverweisen?
- Unterscheiden sich die Absprungraten nach der geografischen Herkunft der Besucher, z.B. nach Stadt, Region oder Land?
- Bei welchen Suchwörtern, mit denen eine Webseite in Suchmaschinen gefunden wurde, ist die Absprungrate am geringsten?

5.3.5 Page Stickiness

Das Gegenstück zur Absprungrate ist die sogenannte Stickiness, die als Klebrigkeit bzw. *Seitenhaftung* übersetzt oder auch als Inhaltseffektivität bezeichnet wird.

Seitenhaftung

> Unter **Stickiness** ist die Fähigkeit einer Webseite zu verstehen, die Besucher (lange) auf der Website zu halten. Eine Webseite ist »klebrig«, wenn ein Besucher nachfolgend noch eine weitere Seite aufruft.

Definition Page Stickiness

Attraktive Inhalte

Die Page Stickiness kann als ein Indikator der *Attraktivität für den Inhalt* einer Webseite gesehen werden, da es ihr gelingt, das Besucherinteresse zu erhalten bzw. zu wecken, sonst würden sie nicht eine weitere Webseite aufrufen. Die Inhaltseffektivität kann zudem als Maßzahl zur Bestimmung der Benutzerfreundlichkeit genutzt werden [Hienerth 2010, S. 76].

5.3.6 Verweildauer auf einer Webseite

Verweildauer auf einer einzelnen Webseite

Bei der Verweildauer bzw. Besuchszeit auf der Webseite (engl. time on page) wird gemessen, wie lange sich die Besucher auf einer einzelnen Webseite aufhielten.

Definition Verweildauer

Die Webmetrik **Verweildauer** misst die durchschnittliche Besuchszeit aller Besucher auf einer einzelnen Webseite.

Verweilen = auseinandersetzen

Eine lange Verweildauer auf einer Webseite ist meistens positiv und zeugt von Besucherinteresse für die Seiteninhalte. Denn je länger die Verweildauer ist, desto größer ist die *Auseinandersetzung* mit dem Inhalt einer Webseite. Und je länger die Besuchsdauer, desto eher lesen die Besucher die Inhalte der Website und verinnerlichen sich diese.

5.3.7 Besuchsdauer

Besuchsdauer auf der ganzen Website

Während die Verweildauer die Zeitdauer auf einer einzelnen Webseite misst, untersucht die Besuchsdauer diejenige Zeitperiode, die die Besucher während des *gesamten Besuches* auf der Website verbrachten. Die Besuchsdauer misst somit die durchschnittliche Zeitdauer der Besuche aller Besucher zwischen dem Zugriff auf die Einstiegs- und auf die Ausstiegsseite.

Definition Besuchsdauer

Die **Besuchsdauer** misst die durchschnittliche Dauer eines Besuchs aller Besucher auf der Website (gemessen in Sekunden oder Minuten).

Steigende Kaufswahrscheinlichkeit bei langer Besuchsdauer

Aus einer langen Besuchsdauer können positive Rückschlüsse auf die Attraktivität der Website, auf das Interesse und die Zufriedenheit der Besucher mit dem Besuch auf der Website geschlossen werden. Je länger die Besuchsdauer, desto intensiver ist die Auseinandersetzung mit der Website und deren Inhalten. Bei Internetauftritten mit einem Webshop nimmt mit steigender Besuchsdauer die Kaufwahrscheinlichkeit tendenziell zu [Hienerth 2010, S. 74].

Mögliche Probleme langer Besuchsdauer

Ob eine lange Besuchsdauer wünschenswert ist oder nicht, hängt von den Zielen einer einzelnen Webseite ab. Während bei Shopping-, Branding- oder Content-Seiten eine hohe Besuchsdauer positiv ist, stellt sie bei Support-Sites bzw. beim Bestellprozess, bei denen die Besucher möglichst schnell zur gewünschten Information bzw. zum Bestellabschluss gebracht werden sollen, womöglich ein Problem dar.

Eine kurze Besuchsdauer kann ein Indikator dafür sein, dass die Besucher nur zufällig auf der Website gelandet sind, an den Inhalten nicht oder nur oberflächlich interessiert sind, oder dass sie die gewünschte Information nicht gefunden haben [Jansen 2009].

5.3.8 Besuchstiefe

Die Besuchstiefe (engl. depth of visit) stellt dar, wie viele Seiten innerhalb eines Besuches aufgerufen werden [Aden 2010, S. 261].

Definition Besuchstiefe

> Die **Besuchstiefe** definiert die durchschnittliche Anzahl an Seitenzugriffen, die die Besucher während eines Besuches gemacht haben.

Hohe Besuchstiefe = Engagement

Berechnet wird die Besuchstiefe anhand der Summe der Seitenzugriffe innerhalb eines Zeitraumes geteilt durch die Summe der Besuche.

In der Regel ist eine hohe Besuchstiefe ein positives Zeichen, da sich die Besucher aktiv durch viele Webseiten klicken und sich umfassend auf der Website informieren. Die Besuchstiefe kann somit als *Grad des Interesses und Engagements* eines Besuchers auf einer Website verstanden werden, auch wenn die Besuchstiefe nicht ganz so aussagekräftig ist wie die Besuchsdauer [Hassler 2012, S. 186].

Hohe Besuchstiefe = Interesse

Je interessanter und attraktiver ein Besucher die Website findet, desto mehr Seiten ruft er tendenziell auf. Denn eine große Anzahl an Seitenbesuchen und Interaktionen setzt ein aktives Engagement an Zeit, Aufmerksamkeit und Klicks voraus. Darüber hinaus kann anhand dieser Kennzahl auf die Besucherzufriedenheit geschlossen werden [Hienerth 2010]. Haben Besucher eine niedrige Besuchstiefe und rufen während eines Besuches nur zwei oder drei Seiten auf, handelt sich es sich vergleichsweise um einen oberflächlicheren Besuch, als wenn 10 oder sogar 20 Webseiten aufgerufen werden.

Probleme tiefer Besuche

Wie die Stickiness ist die Besuchstiefe ein Indikator dafür, wie erfolgreich die Besucher auf einer Website gehalten werden können.

Wie bei einer langen Besuchsdauer kann eine hohe Besuchstiefe unter Umständen aber auch ein Indiz für eine schlechte Benutzerfreundlichkeit, Navigationsstruktur oder Informationsarchitektur sein, wenn die Besucher die gewünschten Inhalte nicht finden und sich durch zahlreiche Seiten klicken müssen.

5.3.9 Besuchshäufigkeit

Besuchertreue

Die Metrik Besuchsfrequenz bzw. Besuchshäufigkeit zeigt an, wie oft die Besucher die Website in einer gewissen Periode besuchten. Sie ist ein Indikator, wie treu die Besucher einer Website sind. Daher wird die Besuchshäufigkeit in einigen Web-Analytics-Systemen als Besuchertreue oder Loyalität bezeichnet.

Definition Besuchshäufigkeit

Die **Besuchshäufigkeit** misst die Anzahl Besuche der Besucher auf der Website innerhalb eines bestimmten Zeitraums und gilt als Treue-Indikator.

Heavy User

Treue Besucher mit einer hohen Besuchshäufigkeit werden auch als *Heavy User* bezeichnet, die sich wiederholt bzw. regelmäßig über die Inhalte informieren und sich daher stärker als andere für die Website interessieren. Die Besuchertreue eignet sich im Rahmen des eCRM unter anderem zur Ermittlung des Besucher- bzw. Kundenlebenszyklus und der Besucherbindung [Hienerth 2010, S. 75].

Treue Besucher = zufriedene Besucher

Des Weiteren kann die Besuchertreue auch als ein Indikator für die Markenbekanntheit, die Besucherzufriedenheit und allgemein für die Beliebtheit einer Website angesehen werden [Aden 2010, S. 259].

Kaufinteresse und Kaufentscheidung

Eine Erhöhung der Besuchshäufigkeit deutet ebenfalls auf ein erhöhtes Kaufinteresse bzw. auf eine bevorstehende Kaufentscheidung hin [Preißner 2001, S. 413]. Entsprechend haben die meisten Websites zum Ziel, möglichst viele treue, aktive Besucher zu haben, die möglichst häufig auf der Website vorbeischauen.

5.3.10 Besuchsaktualität

Frische eines Besuches

Eine weitere Standardgröße des Web Analytics ist die Besuchsaktualität (engl. visit recency): Diese misst, wann die letzten Seitenzugriffe der Besucher erfolgten, also wie »frisch« bzw. aktuell die Besuche einer Website sind.

Definition Besuchsaktualität

Die **Besuchsaktualität** misst die durchschnittliche Anzahl Tage, die seit dem letzten Besuch der Besucher auf der Website verstrichen sind.

Recency, Frequency & Monetary Value

Das Begriff Recency stammt aus dem RFM-Modell (Recency, Frequency und Monetary Value). Die Erkenntnisse aus dem Modell (z.B. je aktueller ein Einkauf, desto höher die Wiederkaufswahrscheinlichkeit) können jedoch nicht ohne Weiteres auf die Besuchsaktualität übertragen werden und daher hat diese Kennzahl im Web Analytics keine große Bedeutung [Hassler 2012, S. 161 f.]. Nichtsdestotrotz ist eine hohe Besuchsaktualität gerade für Informationswebsites, die Inhalte oft aktualisieren, positiv zu sehen.

5.4 Überblick zu den Kennzahlen der Transaktion

Kennzahlen des eCommerce

Verfügt eine Website über einen Webshop, können im Rahmen des eCommerce zahlreiche weitere Kennzahlen gemessen werden (vgl. Abb. 5–3). Es geht darum, die Ergebnisse des Onlinegeschäfts anhand des Web Analytics zu messen und zu optimieren:

- **Anzahl Produktseitenzugriffe:**
  Welche Produkte oder Dienstleistungen haben sich die Besucher im Webshop angeschaut?
- **Website-to-Product-Page-Rate** (vgl. Abschnitt 5.4.1):
  Wie groß ist der Anteil der Besucher, die auf eine Produktseite zugriffen?
- **Display-Click-Rate:**
  Wie hoch ist der Klick-Anteil auf die Grafikelemente (Teasers, Displays) zur Weiterleitung der Besucher?
- **Click-to-Basket-Rate** (vgl. Abschnitt 5.4.2):
  Welche Produkte haben die Besucher oft in den Warenkorb gelegt? Wie hoch ist der Anteil der Produkte im Warenkorb, die bestellt wurden?
- **Abbruchrate** (vgl. Abschnitt 5.4.5):
  Welcher Anteil der Webshop-Besucher hat den Bestellprozess abgebrochen? Welches sind mögliche Gründe für hohe Abbruchraten?
- **Konversionsrate** (vgl. Abschnitt 5.4.6):
  Welcher Anteil der Besucher kauft auf der Website ein und konvertiert zu Kunden? Die Konversionsrate und ihre Unterformen wie die Basket-to-Buy-Rate (vgl. Abschnitt 5.4.3) oder Bestellrate (vgl. Abschnitt 5.4.4) gehören zu den wichtigsten KPIs des Onlinehandels [Hukemann 2004].
- **Erst- und Wiederholungskäufer** (vgl. Abschnitt 5.4.7):
  Im eCommerce stellt sich die Frage, wie viele neue Onlinekunden in einer bestimmten Periode gewonnen werden konnten?

- **Kauffrequenz:**
  Wie hoch war die Kaufaktualität (vgl. Abschnitt 5.4.9) und die Kauffrequenz von Onlinekunden (vgl. Abschnitt 5.4.8) und der durchschnittliche Bestellwert?
- **Finanzkennzahlen** (vgl. Abschnitt 5.4.10):
  Wie viele Produkte wurden im Webshop zu welchen Preisen verkauft und wie hoch war der Umsatz? Wie hoch waren die Kosten und wie hoch der Gewinn, die über den Webshop generiert wurden?
- **Rentabilitätskennzahlen:**
  Wie groß ist der Return on Investment (ROI) bzw. der Return on Sales (ROS) des Onlinehandels?

Die Antworten auf solche Fragen sind von strategischer Bedeutung, sei es im Hinblick auf die Optimierung der Website, des Webshops, des eMarketing (z.B. Kampagnen, Newsletter, SEO) und insbesondere hinsichtlich der Sortimentspolitik.

5.4.1 Website-to-Product-Page-Rate

Anteil an Produktseitenaufrufen

Ziel im eCommerce ist es, Besucher auf eine oder mehrere Produktseiten zu führen, deren Kaufinteresse zu steigern und sie zu einem Kaufabschluss zu bewegen. Der Anteil an Besuchen, bei denen die Besucher auf eine oder mehrere Produktseiten zugegriffen haben, wird als Website-to-Product-Page- oder Website-to-Webshop-Rate bezeichnet.

Definition Website-to-Product-Page-Rate

Unter der **Website-to-Product-Page-Rate** ist der Anteil der Besuche aller Website-Besucher zu verstehen, die in einer gewissen Periode eine oder mehrere Produktseiten aufgerufen haben.

Produktseitenzugriffe = Produktinteresse

Die Website-to-Product-Page-Rate zeigt die Bedürfnisse und das *konkrete Interesse* von Besuchern an einem Produkt. Auch wenn die Kaufbereitschaft anhand dieser Kennzahl nicht genau eruiert werden kann, so steigt sie tendenziell mit zunehmender Rate. Außerdem dient diese Kennzahl zur Ableitung von Marketingmaßnahmen für den Webshop und für die Sortimentsgestaltung.

5.4.2 Click-to-Basket-Rate

Anteil an befüllten Warenkörben

Die Click-to-Basket-Rate ist ebenfalls eine Mikrokonversionsrate und ermittelt die verkaufsfördernde Wirkung einer Produktseite. Sie beschreibt, wie viele Sichtkontakte einer Produktseite zum Ablegen eines bestimmten Produktes im Einkaufswagen des Webshops notwendig sind (vgl. [Hukemann 2004]).

> Unter der **Click-to-Basket-Rate** ist der Anteil der Besucher im Webshop zu verstehen, die beim Besuch einer Produktseite ein Produkt bzw. eine Dienstleistung in den Warenkorb gelegt haben.

Definition Click-to-Basket-Rate

Die Click-to-Basket-Rate zeigt konkrete Hinweise auf die Bedürfnisse, das Interesse und die *Kaufbereitschaft* der Webshop-Besucher.

Click-to-Basket = Kaufbereitschaft

5.4.3 Basket-to-Buy-Rate

Die Mikrokonversionsrate Basket-to-Buy zeigt den im Kaufabwicklungsprozess entscheidenden Anteil an befüllten Warenkörben, der den Weg an die Kasse fand und (elektronisch) bezahlt wurde.

Anteil bezahlter Warenkörbe

> Die **Basket-to-Buy-Rate** ist der Anteil der Produkte im elektronischen Warenkorb (Einkaufswagen), die am Ende bestellt und bezahlt wurden.

Definition Basket-to-Buy-Rate

Die Basket-to-Buy-Rate verdeutlicht das akquisitorische Potenzial, die Verkaufsleistung und den finanziellen Wertbeitrag eines Produktes. Sie eignet sich zudem für die Bestimmung der *Verkaufseffizienz* des angebotenen Produktsortiments sowie zur kurz- und langfristigen Sortimentsplanung des Webshops [Hienerth 2010, S. 102].

Wertbeitrag eines Produktes

5.4.4 Bestellrate

Die Bestellrate bzw. Produktkonvertierungsrate (engl. order rate) drückt aus, wie häufig ein bestimmtes Produkt oder eine Dienstleistung bestellt wurde, nachdem deren Produktseite angesehen wurde.

> Die **Bestellrate** ist der Anteil der angesehenen Produkte, die im Webshop bestellt wurden.

Definition Bestellrate

5.4.5 Abbruchrate

Die Abbruch- bzw. Abwanderungsrate (engl. abandonment rate) als Gegenstück der Bestellrate ist jener Prozentsatz an Shop-Besuchern, der den Bestellprozess abgebrochen hat und somit nicht zu Käufern konvertiert ist.

Anteil abgebrochener Bestellprozesse

Definition Abbruchrate

> Die **Abbruchrate** ist der Anteil der Produkte oder Dienstleistungen im elektronischen Warenkorb (Einkaufswagen), die nicht bestellt worden sind.

Anteil abgebrochener Formulareingaben

Die Abbruchrate kann bei Formularen oder Registrierungen berechnet werden, indem die Anzahl abgeschlossener Formulareingaben durch die Anzahl Formularseitenzugriffe dividiert wird.

Eine hohe Anzahl abgebrochener Einkaufswagen und damit eine hohe Abbruchrate erfordert eine detaillierte Analyse der Gründe der Kaufabbrüche im konkreten Falle.

5.4.6 Konversionsrate

Anteil zu Käufe(r) konvertierte Besuche(r)

Die Konversionsrate bzw. Konvertierungsrate (engl. conversion rate) ist die bekannteste Webkennzahl des eBusiness und eCommerce und der wichtigste KPI. Er spiegelt den Prozentsatz an eShop-Besuchern wider, der zu Käufern konvertiert, bzw. die Relation zwischen der Anzahl der Onlineverkäufe und der Anzahl Besuche.

Definition Konversionsrate

> Die **Konversionsrate** ist der Anteil der Besucher, die auf der Website ein Produkt oder eine Dienstleistung kauften (oder ein beliebig anderes Konversionsziel durchführten).

Anzahl Käufe/ Anzahl Besuche

Die Konversionsrate errechnet sich durch die Anzahl an Verkäufen (oder anderer geschäftsrelevanter Konversionen wie Registrierungen, Anfragen, Downloads oder Kontakte) dividiert durch die Anzahl eindeutiger Besuche(r). Wie bei anderen Kennzahlen sagt die Höhe der Konversionsrate an und für sich noch nicht viel aus, sondern deren Vergleich mit internen Ziel- und Vergangenheitswerten oder mit externen Vergleichswerten der Branche oder der Konkurrenz.

Werbekonversionsrate

Erfolgt eine Konversion durch einen Verweis, wofür bezahlt wird, spricht man von der *Werbekonversionsrate* (engl. ad conversion rate).

5.4.7 Erstkäufer und Wiederholungskäufer

Anzahl Neukunden & Bestandskunden

Unter Erstkäufer (engl. new/first time buyers) werden Neukunden verstanden, die erstmalig im eShop einkauften. Wiederholungskäufer (engl. returning/repeat buyers) haben zu einem früheren Zeitpunkt bereits einmal im Webshop eingekauft und kommen zum Wiederkauf zurück. Die Anzahl Erst- bzw. Wiederholungskäufer wird absolut oder als Anteil zum gesamten Kundenstamm berechnet.

> Die **Erst- und Wiederholungskäufer** spiegeln die Anzahl bzw. den Anteil an Erstkäufern bzw. an Wiederholungskäufern im Webshop wider.

Definition Erst- und Wiederholungskäufer

Effizienz der Kundenakquisition und -bindung

Die Anzahl der Erstkäufer gibt Auskunft darüber, wie effektiv die durchgeführten Marketingmaßnahmen zur Gewinnung von Neukunden waren. Die Anzahl Wiederholungskäufer gilt ihrerseits als Indikator für die Kundenzufriedenheit und die Kundenbindung. Um langfristige, stabile und profitable Kundenbeziehungen aufzubauen, sollte diese Webkennzahl im Auge behalten und im Falle einer sinkenden Anzahl Wiederholungskäufer Gegenmaßnahmen ergriffen werden.

5.4.8 Kauffrequenz

Anzahl Wiederholungskäufe

Aus Sicht des eCRM ist es ebenfalls interessant, in Erfahrung zu bringen, wie häufig die Wiederholungskäufer im Webshop bestellen.

> Die **Kauffrequenz** zeigt die Anzahl Einkäufe eines einzelnen Kunden oder aller Kunden im Webshop in einer gewissen Periode.

Definition Kauffrequenz

Indikator der Zufriedenheit

Die Kauffrequenz ist ein Indikator für die Zufriedenheit der Onlinekunden mit dem Angebot des Webshops und für die Kundenloyalität. Kunden mit hoher Kauffrequenz haben eine hohe Kundenbindung bzw. ein hohes Kundenbindungspotenzial und zeichnen sich durch ein hohes Umsatzpotenzial und einen hohen Kundenwert aus.

5.4.9 Kaufaktualität

Zeitdauer seit dem letzten Besuch

Analog zur Besuchsaktualität (Abschnitt 5.3.10) misst die Kaufaktualität die verstrichene Zeitdauer seit dem letzten Einkauf eines Kunden.

> Die **Kaufaktualität** misst die verstrichene Zeit seit dem letzten Einkauf des Kunden im Webshop.

Definition Kaufaktualität

Kaufaktualität & Kundenverhalten

Die Kaufaktualität ermöglicht Aussagen zum Kundenverhalten, zur Kundenbindung und zur Kundenzufriedenheit mit dem Webshop. Je kürzer die Zeitdauer seit dem letzten Einkauf, desto höher ist tendenziell die Kundenbindung und desto stärker die Kundenbeziehung.

5.4.10 Finanzkennzahlen

Online umgesetzter Umsatz

Die wichtigste finanzwirtschaftliche Kennzahl im eCommerce ist der *Umsatz*, der in einer bestimmten Periode online umgesetzt wurde. Der Gesamtumsatz kann auf verschiedenen Aggregationsstufen als Summe oder pro Kunde oder Kundengruppen berechnet werden.

Des Weiteren können Umsatzkennzahlen für die Bezugsobjekte Besucher, Besuch, Warenkorb, Bestellung, Artikel, Warengruppe oder Gesamtunternehmen ermittelt werden [Hukemann 2004, S. 208 f.].

Definition Online-Umsatz

> Der **Online-Umsatz** misst den Umsatz des/der Onlinekunden im Webshop, generiert in einer bestimmten Periode.

Einzel- und Gemeinkosten

Um die Gewinne eines Webshops zu eruieren, sind mittels Kostenrechnung dessen *Einzel- und Gemeinkosten* zu berechnen. Im Onlinehandel kann man u.a. zwischen Wareneinsatz-, Handlungs-, Akquisitions-, Abwicklungs- sowie technischen und redaktionellen Betriebskosten unterscheiden [Hukemann 2004, S. 209 f.].

Deckungsbeitrags- & Erfolgsrechnung

Sind sämtliche Kosten, die mit dem Unterhalt und Betrieb eines Webshops anfallen, bekannt und zuordenbar, kann anhand einer Deckungsbeitrags- und Erfolgsrechnung der kalkulatorische Gewinn berechnet werden, der online erwirtschaftet wurde.

Definition Onlinegewinn

> Beim **Onlinegewinn** wird der erzielte Brutto- bzw. der Nettogewinn des Webshops in einer bestimmten Periode berechnet.

Rentabilitätskennzahlen

Klassische Rentabilitätskennzahlen können im eCommerce ebenfalls eingesetzt werden, indem der *Return on Investment* (ROI) oder, falls der Webshop nicht als eigenständiges Unternehmen geführt wird, der *Return on Online Sales* (ROS) berechnet wird.

5.5 Überblick zu den Metriken der Kommunikation & Integration

Kommunikation mit Website-User

Die Website ist ein wichtiges Kommunikationsinstrument mit Besuchern und Kunden. Es ist jedoch ein schwieriges Unterfangen, die Kommunikation der User anhand von Webkennzahlen zu messen. Da die Website-Betreiber die Besucher und Kunden meist nicht persönlich kennen, gibt es aber kaum eine andere Möglichkeit, als im Rahmen der Webanalyse zu versuchen, den Kommunikations- und Interaktionserfolg einer Website einzuschätzen [Meier & Zumstein 2010].

Webkennzahl	Definition
Kontakte	Anzahl von Website-Besuchern initiierte Kontakte, die online ausgelöst wurden
Kontaktrate	Anteil Besucher einer Website, die das Unternehmen online kontaktieren
Persönliche Beiträge	Anzahl persönlicher Beiträge wie z.B. Blogeinträge, Kommentare, Rezensionen oder Bewertungen
Qualität der Beiträge	Die informations-/nutzenbezogene Qualität der Beiträge
Häufige Suchbegriffe	Die häufigsten Suchbegriffe der internen Suchfunktion
Weiterempfehlungen	Anzahl an Weiterempfehlungen von Webseiten oder Produkten des Webshops
Grad der Dialogfähigkeit	Fähigkeit der Website, aus den Website-Besuchern aktive Dialogpartner zu machen
Prosumer	Anzahl/Anteil der Besucher mit persönlichem Beitrag
Registrierungen	Anzahl Registrierungen/Einschreibungen in einer Periode
Registrierte Nutzer	Anzahl passive/aktive registrierte Nutzer einer Website
Integrator	Anzahl/Anteil der Websitebenutzer, die sich in irgendeiner Form in die webbasierte Wertschöpfung integrieren
Integrationsgrad	Fähigkeit, Benutzer in die Wertschöpfung zu integrieren
Integrationseffizienz	Wirtschaftlichkeit, Benutzer in die webbasierte Wertschöpfung zu integrieren
Personalisierung	Anzahl/Anteil der Benutzer, die personalisierte Inhalte, Dienste oder Produkte nutzen (z.B. Produktkonfigurator)
Online Key Customers	Anzahl/Anteil an Stammkunden bzw. wichtigen Kunden
Kundenbindung	Fähigkeit eines Onlineangebotes, Kunden zum Wiederkauf auf der Website zu bewegen

Tab. 5–4
Webmetriken der Stufe C & A: Kommunikation & Integration [Zumstein & Meier 2010, S. 309]

Webanalysten und Webmanager können den Kommunikations- und Interaktionserfolg der Webplattform anhand der Anzahl und Qualität verschiedener Größen beurteilen (vgl. Abb. 5–4):

Anzahl Kontakte, Registrierungen und Beiträge

- **Kontakte:**
  Anfragen via Kontaktformulare, E-Mails oder Telefon
- **Response:**
  Reaktionen auf Ansprachen (z.B. E-Mails, Newsletter)
- **Registrierungen:**
  Registrierung z.B. für einen Dienst, für Newsletter, RSS-Feeds oder Downloads von Informationsbroschüren
- **Mitgliedschaften:**
  Mitgliedschaft in Klubs, Gruppen oder Vereine

- **Nutzergenerierten Inhalte** (UCG):
  Beiträge, Kommentare und Bewertungen in Diensten des Web 2.0, z. B. in Blogs, Chats, Foren, Wikis und sozialen Netzwerken

Interaktivitätsgrad

Online-Prosumer haben einen hohen Interaktivitätsgrad und verfügen oft über ein großes Umsatzpotenzial, verursachen aber zusätzliche Kosten, die es zu berücksichtigen gilt (vgl. Abb. 5–4 und Tab. 5–5).

Key Customers

Ein Ziel der Kundenentwicklung ist es, möglichst viele Personen der Zielgruppe auf die Website zu bringen und zu Käufern (Online-Buyers) und zu Stamm- bzw. Schlüsselkunden (Key Customers) zu entwickeln. Das Web User Controlling überprüft die Anzahl der Surfer, Prosumer, Integrator, Buyer und Key Customers sowie die Effektivität und Effizienz, die Kunden zu entwickeln und zu binden.

Definition Social Commerce

> **Social Commerce:** Im Social Web zählt neben der technischen auch die personelle Interaktivität, z. B. persönliche Beiträge und Kontakte von Prosumern über Blogs, Wikis, Foren, Chats und über soziale Netzwerke wie Facebook oder XING.

Abb. 5–4
Metrikmodell für Web User Controlling [Zumstein & Meier 2010, S. 308]

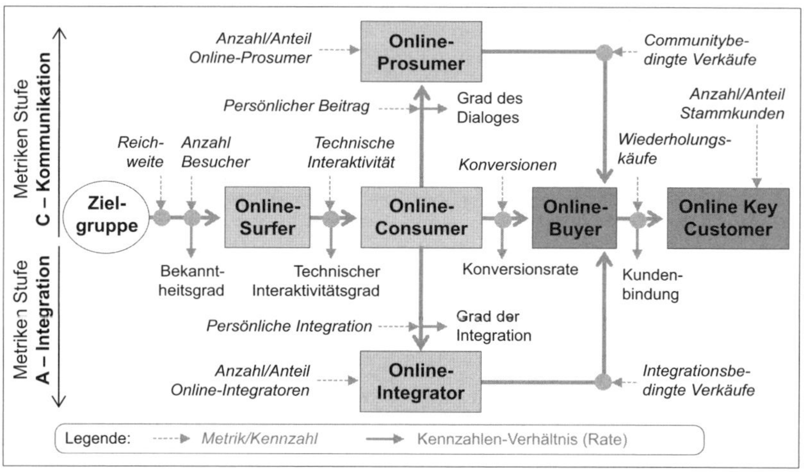

Eine weitere Möglichkeit, zusätzliche Verkäufe zu erzielen und Kunden stärker zu binden, ist die Integration von Consumer in die digitale Wertschöpfungskette, z. B. dank personalisierter bzw. individualisierter Seiten, Produktkonfiguratoren und Empfehlungssystemen. Dabei wird die Effektivität und Effizienz der Integration geprüft.

5.6 Analyse und Optimierung des eBusiness anhand geeigneter Webkennzahlen

Webmetriken & Webkennzahlen für das eBusiness

Zur Analyse der Websitenutzung und für die Optimierung des eBusiness sind die Kennzahlen des Web Controlling unterschiedlich geeignet (vgl. Tab. 5–5). Für die nachfolgenden Bereiche können folgende Kennzahlen definiert werden [Meier & Zumstein 2010, S. 24]:

- **Content:**
  Standardmetriken wie die Anzahl Seitenzugriffe, Besuche und Besucher, die Besuchs- und Verweildauer. Wichtig sind auch die internen und externen Suchbegriffe und bei mehrsprachigen Websites die Sprache und Zugriffsorte der Besucher.
- **Navigation:**
  Ebenfalls die Standardmetriken und die Absprungrate, Besuchstiefe sowie die Einstiegs- und Ausstiegsseiten, die Zugriffsquellen und die Suchbegriffe.
- **Design und Usability:**
  Die Seitenzugriffe, Stickiness, Verweildauer und die von den Benutzern verwendeten Browser und Bildschirme (z.B. Größe, Auflösung). Bei Shops zusätzlich Pflicht sind die Click-to-Basket- und die Konversionsraten.
- **Kampagnen- und Suchmaschinenoptimierung:**
  Die Standardmetriken, zusätzlich die Zugriffsquellen bzw. -orte und alle konversionsbezogenen Metriken. Die kampagnenbedingten Transaktions- und Finanzgrößen sind ebenfalls zu beachten.
- **Entscheidungen und Prozesse im Onlinemarketing:**
  Hierzu eignen sich viele Metriken. Umsatz- und Gewinnpotenzial samt Kostengrößen sind besonders relevant für Entscheidungen.
- **Kundenorientierung:**
  Die meisten Standardmetriken und vor allem kommunikationsbezogene Informationen wie Suchbegriffe, Anfragen und die Bereitschaft zum Dialog bzw. zur Integration.
- **Kundengewinnung:**
  Die Anzahl neuer Besucher und deren Interesse an den Produktseiten. Zentral sind die Konversionsraten, die Kaufaktualität, der Umsatz und die Kosten von Neukunden.
- **Kundenbindung:**
  Die Anzahl sowie Besuchsfrequenz wiederkehrender Besucher und deren Konversionsraten. Entscheidend ist deren Loyalität (z.B. Kundenbeziehungsdauer oder Anzahl Bestellungen) sowie Umsatz- und Gewinngrößen.

Tab. 5–5
Eignung der Kennzahlen zur Analyse und Optimierung des eBusiness

Webmetrik/ Webkennzahl	Analyse Webnutzung	Analyse Webnutzer	Controlling & Optimierung im electronic Business											
			Website				**eMarketing**				**eCRM**			
			Content	Navigation	Design	Usability	Kampagnen	SEO & SEM	Entscheidung	Prozesse	Kundenorientierung	Kundengewinnung	Kundenbindung	Kundensegmentierung
Seitenzugriffe														
Besuche														
Besucher														
Anteil neuer Besucher														
Anteil registr. Nutzer														
Anteil aktiver Nutzer														
Stickiness														
Absprungrate														
Abbruchrate														
Verweildauer														
Besuchsdauer														
Besuchstiefe														
Besuchsaktualität														
Besuchsfrequenz														
Zugriffsquelle														
Zugriffsort														
Browser & Bildschirm														
Plugins (z.B. Flash)														
Klickrate														
Ad-Click-Rate														
Display-Click-Rate														
Click-to-Basket-Rate														
Konversion														
Konversionsrate														
Werbekonversionsrate														
Bestellrate														
Bestellgröße														
Kaufaktualität (R)														
Kauffrequenz (F)														

→

Webmetrik/ Webkennzahl	Analyse Webnutzung	Analyse Webnutzer	Controlling & Optimierung im electronic Business: Website – Content	Website – Navigation	Website – Design	Website – Usability	eMarketing – Kampagnen	eMarketing – SEO & SEM	eMarketing – Entscheidung	eMarketing – Prozesse	eCRM – Kundenorientierung	eCRM – Kundengewinnung	eCRM – Kundenbindung	eCRM – Kundensegmentierung
Umsatz (M)	nicht geeignet	teilweise geeignet	nicht geeignet	nicht geeignet	nicht geeignet	nicht geeignet	sehr geeignet	sehr geeignet	sehr geeignet	sehr geeignet	nicht geeignet	sehr geeignet	sehr geeignet	sehr geeignet
Gewinn	nicht geeignet	teilweise geeignet	nicht geeignet	nicht geeignet	nicht geeignet	nicht geeignet	sehr geeignet	sehr geeignet	sehr geeignet	sehr geeignet	nicht geeignet	sehr geeignet	sehr geeignet	sehr geeignet
Kundenwert	nicht geeignet	teilweise geeignet	nicht geeignet	nicht geeignet	nicht geeignet	nicht geeignet	sehr geeignet	sehr geeignet	sehr geeignet	sehr geeignet	nicht geeignet	sehr geeignet	sehr geeignet	sehr geeignet
Anzahl Kunden	nicht geeignet	teilweise geeignet	nicht geeignet	nicht geeignet	nicht geeignet	nicht geeignet	sehr geeignet	nicht geeignet	geeignet	geeignet	nicht geeignet	teilweise geeignet	sehr geeignet	sehr geeignet
Anzahl Neukunden	nicht geeignet	teilweise geeignet	nicht geeignet	nicht geeignet	nicht geeignet	nicht geeignet	sehr geeignet	sehr geeignet	geeignet	geeignet	nicht geeignet	sehr geeignet	nicht geeignet	sehr geeignet
Anzahl Stammkunden	nicht geeignet	teilweise geeignet	nicht geeignet	nicht geeignet	nicht geeignet	nicht geeignet	sehr geeignet	nicht geeignet	geeignet	geeignet	nicht geeignet	nicht geeignet	sehr geeignet	sehr geeignet
Interne Suchbegriffe	sehr geeignet	sehr geeignet	sehr geeignet	sehr geeignet	nicht geeignet	nicht geeignet	sehr geeignet	sehr geeignet	geeignet	geeignet	sehr geeignet	geeignet	geeignet	nicht geeignet
Externe Suchbegriffe	sehr geeignet	sehr geeignet	sehr geeignet	sehr geeignet	nicht geeignet	nicht geeignet	sehr geeignet	sehr geeignet	geeignet	geeignet	sehr geeignet	geeignet	geeignet	nicht geeignet
Kontakte	teilweise geeignet	sehr geeignet	teilweise geeignet	nicht geeignet	nicht geeignet	nicht geeignet	geeignet	geeignet	geeignet	geeignet	sehr geeignet	sehr geeignet	sehr geeignet	geeignet
Persönliche Beiträge	sehr geeignet	sehr geeignet	sehr geeignet	nicht geeignet	nicht geeignet	nicht geeignet	nicht geeignet	nicht geeignet	geeignet	geeignet	sehr geeignet	geeignet	geeignet	geeignet
Qualität der Beiträge	sehr geeignet	sehr geeignet	sehr geeignet	nicht geeignet	nicht geeignet	nicht geeignet	nicht geeignet	nicht geeignet	geeignet	geeignet	sehr geeignet	geeignet	geeignet	geeignet
Dialogfähigkeit	geeignet	sehr geeignet	geeignet	nicht geeignet	nicht geeignet	nicht geeignet	nicht geeignet	nicht geeignet	geeignet	geeignet	sehr geeignet	sehr geeignet	sehr geeignet	geeignet
Grad der Integration	geeignet	sehr geeignet	geeignet	nicht geeignet	nicht geeignet	nicht geeignet	nicht geeignet	nicht geeignet	geeignet	geeignet	sehr geeignet	sehr geeignet	sehr geeignet	geeignet

Legende: sehr geeignet, geeignet, teilweise geeignet, nicht geeignet

Quelle: [Zumstein & Meier 2010, S. 24]

6 Auswertungen mit unscharfen Methoden

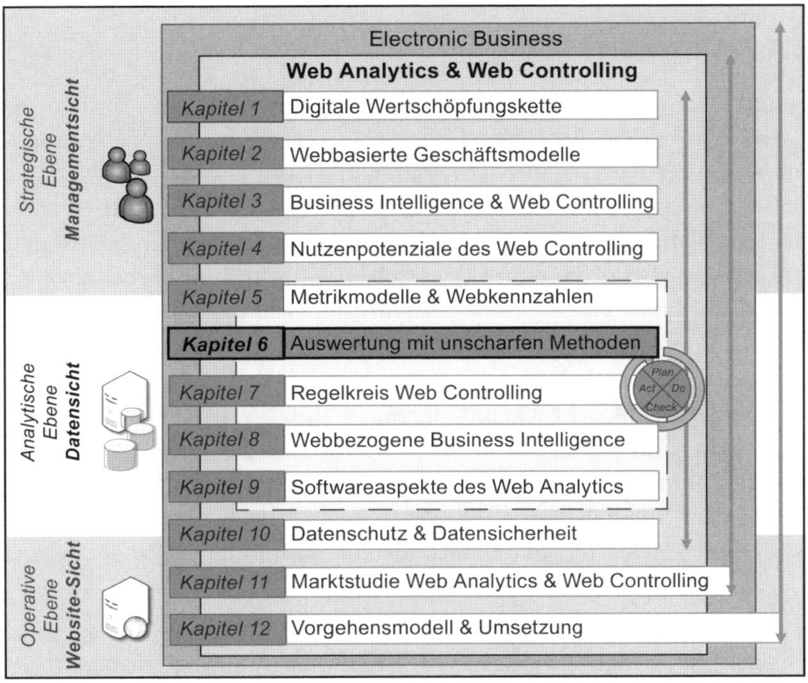

Abb. 6–1
Auswertung mit unscharfen Methoden

Das Kapitel führt in eine Klassifikationsmethode ein, die auf der unscharfen Logik basiert. In Abschnitt 6.1 werden scharfe und unscharfe Mengen vorgestellt und die Bedeutung für den Marketingbereich aufgezeigt. Abschnitt 6.2 diskutiert Konfliktsituationen bei scharfer Kundensegmentierung, da in Kundenportfolios oft Kunden über- oder unterbewertet werden. Bei unscharfen Kundenportfolios können einzelne Kunden Anteile an verschiedenen Kundenklassen haben, je nach Stärke ihre Mengenzugehörigkeiten. Die unscharfe Klassifikationsmethode wird in Abschnitt 6.3 auf das Web Analytics und Web Controlling übertragen. Dazu müssen linguistische Variablen eingeführt werden, die die numeri-

schen Webmetriken ergänzen. Um unterschiedliche Webkennzahlen in unscharfen Portfolios verdichten zu können, stellt Abschnitt 6.4 Aggregationsverfahren vor. Abschnitt 6.5 definiert eine hierarchische Dekomposition von Webkennzahlen, um die Komplexität eines mehrdimensionalen Messraumes reduzieren zu können. Ein Beispiel zur Berechnung des Kundenwertes bzw. des Kundenkapitals demonstriert die Mächtigkeit des Ansatzes. Schließlich fasst Abschnitt 6.6 die Nutzenpotenziale unscharfer Klassenbildung zusammen. Neben der Nutzung dieses Ansatzes im Web Analytics oder Web Controlling können weitere Anwendungsfelder im eBusiness bzw. Marketing von der unscharfen Logik profitieren.

6.1 Unscharfe Logik

Klassische und unscharfe Logik

Schon die griechischen Philosophen stritten um den Begriff der *Unschärfe* bei der Wahrheitsfindung: Während Aristoteles Aussagen im Sinne der damaligen Mathematik in »*wahr*« und »*falsch*« unterteilte, vermutete Platon zwischen den beiden Wahrheitsbegriffen einen dritten Wahrheitsbereich. Die klassische Logik folgt ebenfalls dem Prinzip der Dichotomie und lässt neben wahr und falsch keine weiteren Wahrheitswerte zu. Sie wurde im neunzehnten Jahrhundert von George Boole und weiteren Mathematikern in algebraischer Form ausgedrückt mit den bekannten Operatoren UND, ODER und NICHT. Die boolesche Algebra kennt demnach nur die beiden Werte *1* für wahr und *0* für falsch mit den Verknüpfungen der Konjunktion, Disjunktion und Negation.

Lotfi A. Zadeh hat 1965 mit seinem Forschungspapier »Fuzzy Sets« (unscharfe Menge) den Grundstein zur unscharfen Logik gelegt.

Definition unscharfe Mengen

> **Unscharfe Mengen** sind Mengen, bei denen die Zugehörigkeit der Elemente zur Menge mit einer Zugehörigkeitsfunktion (engl. membership function) gemessen wird, die Werte auf dem Einheitsintervall [0,1] annehmen kann. Somit erweitert man eine klassische Menge von Elementen, indem man jedem Element noch sein Zugehörigkeitsmaß zur Menge mitgibt.

Anwendungen der unscharfen Logik

Wie erwähnt, basiert die klassische Logik auf einer zweielementigen Menge von Wahrheitswerten. Die Welt des Diskurses ist eine Schwarz-Weiß-Landschaft. Bei der unscharfen Logik hingegen sind Grautöne erlaubt. Sogar das ganze Spektrum wird zugelassen, d.h., es gibt unendlich viele Abstufungen zwischen Weiß und Schwarz. Diese differenzierte Sicht der Dinge war lange Zeit umstritten, bis man in der Steuerungstechnik damit erste Erfolge erzielte. Vor allem Japan spielte dabei eine Vorreiterrolle, indem das MITI (Ministry of International Trade and Industry) mit über vierzig Firmen ein Labor für die Anwendung der unscharfen Logik in der Technik gründete. Der Durchbruch der Fuzzy Control kam 1988, als Hitachi eine U-Bahn in der Stadt Sendai mit einem unscharfen Leitsystem in Betrieb nahm. Die Strecke war 13,6 Kilometer lang, das Fachpersonal wurde durch 16 automatisierte Haltestellen ersetzt. Zudem feierte die Technik einen weiteren Erfolg: Die U-Bahn mit automatisierter Steuerung bremste sanfter ab und verbrauchte weniger Energie als bei der manuellen Bedienung mit den besten Lockführern.

Unscharfe Mengen sind nicht nur bei der Steuerung technischer Geräte nützlich, sondern lassen sich im betriebswirtschaftlichen Umfeld ebenfalls anwenden [Zumstein 2007; Meier & Donzé 2012]. Entscheidungsfragen lassen sich bei Managementaufgaben nicht immer dichotom bzw. scharf mit ja oder nein beantworten. Vielmehr geht es um ein Abwägen unterschiedlicher Einflussfaktoren und die Antwort für eine Problemlösung lautet oft »*ja, unter Vorbehalt* ...« oder »*sowohl als auch* ...«. Mit anderen Worten: Die Antwort ist unscharf (engl. fuzzy), d.h., sie ist nicht in jedem Fall richtig (Wahrheitswert 1) oder falsch (Wahrheitswert 0), sondern kann Werte zwischen 0 und 1 annehmen.

Beispiel: Menge Teenager

Als kleines Beispiel wird der Unterschied zwischen scharfen und unscharfen Mengen im Marketing illustriert. Möchte man den Begriff der Teenager für die Kundensegmentierung nutzen, wählt man sinnvollerweise das Alter als Unterscheidungsmerkmal. Grundsätzlich gehören alle Jugendlichen zur Menge der *Teenager*, falls ihr Alter zwischen dreizehn (thirteen) und neunzehn (nineteen) liegt. Abbildung 6–2 zeigt dazu die klassische Begriffsbildung der scharfen Menge Teenager und eine Teenagerdefinition, basierend auf einer unscharfen Menge. Es sticht ins Auge, dass die scharfe Menge unserer Wahrnehmung der Teenager nicht gerecht wird: Einige Sekunden vor dem dreizehnten Geburtstag »springt« jede Person von der Klasse der Nicht-Teenager in die Klasse der Teenager. Am Ende des neunzehnten Lebensjahres erlebt der Teenager einen ähnlichen Schock, indem er innerhalb kürzester Zeit plötzlich nicht mehr Teenager ist.

Die unscharfe Menge der Teenager in Abbildung 6–2 kommt der menschlichen Wahrnehmung und Erfahrung besser entgegen: Ein Teenager wächst langsam ins Teenageralter und verlässt sanft das Teenageralter. Im Beispiel ist eine zehnjährige Person noch nicht Teenager, d.h., die Zugehörigkeitsfunktion nimmt für das Alter 10 den Wert 0 an $\mu(10)=0.0$. Mit elf Jahren ist die betreffende Person zu einem Drittel $\mu(11)=0.33$, mit zwölf zu zwei Dritteln $\mu(12)=0.66$ und mit

Abb. 6–2
Unterschied zwischen klassischen und unscharfen Mengen

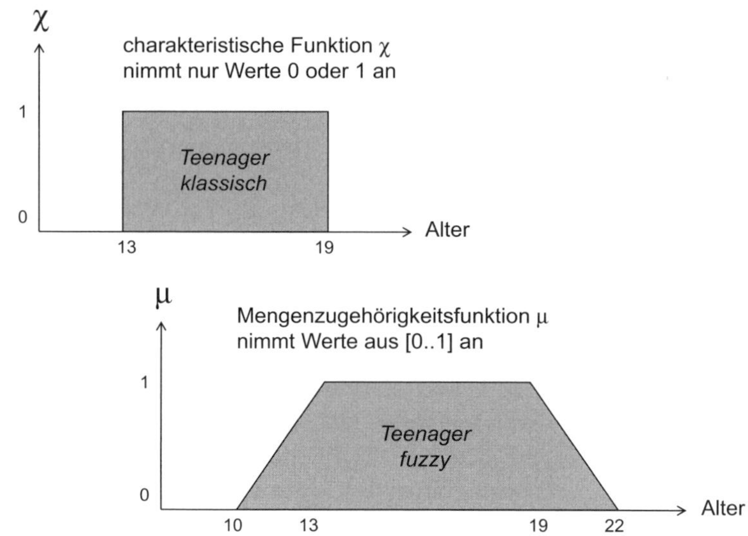

dreizehn dann vollständig Teenager μ(13)=1.0. Analog fällt die unscharfe Menge der Teenager ab dem neunzehnten Altersjahr und endet mit dem zweiundzwanzigsten Geburtstag. Natürlich ist die Wahl der unscharfen Menge frei, d.h., die Marketingspezialisten müssen sich überlegen, ab wann und bis wann das Teenagerdasein gelten und wie stark die jeweilige Zugehörigkeit definiert sein soll.

6.2 Vorteile unscharfer Kundensegmentierung

Beispiel der Kundensegmentierung anhand von Umsatz und Kundenloyalität

Um den Nutzen unscharfer Methoden im Marketing zu erkennen, soll ein weiteres Beispiel zur Kundensegmentierung [Werro 2008] dienen. Abbildung 6–3 zeigt eine *scharfe Kundenklassifikation* anhand der beiden Bewertungskriterien Umsatz und Treue (Kundenloyalität). Ohne Probleme kann dieses einfache Beispiel verallgemeinert werden, indem man mehrere Bewertungskriterien gleichzeitig festlegt oder indem man eine hierarchische Dekomposition von Bewertungskriterien vornimmt (vgl. Abschnitt 6.5). Die beiden Bewertungskriterien Umsatz und Treue werden wie folgt in Äquivalenzklassen unterteilt:

- **Umsatz in Euro pro Monat:**
  Der Wertebereich für den Umsatz in Euro soll durch [0, ..., 1000] definiert sein. Zudem werden die beiden Äquivalenzklassen [0, ..., 499] für kleinen Umsatz und [500, ..., 1000] für großen Umsatz gebildet.

- **Treue der Kunden:**
  Der Wertebereich top, gut, schwach und schlecht gilt für das Attribut der Kundentreue. Der Wertebereich wird in die beiden Äquivalenzklassen top bzw. gut für positive Treue und schwach bzw. schlecht für negative Treue zerlegt.

Wahl der Äquivalenzklassen

Bei der Wahl der Äquivalenzklassen ist man natürlich frei; hier werden der Einfachheit wegen je zwei Klassen pro Kriterium gewählt. Die Partitionierung der Wertebereiche Umsatz und Treue ergibt damit in Abbildung 6–3 die vier Äquivalenzklassen C1, C2, C3 und C4. Die inhaltliche Bedeutung der Klassen wird durch semantische Klassennamen ausgedrückt; so wird z.B. für Kunden mit kleinem Umsatz und schwacher Treue die Bezeichnung »Don't Invest« für die Klasse C4 gewählt. Die Topklasse C1 wird mit der Bezeichnung »Commit Customer« versehen. Entsprechend trägt C2 den Namen »Improve Loyalty«, da hier die Kunden einen großen Umsatz generieren, in der Treuebeziehung jedoch negativ sind. Schließlich definiert die Klasse C3 mit »Augment Turnover« die Kunden mit kleinem Umsatz und positiver Treue.

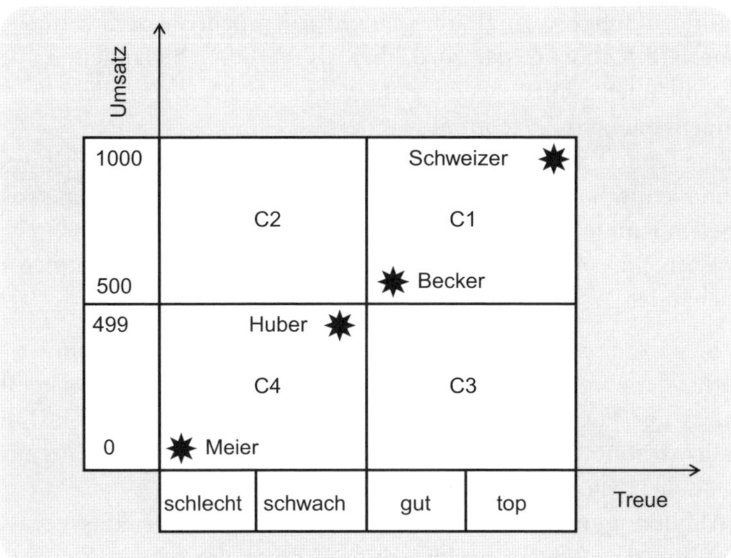

Abb. 6–3
Scharfe Kundenklassifikation mit Konflikten

Kunden als Vermögenswert

Das Kundenbeziehungsmanagement bezweckt, anstelle produktbezogener Argumentationslisten und Anstrengungen, die kundenindividuellen Wünsche und das Kundenverhalten miteinzubeziehen. Sollen Kunden als Vermögenswert (Customer Equity) aufgefasst werden, so müssen sie entsprechend ihrem Markt- und Ressourcenpotenzial behandelt werden [Blattberg et al. 2001]. Mit scharfen Klassen, d.h. traditionellen Kundensegmenten, ist dies kaum möglich, da alle Kundinnen und Kunden in einer Klasse gleich behandelt werden. In Abbildung 6–3 beispielsweise besitzen Becker und Huber einen *ähnlichen* Umsatz und zeigen ein ähnliches Treueverhalten. Trotzdem werden sie bei einer scharfen Segmentierung unterschiedlich klassifiziert: Becker gehört zur Premiumklasse C1 (Commit Customer) und Huber zur Verliererklasse C4 (Don't Invest). Zusätzlich wird der topgesetzte Kunde Schweizer gleich behandelt wie Becker, da beide zum Segment C1 gehören.

Probleme bei scharfer Kundensegmentierung

Gemäß Abbildung 6–3 können bei einer scharfen Kundensegmentierung folgende Konfliktsituationen auftreten:

- Kunde Becker hat wenige Anreize, seinen Umsatz zu steigern oder die Kundenbindung und -treue zu verbessern. Er liegt in der Premiumklasse C1 und genießt die entsprechenden Vorteile.
- Kunde Becker kann überrascht werden, falls sein Umsatz ein wenig zurückgeht oder sein Treuebonus abnimmt. Plötzlich sieht er sich einem anderen Kundensegment zugeordnet; im Extremfall fällt er von der Premiumklasse C1 in die Verliererklasse C4.
- Kunde Huber verfügt über einen ordentlichen Umsatz und eine mittlere Kundentreue, wird aber als Verlierer behandelt. Es wird kaum überraschen, wenn sich Huber im Markt umsieht und zu einem anderen Angebot abwandert.
- Eine scharfe Kundensegmentierung lässt auch für Kunde Schweizer eine kritische Situation entstehen. Er ist im Moment der profitabelste Kunde mit ausgezeichnetem Ruf, wird aber vom Unternehmen nicht entsprechend seinem Kundenwert wahrgenommen und behandelt.

Unscharfe Kundenklassifikation

Die hier exemplarisch aufgezeigten Konfliktsituationen können entschärft oder eliminiert werden, falls unscharfe Kundenklassen gebildet werden. Die Positionierung eines Kunden im zwei- oder mehrdimensionalen Datenraum entspricht dem Kundenwert, der jetzt aus unterschiedlichen Klassenzugehörigkeitsanteilen besteht.

Abbildung 6–4 illustriert eine unscharfe Kundenklassifikation, wobei für das Bewertungskriterium Umsatz die beiden Zugehörigkeitsfunktionen $\mu_{groß}$ für einen Umsatz zwischen 500 und 1000 Euro und μ_{klein} für einen Umsatz unter 500 Euro gewählt wurden. Entsprechend sind für die beiden Äquivalenzklassen der Treue ebenfalls Zugehörigkeitsfunktionen festgelegt; so beschreibt $\mu_{positiv}$ die Mengenzugehörigkeit für herausragende Kundentreue (top bzw. gut) und $\mu_{negativ}$ für eine schwache oder schlechte Treue.

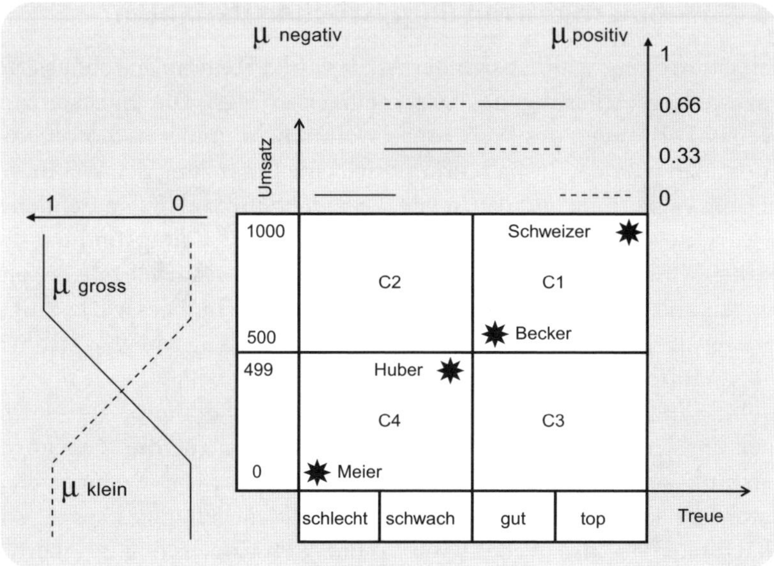

Abb. 6–4
Unscharfe Kundenklassifikation

Zugehörigkeit zu mehreren Klassen gleichzeitig

Bei der unscharfen Kundenklassifikation kann für einen bestimmten Kunden die Treue eines Kunden gleichzeitig positiv und negativ sein; zum Beispiel ist die Zugehörigkeit von Becker zur unscharfen Menge $\mu_{positiv}$ 0.66 und diejenige zur Menge $\mu_{negativ}$ ist 0.33. Der Treuegrad von Becker ist also nicht ausschließlich positiv oder negativ wie bei scharfen Klassen. Die Zugehörigkeitsfunktionen $\mu_{positiv}$ und $\mu_{negativ}$ bewirken, dass der Wertebereich der Treue unscharf partitioniert wird. Analog ist der Wertebereich des Umsatzes durch die beiden Zugehörigkeitsfunktionen $\mu_{groß}$ und μ_{klein} unterteilt. Dadurch entstehen Klassen mit kontinuierlichen Übergängen.

Unscharfe Klassifikation ermöglicht Individualisierung.

Unscharfe Kunden- oder Produktklassifikationen erlauben es, der *Individualisierung* des elektronischen Massenmarktes (Mass Customization) besser gerecht zu werden [Meier et al. 2008]. Da jeder Kunde im mehrdimensionalen Klassifikationsraum einen individuellen, eventuell aggregierten Kundenwert aufweist, können Differenzierungen im Kundenbeziehungsmanagement vorgenommen werden. Gleichzeitig ist es möglich, Klassen oder Teilklassen von Kunden mit ähnlichem Kaufverhalten oder mit ähnlichen Produktpräferenzen zu extrahieren, um gezielte Kundenansprachen oder Marketingkampagnen durchführen zu können.

6.3 Webmetriken mit linguistischen Variablen

Abbildung und Klassifikation von Kennzahlen anhand von linguistischen Variablen

Web Controlling widmet sich der Analyse und Steuerung webbasierter Prozesse zur Sicherung des Unternehmenserfolgs. Die Einschätzung diverser Leistungen des Webauftritts kann nicht immer dichotom vorgenommen werden, deshalb drängt sich eine Ergänzung der Webmetriken mit vagen bzw. *linguistischen Variablen* auf. Solche sprachlichen Konstrukte sollen dem Management in der Entscheidungsfindung helfen, die Masse der Kennzahlen in Güteklassen (unscharfe Mengen) einzuteilen und diesen sprachliche Begriffe zuzuordnen. Dieser Klassifikationsansatz ist ein möglicher Weg, der Überflutung von Kennzahlen (Information Overload) entgegenzuwirken.

Eine *linguistische Variable* ist die sprachliche Charakterisierung einer unscharfen Klasse. Sie steht stellvertretend für die Zugehörigkeitsfunktion der jeweiligen unscharfen Menge von Webmetriken. Durch die Einführung linguistischer Variablen gelingt es, vage Einschätzungen auf das Web Analytics und Web Controlling zu übertragen. Zudem können in vielen Fällen die fachlichen Begriffe des Marketings direkt übernommen und für Auswertungszwecke verwendet werden. Entsprechende Abfragesprachen mit linguistischen Variablen sind in verschiedenen Forschungsarbeiten vorgeschlagen und implementiert worden (siehe als Beispiel die fuzzy Classification Query Language fCQL aus [Meier et al. 2005]).

Abb. 6-5 *Ergänzung der Webmetriken mit linguistischen Variablen*

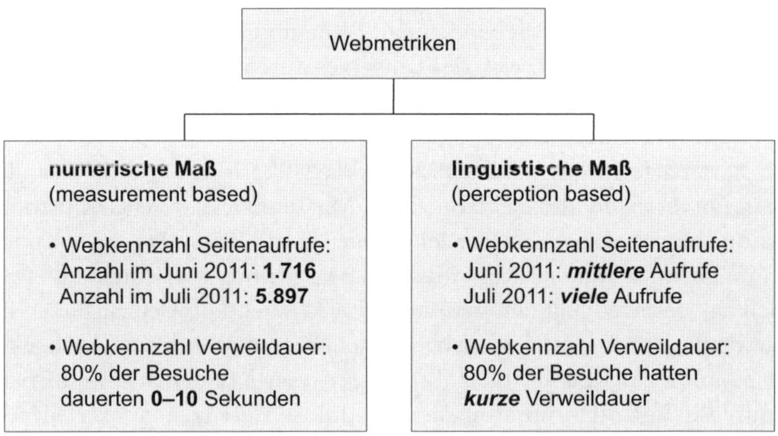

Wahrnehmungsbasierte Klassifikation von Metriken

In Abbildung 6–5 werden Webmetriken beispielhaft charakterisiert. Die numerischen Variablen geben die Metriken des Web Analytics und des Web Controlling meistens in ganzen Zahlen (z.B. Anzahl Seitenzugriffe, Anzahl Besucher, Verweildauer in Sekunden) oder in Prozenten an (z.B. Absprungrate, Click-to-Buy-Rate). Im Beispiel werden die Anzahl Seitenaufrufe (Page Views) in den Monaten Juni und Juli 2011 verglichen oder die Häufigkeit der Besuche mit einer Verweildauer von 0 bis 10 Sekunden genannt.

Bei der Charakterisierung von Webkennzahlen können auch unscharfe bzw. linguistische Variablen verwendet werden. Beispielsweise wird die Kennzahl Seitenzugriffe pro Tag, Monat oder Jahr in drei Klassen mit der Charakterisierung »wenige«, »mittlere« oder »viele« Seitenaufrufe eingeteilt (vgl. auch Abb. 6–6).

Klassifikation der Verweildauer

Entsprechend lässt sich der Aufenthalt auf der Website als »kurze«, »durchschnittliche« oder »lange« Verweildauer interpretieren, je nachdem, wie viele Sekunden die Besucher auf der Website verbringen. Diese linguistischen Variablen müssen nicht für alle Kennzahlen definiert werden. Sie drängen sich dann auf, wenn die Interpretation bzw. die Wertung einer oder mehrerer Kennzahlen mit vagen Begriffen vorgenommen werden soll. Zudem spielen sie eine Rolle, falls es um eine differenziertere Interpretation der Kennzahlen geht, beispielsweise im zwei- oder mehrdimensionalen Messraum (siehe Abschnitte 6.4 und 6.5).

Abb. 6–6
Scharfe und unscharfe Klassifikation der Webmetrik Seitenzugriffe [Zumstein 2010, S. 285]

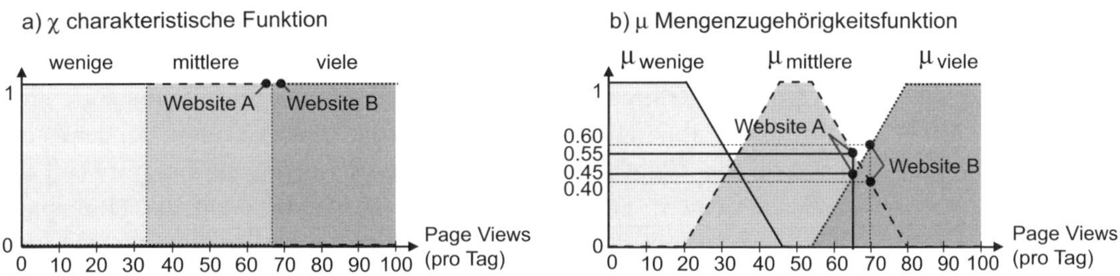

Differenzierte Beurteilung von Metrikwerte

Die Abbildung 6–6 zeigt die Klassenbildung für die Webkennzahl Seitenaufrufe, links als scharfe Mengen (Fall a) und rechts als unscharfe Mengen (Fall b); hier wird die Anzahl der Seitenaufrufe pro Tag dargestellt. Wie erwähnt, gibt es bei der scharfen Klassifikation an den Grenzen Situationen, die eine differenzierte Beurteilung von Webseiten oder Besuchern schlecht zulassen. So liegen in der Abbildung 6–6 die beiden Webseiten 1 und 2 nahe beieinander, was bei der unscharfen Klassifikation ersichtlich bleibt.

Bei der scharfen Klassifikation wird die Seite 1 in die Klasse mit mittleren Seitenzugriffen, die Seite 2 in diejenige mit vielen separiert, obwohl die Seite 2 nur fünfmal mehr besucht worden ist. Vergleicht man hingegen die Zugehörigkeitswerte der beiden Seiten, so liegen sie in den beiden Klassen der »mittleren« und »vielen« Seitenzugriffe nahe beieinander. Beispielsweise liegt Webseite 2 zu 60 % in der Klasse »viele« Seitenzugriffe und gleichzeitig zu 40 % in der Klasse »mittlere«

Seitenzugriffe. Analoges gilt für die Seite 1, hier mit den Anteilen 45 % (viele Seitenzugriffe) und 55 % (mittlere).

Mit linguistischen Variablen können differenzierte Beurteilungen vorgenommen werden, da die Anteile in unterschiedlichen Klassen ersichtlich sind. Falls zwei oder mehrere Kennzahlen miteinander beurteilt werden müssen, drängen sich Aggregationsfunktionen auf.

6.4 Zur Aggregation unscharfer Webkennzahlen

Zweidimensionale unscharfe Klassifikation

In diesem Abschnitt werden zwei Webkennzahlen in einem zweidimensionalen Portfolio miteinander verglichen. Falls sich komplexere Kennzahlen (z.B. Performance-Indikator Kundenwert) aus einfacheren herleiten lassen, können die unscharfen Portfolios hierarchisch kombiniert werden (Abschnitt 6.5).

Als Beispiel werden in Abbildung 6–7 die beiden Webkennzahlen Seitenzugriffe (Page Views) und Absprungrate (Bounce Rate) betrachtet. Der Einfachheit halber werden beide Webkennzahlen je in zwei Äquivalenzklassen unterteilt. Für die Seitenzugriffe gelten die linguistischen Variablen »viele« und »wenige« Aufrufe mit den entsprechenden Mengenzugehörigkeitsfunktionen μ_{viele} und μ_{wenige}. Analog wird die Absprungrate durch die beiden Klassen »hohe« und »tiefe« Rate charakterisiert, abhängig vom Prozentsatz an Seitenzugriffen, bei denen die Besucher die Website wieder verlassen. Als tiefe Absprungrate soll die Tatsache gelten, dass die Besucher nach Ankunft auf der Homepage oder einer aufgerufenen Seite des Unternehmens mindestens eine wei-

Abb. 6–7
Scharfe und unscharfe Klassifikation der Webmetriken Seitenzugriffe und Absprungrate [Zumstein 2010, S. 285]

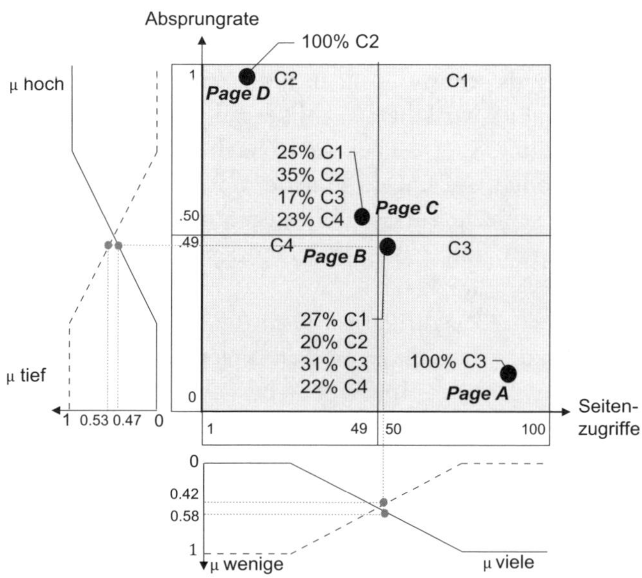

tere Seite besuchen. Hohe Absprungrate bedeutet, sie verlassen die Website des Unternehmens gleich nach dem ersten Aufruf.

Die Unterteilung der beiden Webkennzahlen Seitenzugriffe und Absprungraten ergibt in Abbildung 6–7 vier Äquivalenzklassen: Die Klasse C1 (»Leaky top pages«) zeichnet sich dadurch aus, dass sie »viele« Seitenzugriffe und »hohe« Absprungraten aufweist, d.h., die Einstiegsseiten werden von den Benutzern in vielen Fällen gleich wieder verlassen. Als wohl wichtige Klasse für das Unternehmen stellt sich C3 (»Sticky top pages«) heraus; sie generiert »viele« Seitenzugriffe und erhält »tiefe« Absprungraten. Entsprechend sind die Klassen C2 und C4 definiert.

Falls ein Webanalyst die besten Einstiegsseiten seiner Webplattform mit scharfen Methoden analysieren möchte, würde er entsprechend der Klasse C3 die beiden Seiten A und B erhalten. Die Seite C würde er nicht entdecken, obwohl die Besucher ein ähnliches Verhalten bezüglich Seitenaufrufe und Absprungrate wie bei der Seite B zeigen. Im klassischen Fall mit scharfen Klassen C1 bis C4 würden also Seiten mit Potenzial teilweise unerkannt bleiben.

Gelangen unscharfe Mengen zu Seitenzugriffen und Absprungraten zum Einsatz, haben einzelne Einstiegsseiten oft mehrere Zugehörigkeitsanteile zu den Klassen C1 bis C4. Einzig bei Seiten an den äußersten Ecken des zweidimensionalen Portfolios können je nach Wahl der Mengenzugehörigkeitsfunktion 100%ige Zugehörigkeiten zur entsprechenden Klasse auftreten. In Abbildung 6–7 verweist beispielsweise die Seite A zu 100% auf die Klasse C3. Die Klasse C3 ist ja charakterisiert, dass sie »viele« Seitenzugriffe und »tiefe« Absprungraten aufweist. Die linguistische Variable »viel« nimmt für Seite A den Wert 1.0 und für die Variable »tief« ebenfalls den Maximalwert 1.0 an. Mit einer geeigneten Aggregationsfunktion ergibt sich der Gesamtwert 1.0 bzw. 100%ige Zugehörigkeit zur Klasse C3.

Minimums- und Maximumsoperator

Für unscharfe Mengen existieren in der Literatur viele mengentheoretische und logische Operatoren (siehe z.B. [Dubois & Prade 1980; Zimmermann 2001]). Als Verallgemeinerung der klassischen Mengenlehre und der zweiwertigen Logik mit den Wahrheitswerten »wahr« und »falsch« müssen für unscharfe Mengen die Operatoren definiert werden. Ursprünglich wurde der Minimumsoperator für den Durchschnitt zweier unscharfer Mengen bzw. für das logische UND sowie der Maximumsoperator für die Vereinigung bzw. das logische ODER verwendet. In der Zwischenzeit existieren mathematische Modelle (t-Normen) für den mengentheoretischen Durchschnitt unscharfer Mengen bzw. für die logische Verknüpfung UND sowie t-Conormen für die Vereinigung und das ODER. Darüber hinaus gibt es mittelnde Operatoren zwischen t-Normen und t-Conormen. Im Beispiel der Abbildung 6–7 wurde ein mittelnder Operator, genannt *γ-Operator* oder »kompensatorisches UND«, angewendet (vgl. [Meier et al. 2008]).

6.5 Hierarchische Dekomposition beim Web Controlling

Hierarchische Strukturierung von Kennzahlen

Das Web Analytics beschäftigt sich mit unterschiedlichen Webmetriken und Webkennzahlen. Neben Kennzahlen zur Webplattform werden Kennzahlen unterschiedlicher Anspruchs- und Zielgruppen (vgl. Abschnitt 3.5) gesammelt und analysiert. Um beim Webcontrolling die Übersicht zu behalten, muss die Komplexität des mehrdimensionalen Messraumes reduziert werden. Eine Möglichkeit besteht darin, Klassifikationsmethoden wie die unscharfe Klassifikation anzuwenden. Falls mehrere linguistische Variablen interessieren, können weitere Berechnungsverfahren wie die hierarchische Dekomposition evaluiert und bei Eignung angewendet werden. Dieser methodische Ansatz soll anhand der Berechnung des Kundenkapitals für einen Webshop näher untersucht werden [Meier & Werro 2007; Werro et al. 2006].

Kundenkapital

Das *Kundenkapital* (siehe z.B. [Blattberg et al. 2001]) bildet einen wichtigen Bestandteil des intellektuellen Kapitals (vgl. Abschnitt 3.6.1). Es setzt sich aus den monetären und nicht monetären Werten der Kundenbasis zusammen. Bei der Bestimmung eines Kundenwertes spielen also direkte und indirekte Beiträge zum Weberfolg eine Rolle.

Die direkten Beiträge bilden das Marktpotenzial und sind die Ertragsgrößen, die sich aus dem Webangebot ergeben. Der Onlinekunde sollte zudem als Ressource des Unternehmens verstanden werden, da er bei geeigneter Webkommunikation Fähigkeiten und Wissen zur Verfügung stellt. Natürlich müssen dazu entsprechende Webziele formuliert und der Webauftritt entsprechend umgesetzt werden (siehe Kap. 7). Die indirekten Beiträge aus dem Webauftritt bilden somit das Ressourcenkapital des Kunden.

Die Berechnung des Kundenwertes soll für einen Webshop sowohl direkte wie indirekte Beiträge berücksichtigen, wie es beispielsweise im unscharfen Portfolio der Abbildung 6–8 mit den linguistischen Variablen Profitabilität und Treue aufgezeigt ist.

Multidimensionale Klassifizierungen

Möchte man der Vollständigkeit halber eine weitere Größe wie z.B. Kundenzufriedenheit berücksichtigen, so entstünde ein dreidimensionaler Klassifikationsraum. Anstelle eines drei- oder mehrdimensionalen Raumes könnte man aber auch sukzessive zweidimensionale Portfolios hierarchisch kombinieren, damit der Webanalyst oder Anwender den Überblick behält.

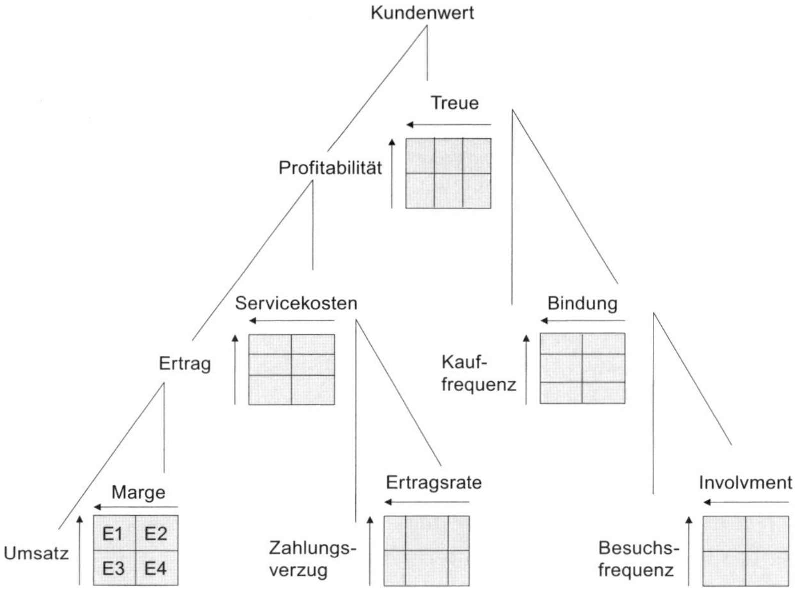

Abb. 6–8
Berechnungspyramide für das Kundenkapital

Ein solches Beispiel ist in der Abbildung 6–8 gegeben. Ein unscharfer Klassifikationsraum kann in Unterräume aufgeteilt werden, falls die einzelnen linguistischen Variablen aus weiteren linguistischen Variablen zusammengesetzt sind. Die Kundenwertberechnung berücksichtigt im Beispiel sowohl direkte, monetäre (linker Teilbaum) wie indirekte, nicht monetäre Wertbeiträge (rechter Teilbaum).

Berechnungsmethode

Als Beispiel der Berechnungsmethode soll der Ertrag im linken Teilbaum dienen, der sich aus den linguistischen Variablen Umsatz und Marge herleiten lässt. Das zweidimensionale Portfolio aus Umsatz und Marge besteht aus den vier Klassen E1, E2, E3 und E4. Die Klasse E1 ist die Topklasse, da hier die Onlinekunden hohen Umsatz und Marge im eShop generieren. Die Klasse E4 ist die Verliererklasse; E2 zeichnet sich durch Kunden mit hohem Umsatz und tiefer Marge aus, während E3 Kunden mit kleinem Umsatz und hoher Marge klassifiziert. Zur Berechnung eines *zusammengesetzten Wertes* v(e) eines Elementes e eines zweidimensionalen Portfolios mit den Klassen C_i gilt die folgende Formel:

$$v(e) = \sum_i \mu_{Ci}(e) \times weight(C_i)$$

Der zusammengesetzte Wert eines Elementes e ist somit eine Summe von Produkten über alle Klassen des Portfolios, wobei das Produkt aus den Anteilen des Elementes zu den Klassen C_i multipliziert mit dem jeweiligen Gewicht $weight(C_i)$ der Klasse gebildet wird.

Rechnungsbeispiel

Als Beispiel dient der Onlinekunde Müller, für den der Ertrag berechnet werden soll. Kunde Müller besitzt Wertanteile für die vier linguistischen Variablen, je zwei für Umsatz und je zwei für Marge. Mit der Hilfe des γ-Operators aus Abschnitt 6.5 ergeben sich als Beispiel die Anteile μ_{E1}(Müller)=26 %, μ_{E2}(Müller)=32 %, μ_{E3}(Müller)= 40 % und μ_{E4}(Müller)=2 %. Die Gewichte der vier entsprechenden Klassen E1 bis E4 seien weight(E1)=100, weight(E2)=66, weight(E3) = 3 und weight(E4)=0. Der Ertrag von Müller lautet:

$$\text{Ertrag(Müller)} = \sum_i \mu_{Ei}(\textit{Müller}) \times \textit{weight}(E_i)$$
$$= 0{,}26 \times 100 + 0{,}32 \times 66 + 0{,}40 \times 33 + 0{,}02 \times 0$$
$$= 60{,}32$$

Die hier aufgezeigten Berechnungen werden auf allen Stufen der Hierarchie durchgeführt, um den Kundenwert jedes einzelnen Kunden berechnen zu können. Die Summe der individuellen Kundenwerte bildet das Kundenkapital des Unternehmens.

6.6 Nutzenpotenziale

Nutzenpotenziale der unscharfen Klassifikation

Zur Steuerung des Unternehmens sind die Verantwortlichen auf *aussagekräftige Führungskennzahlen* und Auswertungen angewiesen. Für Empfänger entsprechender Reports ist es mühevoll, detaillierte Kennzahlen in großen Mengen interpretieren zu müssen. Führungskräfte im Unternehmen wie Schlüsselträger unterschiedlicher Anspruchsgruppen begrüßen vielmehr Klassifikationsansätze bei der Analyse und Bewertung von Webkennzahlen. Für Nachforschungen können die Führungsverantwortlichen jederzeit entweder selbst Analysen im Data Warehouse (Kap. 8) durchführen oder Spezialisten für bestimmte Abklärungen beauftragen.

Um den Überblick über die wichtigsten Kennzahlen und deren Entwicklung zu behalten, können linguistische Variablen eingeführt, in einem Klassifikationsbaum aufeinander bezogen oder durch einen Index ersetzt werden. Dabei verwenden die Führungskräfte die gebräuchlichen Begriffe wie »hoher Umsatz«, »hohe Konversionsraten« oder »viele Seitenzugriffe«, die sich als Grafiken in unterschiedlichen Formen (Ampelsystem, Kuchendarstellungen, Cockpit etc.) darstellen lassen. Die Begriffe stammen aus dem Marketing oder weiteren Fachabteilungen und können vom analytischen Webteam (siehe Abschnitt 3.4) festgelegt und vom Web Steering Committee freigegeben werden.

Exakte Klassifikation von Werten

Unscharfe Klassifikationsmethoden ergänzen die trennscharfen Ansätze. Bei der Klassifikation haben sie gegenüber den herkömmlichen Methoden die *Vorteile*, dass sie z.B. Besucher oder Kunden nicht unter- oder überbewerten, sondern gemäß ihrem individuellen Kundenwert. Komplexität und Datenflut bei vielen Systemen des Web Analytics lassen sich reduzieren, ohne einen großen Informationsverlust vorzunehmen bzw. ohne echte Präzision vorzutäuschen. Viele Entscheidungsfragen können nicht ausschließlich mit ja oder nein beantwortet werden, sondern verlangen differenziertere Einschätzungen.

Ein weiterer Vorteil liegt in der Tatsache, dass unscharfe Klassifikationsansätze die individuellen Mengenzugehörigkeiten berechnen und gleichzeitig Klassenbildungen zulassen. Damit erhält jedes Element einer bestimmten Klasse seinen individuellen Zugehörigkeitswert. Dies hat den Vorteil, dass man z.B. jeden einzelnen Kunden im Laufe der Zeit bezüglich seiner Veränderungen im mehrdimensionalen Messraum verfolgen kann. Vom System gesetzte Trigger können die Marketingverantwortlichen alarmieren, falls ein Kunde sich schlecht entwickelt (Kundenwert entwickelt sich negativ) oder gar absprunggefährdet ist (Kundenwert nimmt rasant ab).

Anwendungsbereiche der unscharfen Klassifikation

Prinzipiell lassen sich unscharfe Klassifikationen in vielen Unternehmensbereichen anwenden [Meier & Donzé 2012]:

- **Web Analytics und Web Controlling:**
  Dem Information Overflow wird entgegengewirkt, indem wichtige linguistische Variablen eingeführt und Aggregationskonzepte (hierarchische Dekomposition, Indexberechnung) angewendet werden. Zudem lassen sich Webplattformen mit unscharfen Methoden analysieren und optimieren (vgl. [Kaufmann et al. 2009; Zumstein & Hugi 2009]). Neben herkömmlichen Kennzahlen erlaubt das unscharfe Instrumentarium ein Controlling des webbasierten Geschäftsmodells und eine differenzierte Bewertung von Gliedern der digitalen Wertschöpfungskette (vgl. Abschnitte 1.1 und 2.1).
- **Personalisierung im eBusiness:**
  Wie in Abschnitt 6.3 bei der Diskussion der unscharfen Portfolios erläutert, treten bei scharfer Kundenklassifikation eine Reihe von Konflikten auf. Die Kunden werden innerhalb von Klassen »gleich« behandelt, was dem heutigen Trend der Individualisierung des Massenmarktes entgegenläuft. Eine unscharfe Klassifikation könnte demnach eine Grundlage für Personalisierungskonzepte bilden. Eine mögliche Anwendung dieser unscharfen Klassifikation besteht darin, den Onlinekunden individuelle Rabatte oder gar individuelle Preise anzubieten [Meier et al. 2008].

- **Customer Relationship Management:**
  In letzter Zeit hat das Management der Kundenbeziehungen und -prozesse an Bedeutung gewonnen. Dazu werden die Kunden gerne aufgrund bestimmter Merkmale oder des Kaufverhaltens in Klassen oder Kundensegmente eingeteilt. Eine häufige Einteilung ist in A-, B- und C-Kunden, je nach der Kaufkraft des Kunden. Diese Klassenzugehörigkeit wird in den meisten Fällen scharf vorgenommen, d.h., jeder Kunde gehört zu genau einer Klasse. Sollen neben abgeschlossenen Geschäften auch Entwicklungspotenziale berücksichtigt werden, so kann ein einzelner Kunde nicht mehr eindeutig einem Kundensegment zugeordnet werden. Mit unscharfen Kundensegmenten lassen sich Marketing-, Verkaufs- und After-Sales-Serviceaufgaben gezielter und kostengünstiger vornehmen.
- **Risikomanagement und Kreditwürdigkeitsprüfung:**
  Nicht nur Versicherungsinstitute und Banken teilen ihre Kundschaft aus Risikoüberlegungen in diverse Klassen ein. Beispielsweise müssen für einen Kreditantrag das Alter, die Kaufkraft und weitere Merkmale geprüft werden. Anstelle scharfer Kreditwürdigkeits- oder Risikoklassen sind unscharfe Klassen interessant, die mit der Hilfe einer Zugehörigkeitsfunktion arbeiten. Aufgrund von Untersuchungen zeigt sich, dass Scoringmodelle oder traditionelle Kreditwürdigkeitsprüfungen gewisse Kunden unter- oder überbewerten (vgl.[Zumstein 2007]).
- **Supply Chain Management:**
  Zur Auswahl von Lieferanten müssen ebenfalls Bewertungen vorgenommen werden. Herkömmliche Klassifikationen der Lieferanten, z.B. nach Liefertermin und Qualitätseigenschaften, können mit unscharfen Methoden ergänzt werden. Die in den gespeicherten Lieferantendaten enthaltenen, aber nicht oder zuwenig sichtbaren Strukturen und Zusammenhänge werden durch unscharfe Klassenbildung eventuell freigelegt. Sie erlauben, eine gezielte und effektive Behandlung der einzelnen Lieferanten vorzunehmen.

Nachteile der unscharfen Klassifikation

Selbstverständlich hat jede Methode nicht nur Vor-, sondern auch Nachteile. Sich von der Vorstellung fest zugeteilter Kunden zu einem Segment zu lösen, ist nicht ganz einfach. Zudem müssen geeignete linguistische Variablen ausgesucht und Mengenzugehörigkeitsfunktionen definiert oder hergeleitet werden (zur Herleitung von geeigneten linguistischen Variablen siehe [Kaufmann & Meier 2009]). Beim Ruf nach Individualisierung des Massenmarktes kommt man hingegen nicht darum herum, Methoden zu prüfen, die sowohl das Individuum behandeln als auch flexible Klassenbildungen zulassen.

7 Regelkreis Web Controlling

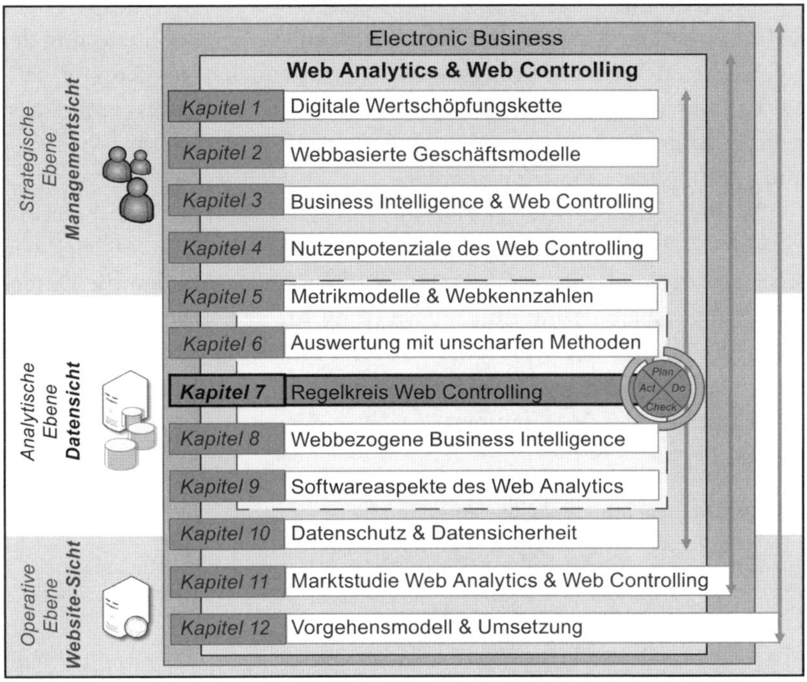

Abb. 7–1
Regelkreis Web Controlling

Dieses Kapitel behandelt den Web-Controlling-Kreislauf und wie die Inhaltsnutzung bzw. das Benutzerverhalten auf der Website in den vier Schritten »Plan«, »Do«, »Check« und »Act« analysiert und gesteuert werden. Die Abschnitte 7.1 und 7.2 erläutern die Vorzüge des Web Content Controlling zur Analyse und Überprüfung der Inhaltsnutzung sowie das Content Management. Abschnitt 7.3 geht näher auf Web User Controlling ein und wie es zur Betrachtung des Verhaltens und der Eigenschaften von Besuchern eingesetzt werden kann. Abschnitt 7.4 identifiziert verschiedene Ziele, die mit dem Internetauftritt verbunden sein können, und verdeutlicht, welche Nutzenpotenziale in den verschiedenen

Website-Zielen liegen. Es wird zudem illustriert, wie die Zielerreichung über verschiedene Webmetriken und Webkennzahlen anhand des Web-Controlling-Kreislaufes gemessen und überprüft werden kann, um falls notwendig operative Maßnahmen einzuleiten. Das Fazit in Abschnitt 7.5 zeigt auf, welche Konsequenzen für die einzelnen Schritte des Web-Controlling-Kreislaufes erfolgen, wenn Web Analytics und Web Controlling durchgeführt wird – und wenn nicht.

7.1 Analyse der Websitenutzung

Plan, Do, Check und Act

Hauptzweck und großes Nutzenpotenzial des Web Analytics liegt per Definition in der Analyse der Websitenutzung und in der Steuerung der webbasierten Wertschöpfungskette. Wie im einleitenden Kapitel definiert, kann das *Web Controlling* als Managementprozess aufgefasst werden und beinhaltet die vier Teilschritte »Plan«, »Do«, »Check« und »Act« (vgl. Abb. 7–2).

Strategische, analytische und operative Ebene

Während die Schritte der Planung und Zieldefinition (Schritt 1 und 3 in Abb. 7–2) *strategischer Natur* sind, ist die Analyse (»Check« in Schritt 5) der *analytische Ebene* zuzuordnen und beinhaltet die Datensammlung, -speicherung und -auswertung für das Reporting (2), zum Beispiel anhand einer Web Scorecard. Die Handlungsschritte »Do« (4) und »Act« (6) sind *operativ* und umfassen die Planung, Umsetzung und Kontrolle der Maßnahmen.

Abb. 7–2
Web-Controlling-Kreislauf (nach [Zumstein 2012, S. 33])

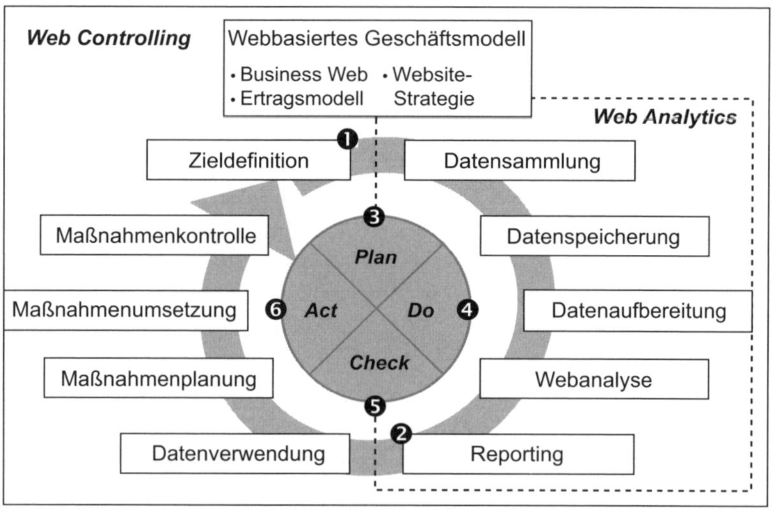

Im Web Controlling kann unterschieden werden zwischen dem

Zwei Seiten des Web Controlling

- Web Content Controlling (Abschnitt 7.2) und dem
- Web User Controlling (Abschnitt 7.3).

Dies sind zwei Seiten einer Medaille: Die erste Seite fokussiert auf die Analyse und Steuerung der Inhaltsnutzung, bei der zweiten stehen die Website-Besucher bzw. die Kunden im Mittelpunkt des Interesses [Zumstein 2012, S. 33].

Definition Web Content Controlling (Analyse der Inhaltsnutzung)

> Das **Web Content Controlling** (WCC) beinhaltet die Analyse und Überprüfung der Inhaltsnutzung bzw. Nachfrage von Inhalten zur stetigen Optimierung der Website und des Onlineangebotes.

Ziel des Web Content Controlling ist, mithilfe eines Kennzahlensystems die *Websitenutzung* und deren Veränderungen darzustellen. Nicht nur das Web Steering Commitee, sondern auch andere Ziel- und Anspruchsgruppen wie z.B. Investoren, Geschäftspartner oder Mitarbeiter sind daran interessiert, Kenngrößen über die Entwicklung der Websitenutzung und des elektronischen Geschäfts zu erhalten.

Web User Controlling (Analyse des Besucherverhaltens)

Neben der Analyse der Inhaltsnutzung bezweckt das Web Controlling die Analyse des *Besucher- und Kundenverhaltens*, also wie die Benutzer einer Website mit dieser interagieren. Web User Controlling wird von [Meier & Zumstein 2010, S. 9] wie folgt definiert:

Definition Web User Controlling

> Das **Web User Controlling** (WUC) beinhaltet die Analyse der Besuchereigenschaften und des Besucherverhaltens zur stetigen Optimierung der Besucher- bzw. Kundennähe, -gewinnung, -entwicklung und -bindung. Des Weiteren hilft das WUC bei der Besuchersegmentierung.

7.2 Web Content Controlling

Content (Inhalte einer Website)

Wendet man den Controlling-Kreislauf auf das Web Content Controlling an, so steht am Anfang die Website- und Informationsstrategie (vgl. Abb. 7–4). In dieser wird etwa festgelegt, welche Ziele und Zielgruppen mit dem *Content (Inhalt)* einer Website erreicht werden sollen sowie warum und wozu. Zudem werden eine Informationsarchitektur und ein Grobkonzept zu den Inhalten der Website ausgearbeitet.

Content Management (System)

Die Aufbereitung und Publikation des Contents ist Aufgabe des *(Web) Content Management* und unterliegt mehreren Prozessschritten. Voraussetzung des Content Management ist ein *Content-Management-System* (CMS; vgl. [Zumstein 2012, S. 34]).

Definition Content

Unter **Content** (Inhalt) wird jede Form von digitaler Information (z.B. Text, Grafiken, Bilder, Audio, Video) verstanden, die im Internet oder Intranet in unterschiedlicher Darstellungsform angezeigt wird.

Definition Content Management

Das **Content Management** (die Inhaltsverwaltung) umfasst aus Prozesssicht das Erstellen, Strukturieren, Verwalten, Speichern, Verfügbarmachen, Nutzen und Archivieren von Inhalten.

Definition Content-Management-System

Ein **Content-Management-System** (CMS; Inhaltsverwaltungssystem) ist eine Anwendung zur Publikation von Inhalten im Internet, die auf der Trennung von Inhalten und Darstellung (Layout) basiert.

Abb. 7–3
Architektur eines Content-Management-Systems (nach [Meier & Stormer 2012, S. 115; Zumstein 2012, S. 35])

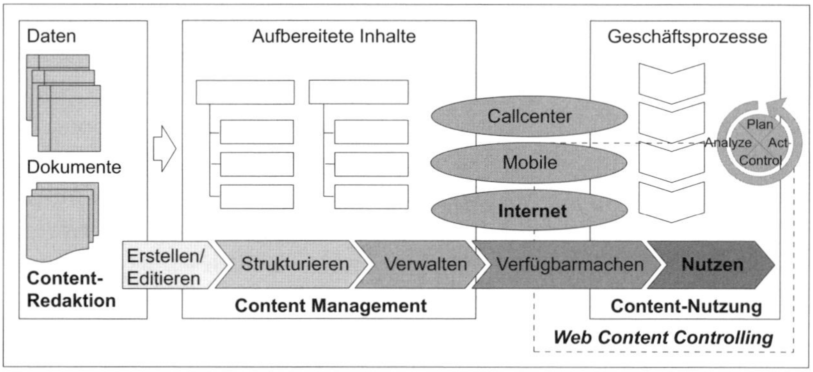

Webanalyse = Analyse der Inhaltsnutzung

Nachdem der erstellte und strukturierte Content auf der Website freigeschaltet ist, wird die Content-Nutzung mithilfe des Web-Analytics-Systems analysiert (vgl. Abb. 7–3). Die Analyse der Inhaltsnutzung beinhaltet die Sammlung, Speicherung und Aufbereitung der Nutzungsdaten sowie die *eigentliche Webanalyse* durch den Webanalyst bzw. Web Controller, wie in Abbildung 7–4 dargestellt wird. Dieser berichtet dem Chief Web Officer und dem Content Manager über die Inhaltsnutzung. Je nach Zustand und Entwicklung der Inhaltsnutzung müssen im Content Management Maßnahmen – beispielsweise die Überarbeitung oder Erweiterung des Inhalts – geplant, umgesetzt und überprüft werden.

Analyse der Informationsnachfrage

Informationsgrundlage zur Analyse der Inhaltsnutzung sind die verschiedenen Webmetriken und Webkennzahlen (vgl. Kap. 5). Die *Webmetriken der Inhaltsnutzung*, wie z.B. die Anzahl Seitenzugriffe oder Besucher, zeigen dem analytischen Webteam, welche Inhalte der Website die Besucher wann, wie oft und wie lange nachgefragt haben

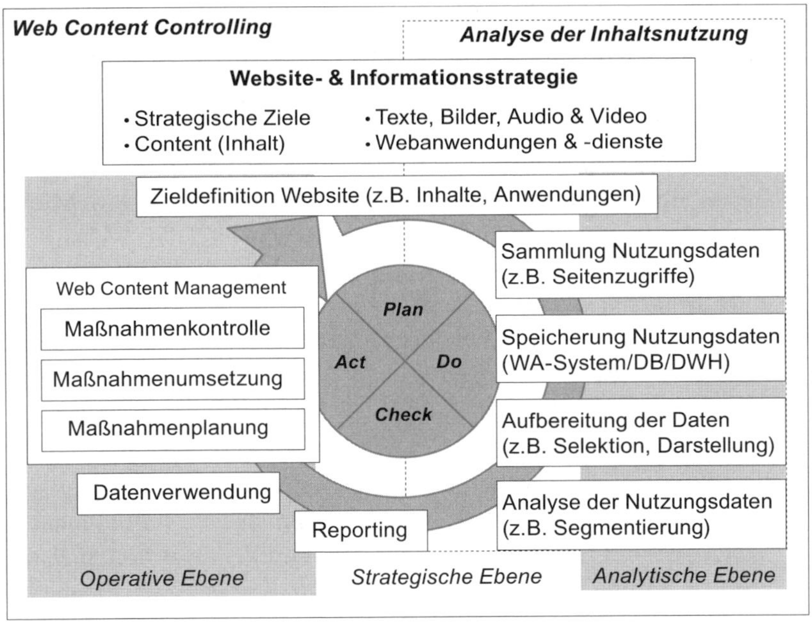

Abb. 7–4
Controlling-Kreislauf für das Web Content Controlling

in einer bestimmten Periode. In erster Linie dient das Web Content Controlling der Untersuchung der Informationsnachfrage und der Entdeckung von Mustern und Trends, mit welcher Häufigkeit einzelne Website-Inhalte aufgerufen wurden. Studien zeigen, dass die Untersuchung des »*Traffic Level*«, der »*Traffic Patterns*« bzw. die Analyse der »Website-Performance« (im Sinne der Inhaltsnutzung) der meistgenannte Hauptzweck des Web Analytics ist, gefolgt von der Identifikation und Analyse der am *häufigsten genutzten Inhalte* [Forrester 2006; Hong 2007; WAA 2010; Zumstein et al. 2011b].

Interner Vergleich der Inhaltsnutzung

Nicht nur die Analyse der Nutzung selbst ist für Website-Betreiber von Interesse, sondern auch der interne oder externe *Vergleich* deren Messgrößen: Zum einen liefert das Web Analytics die Daten für einen internen Vergleich der Websitenutzung über die Zeit (sog. *Zeitvergleich*). Zum anderen erlaubt es bei der Planung dispositiver und operativer Größen einen »*Soll-Ist-Vergleich*« sowie einen externen Vergleich mit den Größen ähnlicher Websites.

Externer Vergleich der Inhaltsnutzung

Das *Benchmarking* ermöglicht es, den Erfolg der Website und des elektronischen Geschäfts mit anderen Webportalen und Wettbewerbern relativ zu vergleichen. Ein Benchmark ist ein strategisches Analyse- und Kontrollinstrument bezüglich der webbasierten Unternehmensleistung und erlaubt es, die Entwicklung und den Erfolg von Internetprojekten einzuschätzen [Zumstein 2012, S. 90].

Die Detailanalysen des Web Content Controlling, die die Webanalysten des Webteams durchführen, umfassen verschiedene Aufgabenbereiche. Sie beinhalten nach [Zumstein 2012, S. 90 ff.] unter anderem die folgenden Analysen (Zusammenfassung siehe Tab. 7–1):

Analyse der Reichweite

- **Analyse der Reichweite:**
  Indem die Anzahl aller Besucher und Besuche etwa pro Monat gemessen wird, kann die Trag- und Reichweite der Website im Internet eingeschätzt werden. Im Vergleich zum Gesamttraffic (z.B. einer Branche) oder zum Traffic von Konkurrenten lässt sich der eigene Anteil am »Besucherfluss« und die Sichtbarkeit der Website im World Wide Web grob einordnen.

Analyse der Traffic-Quellen

- **Analyse der Zugriffsquellen:**
  Bei der Analyse der Traffic-Quelle wird ergründet, von wo die Besucher auf die Website gelangten. Die wichtigsten Quellen sind *Direktzugriffe* (Eingabe der URLs in den Browser, Bookmarks), Verweise von Links *externer Webseiten* und Verweise von *Suchmaschinen* (Organic Search Traffic). Die Analyse der Zugriffsquellen erlaubt die Identifikation des Ursprungs des wertvollsten Gutes einer Website und des eBusiness, nämlich der Zugriff eines Besuchers bzw. potenziellen Kunden. Die Besucher unterschiedlicher Quellen, z.B. aus Suchmaschinen, sozialen Netzwerken, Blogs, Partner-Websites oder Portalen, unterscheiden sich in der Regel im Verhalten auf der Website sowie im Interesse und in der Kaufaffinität für die Kaufangebote.

Analyse der Ein- und Ausstiegsseiten

- **Häufige Ein- und Ausstiegsseiten:**
  Webanalysten analysieren regelmäßig, welches die häufigsten Ein- und Ausstiegsseiten der Website sind, sprich auf welchen Seiten die Besucher die Website sehr häufig (oder nur selten) *betreten und wieder verlassen*. Aufgrund dieser Analysen können Ein- und Ausstiegsseite inhaltlich, gestalterisch oder funktional angepasst werden, um z.B. die Absprungrate zu verringern oder die Konversionsrate zu erhöhen.

Analyse der Inhaltsnutzung nach Zeitperioden

- **Analyse der Inhaltsnutzung:**
  Bei der eigentlichen Analyse der Inhaltsnutzung interessiert die Anzahl Seitenzugriffe, Besuche und Besucher der einzelnen Webseiten und eine Reihe weiterer Webmetriken (vgl. Kap. 5). Es bietet sich an, die Inhaltsnutzung über die Zeit genauer zu analysieren: Gibt es beispielsweise bestimmte Zeitpunkte oder Zeitabschnitte, in denen die Website über- bzw. unterdurchschnittlich oft besucht wird? Für ein besseres Verständnis der Informationsnachfrage kann die Inhaltsnutzung auf folgende *Zeitperioden* hin untersucht werden:

- **Tageszeit:**
  Die Websitenutzung variiert während des Tages. Bei B2C- bzw. B2B-Websites gibt es z.B. erhöhte Zugriffe am Vor- und Nachmittag oder bei privaten Websites vermehrte Zugriffe am Abend. Während der Nacht ist die Web-Nutzung in der Regel um ein Mehrfaches geringer als am Tag. Bei internationalen Websites mit Zugriffen aus verschiedenen Zeitzonen fällt der Einbruch der Besucherzahlen in der Nacht weniger stark aus.

  Webanalyse der Tageszeit

- **Tage:**
  Die Websitenutzung verläuft während der Woche und am Wochenende typischerweise unterschiedlich, was im konkreten Falle einer Website genauer zu analysieren ist.

  Webanalyse der Wochentage

- **Feier- und Ferientage:**
  Gewisse Websites werden während bzw. vor Feiertagen wie z.B. an Weihnachten, Silvester, Ostern, Mutter- oder Valentinstagen oder an Ferientagen öfters besucht.

  Webanalyse der Feiertage

- **Wochen:**
  In einzelnen Wochen werden Websites häufiger besucht (Beispiel Weihnachtsgeschäft), während in anderen Wochen eher Flaute herrscht (Beispiel Sommerferien).

  Webanalyse von Saisonalitäten

- **Saison- und Jahreszeiten:**
  In Abhängigkeit der Branche (z.B. Tourismus), Typ und Inhalt der Website können saisonale Unterschiede in der Art und Höhe der Websitenutzung auftreten.

- **Intern verwendete Suchbegriffe:**
  Die Analyse der am häufigsten verwendeten Suchbegriffe bzw. Suchphrasen in der Suchfunktion der Website ist eine wichtige Aufgabe des Web Content Controlling. Denn die Suchbegriffe zeigen das *konkrete Interesse*, die spezifische Informationsnachfrage des einzelnen Besuchers. Häufig verwendete Suchbegriffe sollten bei der Pflege und beim Ausbau des Inhalts und der Navigation berücksichtigt werden.

  Analyse verwendeter Suchbegriffe

- **Externen verwendete Suchbegriffe:**
  Die Auswertung der oft verwendeten Suchbegriffe in Suchmaschinen (*Keywords*), sprich unter welchen Wörtern eine Webseite gefunden und angeklickt wurde, ist Aufgabe des WCC und SEO. Diese Analyse unterstützt das Webteam bei der Strukturierung und Pflege der Inhalte und bei der *Suchmaschinenoptimierung* (vgl. dazu Abschnitt 4.2.2).

Tab. 7–1 Nutzenpotenzial und Webkennzahlen des Web Content Controlling (nach [Zumstein 2012, S. 94])

Aufgabe des WCC	Nutzenpotenzial	Mögliche Webkennzahlen
Analyse der **Reichweite**	▪ Analyse der Sichtbarkeit ▪ Optimierung der Auffindbarkeit	▪ Anzahl Seitenzugriffe ▪ Anzahl Besuche(r)
Analyse der **Zugriffsquellen**	▪ Optimierung des Multi-Channel-Managements ▪ Optimierung der Verlinkungen von und auf externe Websites ▪ Suchmaschinenoptimierung ▪ Optimierung von Kampagnen (z.B. Google AdWords, Facebook)	▪ Anzahl Direktzugriffe ▪ Anzahl Zugriffe von externen Websites ▪ Anzahl Zugriffe von Suchmaschinen ▪ Anzahl Zugriffe der verschiedenen Kampagnen
Analyse der **Einstiegsseiten**	▪ Inhaltliche, gestalterische oder funktionale Optimierung der Einstiegsseiten (Usability) ▪ Optimierung der Navigation ▪ Erhöhung der Besuchstiefe	▪ Topeinstiegsseiten ▪ Absprungraten auf Einstiegs-/Landeseiten ▪ Besuchsdauer der Einstiegsseite
Analyse der **Ausstiegsseiten**	▪ Inhaltliche/funktionale Optimierung der Ausstiegsseiten ▪ Optimierung websitebezogener Prozesse (z.B. Bestellprozess)	▪ Topausstiegsseiten ▪ Absprungrate ▪ Abbruchraten ▪ Ziele nach Absprung
Analyse der **Inhaltsnutzung**	▪ Hohe Besucherorientierung ▪ Verständnis der Informationsnachfrage ▪ Optimierung des Informationsangebotes ▪ Aktualisierung des Inhalts	▪ Anzahl Seitenzugriffe ▪ Anzahl Besuche(r) ▪ Meistbesuchte Seiten ▪ Zeitperiode der Zugriffe ▪ Häufige Klickpfade
Analyse **interner Suchbegriffe**	▪ Optimierung Inhalt/Navigation ▪ Optimierung interner Links	Anzahl und Relevanz der verwendeten Suchbegriffe der internen Suchfunktion
Analyse **externer Suchbegriffe**	▪ Optimierung Inhalt/Navigation ▪ Suchmaschinenoptimierung	Anzahl/Relevanz der Begriffe in Suchmaschinen

7.3 Web User Controlling

Definition Besucherstrategie

Am Anfang des WUC steht ein strategisches Konzept, wie welche Anspruchsgruppen (vgl. Abschnitt 3.5) der Internetbenutzer auf die Website gebracht werden. Zudem eruiert die **Besucherstrategie**, wie Besucher auf der Website gehalten werden sollen bzw. wozu und wie man sie dazu veranlassen kann, die gewünschten Aktionen auf den Zielseiten durchzuführen. Zudem braucht es Anreize, damit Besucher auf die Website zurückkehren.

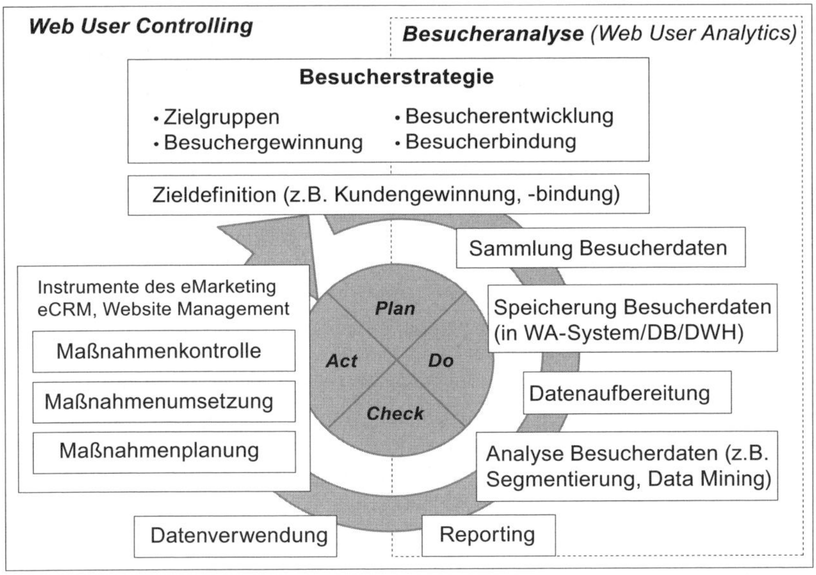

Abb. 7–5 Controlling-Kreislauf für das Web User Controlling

Im eMarketing und eCRM geht es darum, Besucher zu Kunden zu konvertieren, zu entwickeln und zu binden (vgl. Abschnitt 4.2). Dank Web-Analytics-Systeme werden implizit Daten über Besucher und deren Verhalten gesammelt (vgl. Abb. 7–5) oder explizit über Webanwendungen wie Formulare.

Besucheranalyse und Web User Controlling

Die erhobenen Besucherdaten müssen eventuell aufbereitet und zusammengeführt bzw. integriert werden (vgl. folgendes Kap. 8). Im nächsten Schritt des WUC werden Besucherdaten genauer analysiert und die Websitenutzung aus Besuchersicht betrachtet: Welche Webseiten schauten sich die Besucher an und wie bewegten sie sich durch die Website? Die Besucheranalyse ermöglicht es, den Besuchern über die Schulter zu gucken und herauszufinden, was sie wo auf der Website gemacht haben und wozu [Kaushik 2007].

Besuchersegmentierung

Die *Segmentierung* der Besucherdaten liefert weitere Erkenntnisse über die Besucher und ihr Verhalten. Beispielsweise kann durch eine Segmentierung analysiert werden, inwiefern sich das Klickverhalten jener Besucher unterscheidet, die von Suchmaschinen kommen, von jenen anderer Traffic-Quellen wie etwa Facebook.

Web (Usage) Mining

Die Analysetechniken des *Web (Usage) Mining* sind im webbasierten BI zentral, um wertvolle Besucher zu identifizieren, z.B. Besucher mit hoher Besuchsfrequenz oder mit hohem Kaufinteresse.

Wenn Webanalysten verstehen, wie sich Besucher auf ihrer Website verhalten, dann können durch eine entsprechende Ausrichtung der Website und ihrer Elemente (wie z.B. Navigation, Inhalt oder Anwendungen) die Klick- und Konversionsraten erhöht werden.

Tab. 7–2 *Nutzenpotenzial und Webkennzahlen des Web User Controlling [Zumstein 2012, S. 95]*

Aufgabe des WUC	Nutzenpotenzial	Mögliche Webkennzahlen
Analyse des **Besucher-verhaltens**	▪ Verständnis Besucherverhalten ▪ Identifikation der Bedürfnisse und Interessen von Besuchern ▪ Verbesserung des Web-angebotes	▪ Anzahl Seitenzugriffe ▪ Art/Inhalt häufig besuchter Webseiten ▪ Häufige Klickpfade
Analyse der **Besucher-struktur**	▪ Verbesserung der Besucher- & Kundenakquisition ▪ Verständnis über Besucher	▪ Anzahl wiederkehren-der Besucher ▪ Anzahl neuer Besucher
Analyse der **Besuchertreue**	▪ Identifikation treuer Besucher ▪ Identifikation attraktiver & wertvoller Kunden(segmente)	▪ Anzahl Besuche ▪ Besuchsfrequenz ▪ Besuchsaktualität
Analyse der **Zugriffsorte** (Geodaten)	▪ Analyse & Verbesserung loka-ler und regionaler Kampagnen ▪ Anpassung Offlinemarketing ▪ Multi-Channel-Management	Anzahl Besuche nach ▪ Kontinent ▪ Region ▪ Stadt/Ort
Analyse der **Besucher-kontakte**	▪ Förderung von Kontakten (z.B. über das Kontaktformular) ▪ Verbesserung der Ansprache	▪ Anzahl Kontakte ▪ Kontaktabsenderate ▪ Qualifizierte Kontakte
Analyse der **Sprachen**	▪ Mehrsprachige Websites ▪ Optimierung des Inhalts	▪ Anzahl Besuche pro Sprache (des Brow-sers)
Analyse der **Browser/ Systeme**	▪ Anpassungen des Designs ▪ Anpassung der Funktionalitäten	▪ Häufig verwendete Browser/Betriebssyste me
Analyse der **Bildschirmgröße**	▪ Anpassungen des Designs ▪ Optimierung der Usability	▪ Häufig verwendete Far-ben & Auflösung des Monitors

Eine hohe *Besucher- und Kundenorientierung* ist Voraussetzung für ein erfolgreiches Kundenbeziehungsmanagement (diskutiert in Abschnitt 4.3).

Besucher- und Kundenentwicklung

Tabelle 7–2 zeigt zusammenfassend die wichtigsten Vorteile des Web User Controlling und Abbildung 7–6 die Nutzenpotenziale und mögliche Webkennzahlen des Web Content und User Controlling in den verschiedenen Phasen der *Besucher- und Kundenentwicklung*.

Besuch der Surfer

Am Anfang des Entwicklungsprozesses steht der (erstmalige) *Besuch eines Surfers*, der eher passiv einmal auf der Website vorbeischaut und sich über das Unternehmen oder seine Produkte und Dienstleistungen orientieren will. Ziel dieser Stufe ist es, möglichst viele Besucher auf die Website zu locken und hohe Besucherzahlen zu generieren [Meier & Stormer 2012, S. 100]. Dazu muss die Reichweite bzw. der Bekanntheitsgrad der Website z.B. durch Marketingkampagnen oder Suchmaschinenoptimierung erhöht und deren Wirkung durch das Web-Analytics-System überprüft werden.

Informationssuche der Consumer

Auf der zweiten Stufe *Information* wird der Surfer zum Consumer, wenn er tiefer oder wiederholt auf die Website zugreift und sich genauer über das Website-Angebot informieren will. Das Ziel dieser Stufe, die Consumer möglichst lange auf der Website zu halten, kann nur durch das Web Analytics überprüft werden. Das Nutzenpotenzial des WCC auf dieser Stufe liegt in der optimalen Bereitstellung der wichtigen Informationen und in der zielgerichteten Führung der Besucher durch die Website. In Bezug auf die Consumer trägt diese Phase dazu bei, die positive Wahrnehmung und das Image der Website, des Unternehmens und seiner Marken zu stärken.

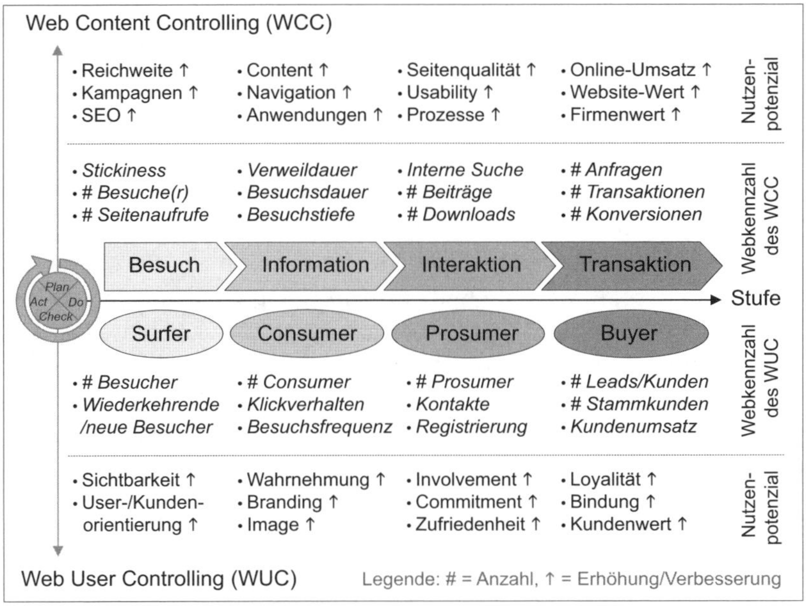

Abb. 7–6
Vier Stufen der Besucher- und Kundenentwicklung [Zumstein 2012, S. 96]

Interaktion der Prosumer

Gelingt der Website auf der Stufe der *Interaktion*, dass Besucher das Website-Angebot nicht nur passiv nutzen, sondern sich aktiv auf der Website einbringen, werden Consumer zu Prosumer, also zu Producer (d.h. Hersteller, Produzent) und Consumer (d.h. Abnehmer, Verbraucher). Die Interaktivität bzw. das Engagement der Prosumer kann in unterschiedlichen Formen ausfallen [Zumstein 2012, S. 97]:

Formen der Interaktion

- Die *aktive Suche* von Inhalten in der Suchfunktion der Website
- Das *Herunterladen* von Dokumenten (z.B. Broschüren, Berichte)
- Die *Registrierung* für einen persönlichen Bereich oder Dienst
- Die *Einschreibung* für den Newsletter
- Das *Absenden* des Kontaktformulars
- Das *Verfassen* von Beiträgen wie Nachrichten und Kommentaren

Identifikation mit der Website

Sowohl das Involvement, d.h. das Interesse bzw. das Engagement, mit dem sich ein Besucher dem Website-Angebot zuwendet, als auch das *Commitment*, d.h. die Identifikation des Besuchers mit der Website oder dem Unternehmen und seiner Produkte, sind bei aktiven Prosumern in der Regel höher als bei passiven Surfern oder Consumern. Aufseiten der Website können die Beiträge der Producer ihren Teil dazu beisteuern, die Inhalte auf der Website zu verbessern und die Seitenqualität sowie den Wert der digitalen Wertschöpfungskette zu erhöhen.

Transaktion durch die Buyer

Ziel einer Website ist es, den Besucher zu einer gewünschten Aktion zu bewegen. Neben den erwähnten Aktionen auf der Interaktionsstufe ist dies im electronic Business der Kaufabschluss (*Transaktion*), der online oder offline erfolgen kann. Durch die Transaktion konvertiert der Besucher zu einem Käufer (engl. buyer). Im Webshop können im Rahmen des WCC die einzelnen Schritte bzw. Prozesse der Bestellung und Bezahlung durch die Onlinekunden aufgezeichnet, analysiert und bei Bedarf angepasst werden. Auf der Transaktionsstufe unterstützt das WCC dabei, den Online-Umsatz und den monetären Wert der Website für das Unternehmen zu analysieren.

Ziel langfristige Kundenbindung

Im WUC stehen verschiedene Kundenkennzahlen zur Verfügung, die eine Analyse, Bewertung und Segmentierung von Kunden ermöglichen. Das Endziel besteht darin, die Kunden zu entwickeln und längerfristig zu binden. Somit ist das WUC letzten Endes auch ein Analyse- und Steuerungsinstrument des Kundenbeziehungsmanagements, um den Kundenwert und Kundenerfolg nachhaltig zu steigern.

7.4 Analyse der Erreichung der Website-Ziele

Ziele von Websites

Mit einer Website können diverse Ziele verbunden sein. Die Literatur diskutiert verschiedenste Website-Ziele [Bélanger et al. 2006; Hassler 2012], die unterschiedlich kategorisiert werden können. Dieser Abschnitt unterscheidet neun Ziele, die diverse Nutzenpotenziale für das eBusiness haben (vgl. [Zumstein 2012, S. 98 f.] und Abb. 3–4):

- **Information:**

  Bereitstellung von Informationen

  Das Bereitstellen von Informationen zum Unternehmen und seinen Produkten wird oft als das wichtigste Ziel von Corporate Websites genannt (z.B. [Welling & White 2006]).

- **Kommunikation:**

  Interaktion mit Website-Usern

  Die elektronische Interaktion zwischen Unternehmen und Website-Nutzern z.B. über Formulare, E-Mail, Chat, Blogs oder Foren ist ein weiteres Ziel [Meier & Stormer 2009].

- **Transaktion:**
  Im Rahmen des electronic Commerce bildet die elektronische Geschäftsabwicklung und der Geschäftsabschluss (die Konversion) das oberste Ziel.

Geschäftsabwicklung

- **Kundengewinnung:**
  Im elektronischen Kundenmanagement ist die Akquisition von Leads, d.h. von potenziellen Kunden mit Kaufinteresse, und Onlinekunden ein strategisches Ziel.

Gewinnung von Neukunden

- **Kundenbindung und -entwicklung:**
  Auch die Entwicklung von Onlinekunden und die Erzielung von Zusatzverkäufen bzw. Add-on-Selling (Cross-, Up- und Down-Selling) ist ein strategisches, betriebswirtschaftliches Ziel, um die Umsätze eines Unternehmens zu steigern. Die Bindung von Kunden ist für den Unternehmenserfolg ein wichtiges Ziel und von zentraler Bedeutung, wie in der Literatur nachgewiesen wird (vgl. z.B. [Homburg 2008]).

Bindung von Bestandskunden

- **eBranding:**
  Das Branding, d.h. die Stärkung der Bekanntheit, die Verbesserung der Markenwahrnehmung und die Erhöhung des Markenwertes, erfolgt im Internetzeitalter über Websites.

Markenstärkung über das Web

- **Self Service:**
  Das Aufschalten z.B. von Support- oder FAQ-Seiten entlastet die Mitarbeiter eines Unternehmens. Durch einen Self Service, bei dem die Kunden oder andere Anspruchsgruppen Probleme selbstständig lösen, können Support- bzw. Administrationskosten gesenkt und Kapazitäten verbessert werden.

Reduktion der Administrationskosten

- **Rekrutierung:**
  Für die Gewinnung von neuen Mitarbeitern ist die Website für die meisten Unternehmen ein wichtiges Instrument des HRs (Human Resources) geworden.

Gewinnung von neuen Mitarbeiter

- **Erlebnis:**
  Gewisse Webseiten haben das Erlebnis zum Ziel, sprich Besucher zu unterhalten, sie zum Lachen zu bringen, Spaß und Freude zu bereiten.

Websites als Erlebnis

Unabhängig davon, welche Ziele ein Unternehmen mit seiner Website verfolgt: Web Analytics unterstützt die Verantwortlichen, den Zielerreichungsgrad zu überprüfen (vgl. die Resultate der Marktstudie in Kap. 11). Dank der Analyse und Auswertung der KPIs und der Veränderung ihrer Werte über die Zeit kann das Ausmaß der *Zielerreichung* überprüft werden. Die Analyse erlaubt, beispielsweise im Falle

Überprüfung der Zielerreichung

ungünstiger Entwicklungen, operative Maßnahmen zu ergreifen, um z.B. einen Negativtrend in der Websitenutzung zu stoppen oder eine positive Entwicklung zu forcieren. Diese Maßnahmen können unterschiedlicher Natur sein und z.B. im Bereich des Content Management oder Onlinemarketing liegen. Die Analyse der Websitenutzung bildet daher die daten- und informationsbasierte Grundlage, die Website-Ziele zu überprüfen und zu erreichen.

Besucherbezogene Ziele evaluieren

Analog dient die Analyse des Benutzerverhaltens (WUC) dazu, benutzer- bzw. kundenbezogene Website-Ziele zu evaluieren. Dazu werden die Metriken und Kennzahlen der Besuchereigenschaften, des Besucherverhaltens und des Kaufverhaltens benötigt (vgl. Abschnitt 5.4.10).

7.5 Fazit zum Web Controlling

Analyse und Steuerung des Webauftritts

Web Controlling bezweckt eine detaillierte Darstellung der Websitenutzung, liefert die notwendigen Kennzahlen bei operativen Vorgaben und ermöglicht das Ergreifen von konkreten Maßnahmen im electronic Business. Dank einer verbesserten Informationsbasis erlaubt das Web Controlling, die Aktivitäten des Onlinegeschäfts und der Website effektiv(er) und effizient(er) zu gestalten. Leider verkennen noch immer viele Geschäftsleitungsmitglieder das hohe Potenzial des Web Controlling, höhere Umsätze zu erzielen und Kosten einzusparen [Meier & Zumstein 2010, S. 11].

Führt ein Unternehmen kein Web Controlling durch, kann dies Konsequenzen haben, wie in der Tabelle 7–3 illustriert wird.

Tab. 7–3
Auswirkungen des Web Controlling auf das eBusiness-Management [Meier & Zumstein 2010, S. 11]

	Schritte im Kreislauf	Ohne Web Controlling	Mit Web Controlling
Plan	Vorgaben	ungenauer	realistisch & sinnvoll
	Ziele	schwer zu definieren	Global-/Teil-/Subziele
	Planung	ungenauer	Grob-/Detailplanung
Do	Überblick	schwierig	gut
	Trenderkennung	spät	rechtzeitig
	Detailanalyse	zufällig	systematisch
Check	Kontrolle	gering	genau & stufengerecht
	Steuerung	Bauchentscheide	basierend auf Fakten
Act	Reaktion auf Trends	verzögert	frühzeitig
	Zielstrebigkeit	Trial-and-Error	erreichbar
	Maßnahmen	zufällig	gezielte Aktivitäten
	Effizienz/Effektivität	gering	hoch

8 Webbezogene Business Intelligence

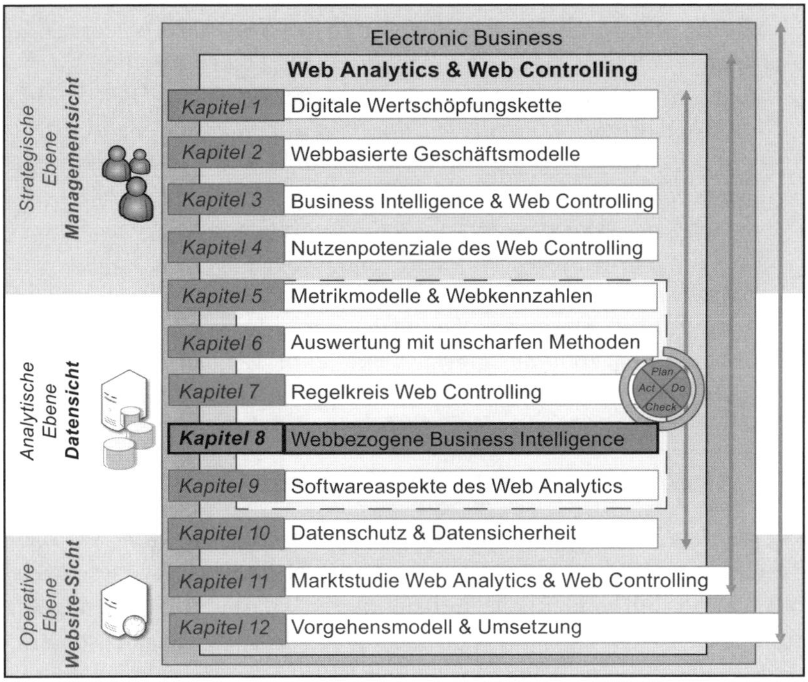

Abb. 8–1
Webbezogene Business Intelligence

Das Kapitel 8 widmet sich dem Web Analytics im Kontext der Business Intelligence. Als Erstes wird in Abschnitt 8.1 die Referenzarchitektur eines Data Warehouse eingeführt, so wie sie sich in vielen Unternehmen durchgesetzt hat. Sie zeichnet sich durch fünf Schichten aus: die Quellsysteme, die Integrationsschicht, der Data Storage Layer, der Output Layer und das Frontend. Die Architektur wurde um die Systeme und Datenprozesse des Web Analytics erweitert. Es zeigt sich, dass es grob zwei Möglichkeiten gibt, die Daten des Web Analytics an das Management bzw. an andere Adressate zu berichten: entweder direkt über die Berichte bzw. Dashboards des verwendeten Web-Analytics-Systems oder über die Integration des Web Analytics in die Data-Warehouse-Landschaft des Unternehmens. Abschnitt 8.2 widmet sich dem direkten, nicht integrierten Ansatz des Web Analytics, wie er in den meisten Fällen praktiziert wird, und erklärt typische Schritte sowie seine Vor- und Nachteile. Abschnitt 8.3 diskutiert die eigentliche webbezogene Business Intelligence: Grundsätzlich gibt es drei mögliche Szenarien, das Web Analytics in ein Data Warehouse und somit in ein unternehmensweites Datenmanagement zu integrieren. Beim ersten Szenario wird in Form einer Eigenentwicklung das Page Tagging (mittels JavaScript) so ausgestaltet, dass die Daten zur Websitenutzung direkt in eine Datenbank einfließen. Beim zweiten, weitaus einfacheren und beliebteren Szenario bleibt das Web-Analytics-System und sein Page Tagging unangetastet: Die Webdaten werden über eine API aus dem System in eine interne Datenbank importiert, auf der die Auswertungen und Webanalysen durchgeführt werden. Beim dritten Szenario werden die Auswertungen direkt auf dem (externen) Datenbanksystem des Web-Analytics-Systems durchgeführt. Am Beispiel des Marktleaders Google Analytics wird skizziert, welches die Dimensionen und welches die Metriken des Google-Analytics-Datenmodells sind, dessen Daten über die »Core Reporting API« importiert werden. Die Stärken und Schwächen bzw. Chancen und Gefahren der integrierten, webbezogenen Business Intelligence werden ebenfalls erläutert.

8.1 Referenzarchitektur zur webbezogenen BI

Business Intelligence als Entscheidungsgrundlage

Mit der Einführung von *Business-Intelligence-Systemen* (BI-Systemen) ist in vielen Unternehmen die Erwartung verbunden, auf diese Weise konsistente und einheitliche Informationen für die Entscheidungsfindung zu erhalten. Unter BI wird analog dieser Erwartungshaltung der analytische Prozess verstanden, Unternehmens- und Wettbewerbsdaten in handlungsgerechtes Wissen für die Entscheidungsunterstützung zu überführen [Gansor et al. 2010].

Websitebezogene Business Intelligence

Im Internetzeitalter müssen die Web-Analytics-Daten in die BI mit einfließen, um eine *einheitliche Informations- und Entscheidungsgrundlage* zu gewährleisten. Daher umfasst webbezogene BI alle Verfahren zur Sammlung, Speicherung, Auswertung und Darstellung der KPIs der elektronischen Geschäftstätigkeit des Unternehmens mit Werkzeugen des Web Analytics und Web Controlling.

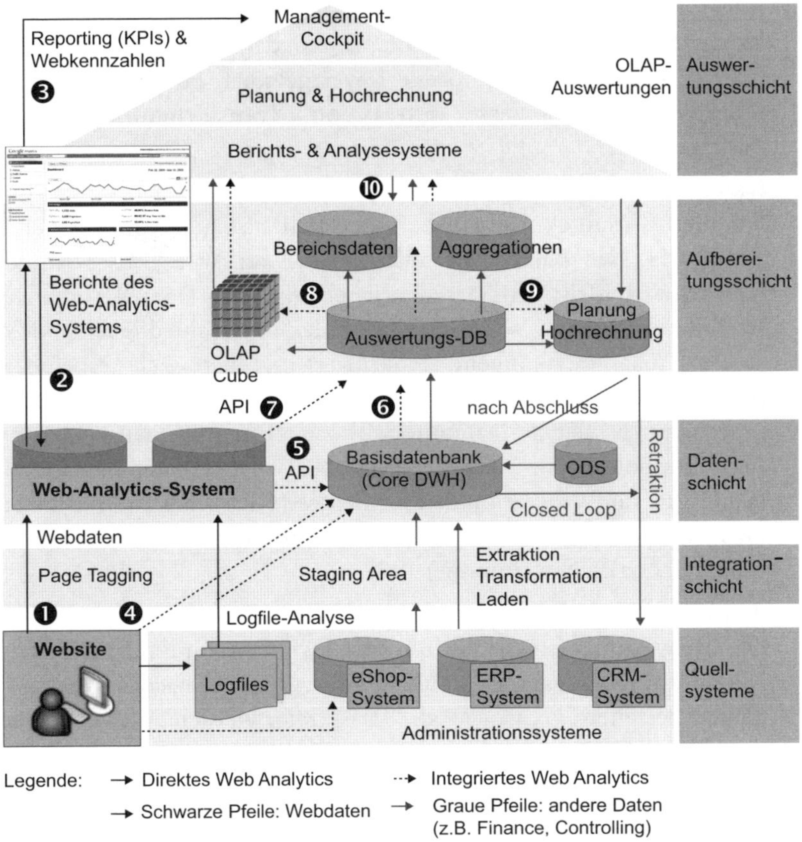

(Quelle: Eigene Erweiterung in Anlehnung an das Schema von [Gansor et al. 2010, S. 56 f.])

Abb. 8–2
Einbettung des Web Analytics in die Referenzarchitektur eines DWH

Abbildung 8–2 zeigt eine seit den 1990er-Jahren bekannte, generische Referenzarchitektur für das Data Warehouse (DWH), in die das Web Analytics im Rahmen der Business Intelligence eingebunden werden kann. Charakteristisch an dieser DWH-Architektur ist, dass sie in fünf Schichten unterteilt wird (vgl. [Totok 2000; Bauer & Günzel 2009; Gluchowski et al. 2008; Gansor et al. 2010]):

- **Quellsysteme:**
  Administrations- und Dispositionssysteme wie z.B. ERP-, PPS- oder CRM-Systeme (wie z.B. SAP) sind typische Quellsysteme, deren Daten in das DWH einfließen. Auch Content-Management-Systeme (CMS), Webshop-Systeme, Web-Analytics-Systeme oder andere Webinformationssysteme mit Daten aus dem Internet können in der webbezogenen Business Intelligence als Quellsysteme fungieren.

Die Quellen der Daten

Die Integration der Daten

- **Integrationsschicht:**
  In der Staging Area werden die Daten der Quellsysteme in die Datenbanken des Data Storage Layer geladen. Hier werden typischerweise ETL-Prozesse (Extraktion, Transformation, Laden) durchgeführt.

Die Speicherung der Daten

- **Datenschicht:**
  Auf dieser Architekturebene befinden sich die eigentlichen Speicher des DWH. Die Basisdatenbank (Core Data Warehouse) ist der Kern der langfristigen Datenspeicherung einer Data-Warehouse-Architektur. Hier werden die Daten der unterschiedlichen Quellsysteme zusammenhängend strukturiert und historisch gespeichert [Gansor et al. 2010, S. 55]. Grundlage dazu ist ein konsistentes, unternehmensweites Datenmodell zur Unternehmenssteuerung (vgl. [Dippold et al. 2005,; Meier 2010]). Optionaler Bestandteil des DWH sind Operational Data Stores (ODS), die zur zeitnahen Speicherung transaktionsorientierter Daten für operative Auswertungszwecke dienen [Inmon 1999].

Die Auswertung der Daten

- **Auswertungsschicht:**
  Die Auswertungsschicht der BI- oder DWH-Architektur mit seinen Frontend-Werkzeugen kann aus diversen technologischen Komponenten bestehen [Gansor et al. 2010]. Hier werden Auswertungen des OLAP (Online Analytical Processing) vorgenommen, wie sie von den Anwendern benötigt werden.

Das Berichten der Daten

- **Aufbereitungsschicht:**
  Diese Ebene beinhaltet je nach DHW-System ein oder mehrere Berichts- bzw. Analysesysteme, die die benötigten Kennzahlen an die Verantwortlichen berichten.

Das Beschreiben von Daten

- **Metadatenmanagement:**
  Metadaten durchziehen die gesamte DHW-Architektur, angefangen bei Metadaten aus den Quellsystemen bis hin zu den Metadaten der Frontend-Werkzeuge. Eine wichtige Anforderung an ein einheitliches Metadatenmanagement ist das Data Lineage, d.h. die Zurückverfolgung der in einer Analyse oder in einem Bericht angezeigten Daten über alle Transformationsschritte bis zur Quelle [Gansor et al. 2010, S. 58]. Ein fortschrittliches Unternehmen ist bestrebt, Web Analytics und Web Controlling im Rahmen der Business-Intelligence-Aktivitäten voranzutreiben. Dazu ist es notwendig, die einzelnen Systemkomponenten unterschiedlicher Schichten aufeinander abzustimmen.

Die Daten des Web Analytics und Web Controlling können grob auf zwei verschiedene Arten (Szenarien) berichtet werden:

- **Szenario 1:**
  Direktes Web Analytics (schwarze, durchgezogene Pfeile in Abb. 8–2, vgl. Abschnitt 8.2): In der Mehrheit der Unternehmen wird das Web Analytics so praktiziert, dass Webanalysten direkt über den Browser auf das Dashboard des Web-Analytics-Systems zugreifen und direkt berichten. In diesem Modell bleibt das Web Analytics eine nicht integrierte Insellösung, deren Daten nicht in andere Informationssysteme einfließen.

  Funktionsweise klassischer Web-Analytics-Systeme

- **Szenario 2:**
  Integriertes Web Analytics (schwarze, gepunktete Pfeile in Abb. 8–2, vgl. Abschnitt 8.3): Bei einer integrierten Lösung werden die Daten zur Websitenutzung in die Data-Warehouse-Landschaft integriert und gelangen so über die Auswertungsschicht an den Adressaten.

  Integration der Web-Analytics-Daten

Nachfolgend werden die Funktionsweise sowie die Vor- und Nachteile dieser beiden Szenarien genauer diskutiert.

8.2 Direktes Web Analytics

8.2.1 Typische Funktionsweise von Szenario 1

Bei herkömmlichen, nicht integrierten Web-Analytics-Systemen Out-of-the-Box besteht der Prozess der Webanalyse aus technischer Sicht relativ einfach aus drei Schritten (vgl. Prozess ➊ bis ➌ in Abb. 8–2):

- **Prozess ➊:**
  Page Tagging. Der erste, unerlässliche Schritt des Web Analytics ist die Konzeption und Implementierung des Taggings, bei der der JavaScript-Code bzw. ein Zählpixel in den Quellcode der Webseiten eingefügt wird (vgl. Abschnitt 9.3). Wurde das Page Tagging korrekt durchgeführt, werden die Daten des Web Analytics in die Datenbank auf dem Tracking-Server eingespeist, der intern oder (in der Regel) extern beim Web-Analytics-Tool-Anbieter betrieben wird. Oft kommt parallel die Logfile-Analyse zum Einsatz (vgl. Abschnitt 9.2), deren Daten ebenfalls in ein Web-Analytics-System einfließen können.

  Einfügung des JavaScripts

- **Prozess ➋:**
  Abfrage und Darstellung der Metriken. Alle Web-Analytics-Systeme stellen die Daten und Webmetriken in einem browserbasierten Dashboard (Cockpit) dar, in tabellarischer oder grafischer

  Zeigen website-bezogener Daten

Form. Das Frontend dient zugleich als Auswertungsinstrument, indem Abfragen über verschiedene Zeiträume und Metriken sowie Segmentierungen vorgenommen werden.

Berichten websitebezogener Daten

- **Prozess ❸:**
  Reporting. Geschäftsrelevante Webkennzahlen und KPIs werden vom Webanalysten direkt aus dem Web-Analytics-System gezogen und an das Management berichtet. Die ziel- oder adressatspezifischen Berichte und Dashboards werden meist in übersichtlicher Form elektronisch ausgeliefert, d.h. entweder als webbasiertes Cockpit, als Excel- oder PDF-Datei oder als Powerpoint-Folien.

8.2.2 Vorteile des direkten Web Analytics

Wie in Kapitel 9 diskutiert, bestechen WA-Tools durch viele Vorteile:

Web Analytics as a Service

- **Benutzerfreundlichkeit:**
  Viele WA-Tools werden als Software as a Service (SaaS) angeboten und sind über ein browserbasiertes User-Interface intuitiv und von jedermann einfach zu bedienen.

Unabhängigkeit durch benutzerfreundliche Tools

- **Dokumentation und Support:**
  Tools wie Google Analytics sind in der Fachliteratur und in Blogs gut dokumentiert. Damit sind Webanalysten und Marketers, abgesehen von der Implementierung des JavaScripts in den Quellcode, nicht abhängig von den IT-Abteilungen. Trotzdem sind viele Tools sehr mächtig und erweiterbar hinsichtlich ihrer Funktionen und Analysemöglichkeiten.

Keine eigene IT-Infrastruktur notwendig

- **Kostenkontrolle und Fokus:**
  Die Kosten sind bei der direkten Variante, je nach System und Traffic-Größe der Website, relativ gering und kalkulierbar. Es müssen keine eigenen IT-Infrastrukturen aufgebaut werden, wie ein Serverpark oder ein Data Warehouse. Ressourcen können gezielt in die Webanalyse investiert werden und die Firmen können auf ihre Kernkompetenzen fokussieren.

Realtime Web Analytics

- **Datenaktualität:**
  Weiterer Vorteil des direkten Web Analytics ist die kurze Aktualisierungszeit der Datenbereitstellung. Da die Dashboards über ein Webinterface zugänglich sind, ist die Zeit- und Ortsunabhängigkeit gewährleistet. In vielen Tools werden die Daten der Websitenutzung innerhalb einer Stunde in den Berichten zur Verfügung gestellt. Langwierige und komplizierte ETL- bzw. Datenaufbereitungsprozesse des Data Warehousing über Nacht entfallen.

- **Verfügbarkeit und Flexibilität:**
  Isoliert betriebene Lösungen des Web Analytics haben den Vorteil, dass die Webanalyse skalierbar, agil und flexibel bleibt und die Verfügbarkeit und der fehlerfreie Betrieb vom Softwarehersteller gewährleistet ist.

  Agilität und Flexibilität

- **Web Analytics über das Mobile:**
  Zahlreiche Web-Analytics-System-Hersteller wie Google Analytics, Piwik, eTracker, Webtrekk, Webtrends und Adobe SiteCatalyst bieten ihren Nutzern Apps an (z.B. für das iPhone), die die Dashboards mit allen Daten direkt auf mobilen Geräten anzeigen.

  Webanalyse unterwegs

8.2.3 Nachteile des direkten Web Analytics

Mit dem klassischen Web Analytics können verschiedene Probleme verbunden sein, wie eine Marktstudie bestätigt (vgl. Kap. 11):

- **Fehlende Unterstützung durch das Management:**
  Während die technische Implementierung und der Betrieb herkömmlicher Web-Analytics-Tools eher kleine Hindernisse sind, stellen fehlende Managementunterstützung und Webanalysekultur sowie mangelhafte Messung von Website-Zielen größere Hürden dar (vgl. Abb. 8–3 und Abschnitt 11.3.13).

  Fehlende Webanalysekultur

- **Datenschutz:**
  Der Bereich des Datenschutzes ist bei der Hälfte der Unternehmen ein kritisches Problemfeld, wie Kapitel 10 und 11 aufzeigen. Wenn Webdaten auf externen Servern gespeichert werden, eventuell in anderen Ländern, in denen andere Datenschutzgesetze gelten, können rechtliche Probleme auftreten. Insbesondere Google Analytics ist bei Datenschützern umstritten, da Daten in den USA gespeichert sind und an Dritte weitergegeben werden können (vgl. Abschnitt 10.1).

  Problem Datenschutz

- **Integration:**
  Die Integration der Web-Analytics-Daten in andere Datenbanksysteme (wie z.B. ein Data Warehouse) kann eine Hürde sein, wie im nachfolgenden Abschnitt 8.3.3 diskutiert wird: 30 % der befragten 740 Webanalysten stimmten zu, dass sie Probleme haben bei der Integration der Daten des Web Analytics in oder aus anderen Systeme wie ein DWH (vgl. Abschnitt 11.3.13).

  Integration als Herausforderung

- **Interdisziplinäre Zusammenarbeit:**
  Eines der größten Probleme betrifft den Mitarbeitergraben: 61 % stimmten in der Marktstudie voll oder eher zu, dass die interdisziplinäre Zusammenarbeit und Kommunikation eine große Herausforderung ist. Zudem fehlt es oft an (qualifizierten) Mitarbeitern und an Wissen.

  Zusammenarbeit als Knackpunkt

Abb. 8–3
Datenintegration als eine Hürde im Web Analytics

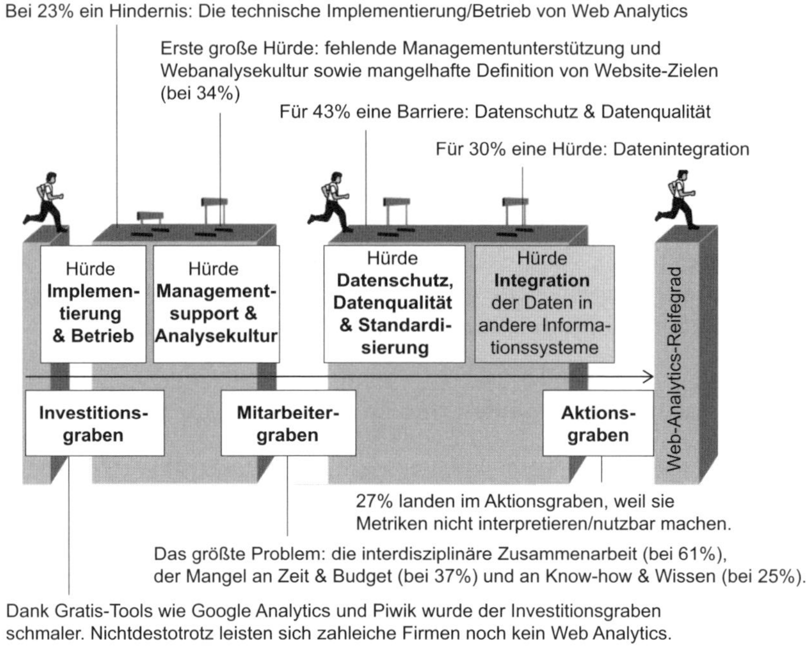

(Quelle: In Anlehnung an das Schema von [Forrester 2009, S. 3; Zumstein 2012, S. 168])

Mangel an Zeit und Geld

- **Mangel an Ressourcen:**
  Oft mangelt es im Web Analytics auch an weiteren Ressourcen, insbesondere an Zeit und Budget. Diese Einschätzung wurde in der Marktstudie ebenfalls bestätigt.

Nutzbarmachung der Webdaten

- **Actionable Web Analytics:**
  Weiteres Hindernis zu einem hohen Web-Analytics-Reifegrad ist für jedes vierte Unternehmen der Aktionsgraben, d.h. die Interpretation und Nutzbarmachung von Metriken sowie die Ableitung von Handlungsmaßnahmen.

Isolierte Datensilos

- **Isolierte Datenanalyse:**
  Werden die Web-Analytics-Daten nicht in bestehende Datenbankensysteme integriert und mit geschäftsrelevanten Daten verknüpft, werden wichtige Zusammenhänge im eBusiness womöglich nicht erkannt und das Potenzial in den Web-Analytics-Daten oft nicht ausgeschöpft.

Schürfen nach Gold-Nuggets

- **Web (Usage) Mining:**
  Sind Web-Analytics-Daten nicht in einer zentralen Basisdatenbank gespeichert, gestalten sich Datenaufbereitungen, -auswertungen und -analysen im Bereich des Web Mining aufwendiger bzw. schwieriger. Beim Web Mining werden Algorithmen und Methoden des Data Mining adaptiert oder spezielle Verfahren entwickelt, um

Webinhalte (Content), Struktur oder Nutzungsaspekte analysieren zu können ([vgl. [Knoll & Meier 2009]).

8.3 Integriertes Web Analytics

8.3.1 Typische Funktionsweisen von Szenario 2

Integration der Webdaten in die BI

Abschnitt 8.2 betrachtete das Web Analytics im Falle eines isolierten Systems, wie es in den meisten Unternehmen zum Einsatz kommt. Werden die Daten des Web Analytics in eine einheitliche, zentrale Datenbank des Unternehmens integriert, ergeben sich idealtypisch folgende Szenarien und Schritte (vgl. Prozesse ❹ bis ❿ in Abb. 8–2).

- Prozess ❹:
  Web Analytics als Eigenentwicklung
  Direkte Erfassung der Daten. Grundsätzlich ist es möglich, Daten zur Websitenutzung bzw. zu den Besuchern direkt in eine zentrale Basisdatenbank einfließen zu lassen, indem mit JavaScript ein entsprechendes Tagging in die Website implementiert wird. Solche Eigenentwicklungen sind in der Regel komplex und aufwendig und werden in der Praxis eher seltener eingesetzt.
- Prozess ❺:
  Integration über Schnittstellen
  Datenimport über die API des Web-Analytics-Tools in ein DWH. Die meisten Web-Analytics-Systeme haben Schnittstellen, über die die Daten in eine zentrale Basisdatenbank oder direkt in Excel importiert werden können. Beim integrierten Web Analytics ist die Basisdatenbank der Kern der webbezogenen BI: Hier werden langfristig alle Informationen des Web Analytics (d.h. alle Webdaten, Webmetriken und Webkennzahlen) gelagert. Das Tagging des Web-Analytics-Systems bleibt bei diesem Integrationsszenario gänzlich unangetastet. Die Webdaten werden in strukturierten Formaten regelmäßig importiert. Erfahrungsgemäß ist dieser Integrationsansatz in vielen Unternehmen gängige Praxis.
- Prozess ❻:
  OLAP im Web Analytics
  Webanalysen auf der Auswertungsebene. Ist das Web Analytics in die DWH-Architektur integriert, kommen in der Auswertungsschicht je nach Datenmodell verschiedene Technologien infrage. Nach [Gansor et al. 2010, S. 55] gilt grundsätzlich, dass erst hier die eigentliche Multidimensionalität des Datenmodells hergestellt wird, wie sie von den Anwendern benötigt wird. Bei relationaler Datenspeicherung sind das die klassischen Varianten von Star- oder Snowflake-Schema, bei multidimensionaler Datenspeicherung in OLAP-Datenbanken sind dies proprietäre Strukturen. In Form von

OLAP-Auswertungen werden je nach Bedarf des Web-Analytics-Reportings über verschiedene Dimensionen und Webmetriken (Fakten) Webanalysen gefahren.

Auswertung über Schnittstellen

- **Prozess ❼:**
Auswertungen über das Web-Analytics-System. Bei einigen WA-Tools wie zum Beispiel beim Marktführer Google Analytics ist es möglich, direkt über die Core Reporting API Auswertungen vorzunehmen, ohne die Daten zuerst in ein internes DWH zu importieren. *Google Analytics* definiert in seinem DWH zahlreiche verschiedene Dimensionen und Metriken (vgl. Tab. 8–1). Die Zeit stellt wie immer eine Dimension dar und reicht von feinster Granularität »Stunde« über »Tag« bis hin zur Aggregation »Jahr«. Geoinformationen zu den Website-Besuchern von der Stufe »Ort« bis zu »Kontinent« werden anhand der IP-Adresse ermittelt und bilden auch eine Dimension, auf der betriebswirtschaftlich relevante OLAP-Auswertungen gemacht werden.

Tab. 8–1 *Dimensionen und Webmetriken von Google Analytics (Auszug)*

Kategorie	Dimension	Webmetrik (Fakt)
Besucher	▪ Besuche (Index) ▪ Besuchertyp (neu/wiederk.) ▪ Besuchsaktualität	▪ Anzahl Besucher ▪ Anzahl neuer Besucher ▪ Anteil neuer Besuche
Session	▪ Besuchsdauer (in Sekunden)	▪ Anzahl Besuche ▪ Durchschnittl. Besuchsdauer
Webseite	▪ Website-Pfad ▪ Webseitentitel ▪ Besuchstiefe etc.	▪ Anzahl Seitenzugriffe ▪ Absprünge/Absprungrate ▪ Verweildauer auf Seite etc.
Traffic-Quelle	▪ Quelle etc.	▪ Organische Suche
Zielkonvertierung		▪ Ziel-Start ▪ Zielerreichung ▪ Zielkonversionsrate etc.
eCommerce	▪ Transaktions-ID ▪ Produktname ▪ Produktkategorie etc.	▪ Anzahl Transaktionen ▪ Transaktionserlös ▪ Bestellwert
System	▪ Browser ▪ Betriebssystem etc.	
Geoinformation	▪ Kontinent ▪ Land ▪ Region ▪ Granularität der Daten ▪ Ort etc.	
Zeit	▪ Jahr ▪ Monat/Woche Granularität ▪ Tag der Daten ▪ Stunde etc.	
Detailinformationen zur Struktur des Google-Analytics-DWH: [Google Code 2012]		

Die Traffic-Quelle wird bei Google Analytics ebenfalls als Dimension definiert, genauso wie der Besuchertyp (neue oder wiederkehrende Besucher), die Besuchsaktualität und Besuchstiefe. Die Webmetriken Anzahl Besucher, Besuche und Seitenzugriffe sind typische Fakten, die über die verschiedenen Dimensionen berechnet werden. Besonders interessant ist die Kategorie eCommerce: Die Produkte (z.B. ID, Name, Kategorie) stellen Dimensionen dar, die Anzahl Transaktionen, Transaktionserlös oder der Bestellwert sind Metriken des DWH.

Mächtigkeit eines Data Warehouse

Diese Beispiele an Dimensionen und Metriken bei Google Analytics zeigen, wie mächtig und Erfolg versprechend der Aufbau eines *Web-Analytics-Data-Warehouse* für Firmen sein kann: Jeder einzelne Klick und Seitenzugriff jedes einzelnen Besuchers ist in Datenbanken gespeichert und kann über diverse Dimensionen segmentiert werden.

Ganzheitliche Berichterstattung

- **Prozess ❽ bis ❿:**
  Output/Frontend Layer. In Abhängigkeit der Data-Warehouse-Architektur, dem Datenmodell, der Auswertungsdatenbanken und von den Berichts- bzw. Analysesystemen eines Unternehmen führen die Fachkräfte der BI die eigentlichen Auswertungen aus. Der integrierte Ansatz erlaubt nicht nur die Analysen der Daten, die die Website oder den Webshop betreffen, sondern auch deren Verknüpfung mit weiteren Daten aus anderen Unternehmensbereichen wie z.B. Rechnungswesen, Einkauf, Produktion, Lager, Verkauf, Lieferung, CRM oder Personal.

Folgender Abschnitt erläutert mögliche Nutzenvorteile von integrierten Lösungen und Eigenentwicklungen detaillierter.

8.3.2 Vorteile beim integrierten Web Analytics

Unternehmensweites Datenmanagement

- **Verknüpfung mit unternehmensrelevanten Daten:**
  Im Gegensatz zu Out-of-the-Box-Webanalysen von Web-Analytics-Tools erlauben integrierte Lösungen den Einbezug der Webdaten in das unternehmensweite Datenmodell und die Abfrage bereichsübergreifender Informationen. Das Multi-Channel-Measurement und/oder -Management wird durch die Datenintegration erleichtert. Als Beispiele dienen folgende betriebswirtschaftliche Fragen:

  Mögliche Fragestellungen

  - Sind in der Produktion bzw. Lagerhaltung genügend Kapazitäten verfügbar, wenn die Bestellungen im Webshop steigen?
  - Korrelliert die Besuchsloyalität der Besucher mit der Kaufloyalität der Kunden?
  - Korrellieren die Zugriffe auf FAQ- oder Supportseiten mit der Anzahl Anrufe oder dem Service Level im Callcenter?

- In welcher Weise wirken Werbemaßnahmen in klassischen Medien (z.B. TV, Radio, Print) auf die Anzahl Seitenzugriffe?
- Bei welchen Kunden ist die Response auf Kommunikation oder Online-Werbemaßnahmen am größten?
- Wie groß ist die zeitliche Verzögerung, mit der sich die Besucher auf der Website bzw. im eShop über die Produkte informieren und (online oder offline) kaufen?
- Wie stark und inwiefern korrelieren Webmetriken (z.B. die Anzahl Besucher, Besuche, Seitenzugriffe, Besuchsdauer und Besuchstiefe) mit finanzwirtschaftlichen Kennzahlen (z.B. Erlös, Kosten, Gewinn, Rentabilität)?
- Welches sind die wichtigsten Werttreiber der websitebezogenen oder betrieblichen Performance?

360-Grad-Blick & Customer Journey

- **Customer Journey dank ganzheitlichen Datenmodellen:**
  Ganzheitliches Datenmanagement birgt verschiedene Vorteile und erlaubt einen umfassenden, lückenlosen Blick auf die Prozesse und Performance der gesamten (webbezogenen) Wertschöpfungskette. Mit integrierten Lösungen kann z.B. der Kundenkaufszyklus eins-zu-eins abgebildet werden und erlaubt einen 360-Grad-Blick auf den Online- und Offlinekunden.

Verarbeitung großer Datenmengen

- **Datenvolumen:**
  Web-Analytics-Standard-Software kann große Datenvolumen nur begrenzt (kostengünstig) verarbeiten. Beim Export und bei der Weiterverarbeitung großer Datenmengen, z.B. über Excel, stoßen Standardlösungen schnell an Grenzen. Bei integrierten Lösungen gestaltet sich die Handhabung großer Datenmengen oft einfacher, schneller und/oder kostengünstiger.

Komplexe Datenstrukturen

- **Umgang mit Komplexität:**
  Interne DWH-Lösungen verarbeiten nicht nur größere Datenmengen effizienter und effektiver, sondern auch sehr komplexe Datenmodelle bzw. -strukturen können mit BI-Lösungen leichter modelliert und gehandhabt werden.

Kontrolle über die Daten

- **Datenhoheit:**
  Obwohl bei den meisten Standardsystemen die Web-Analytics-Daten gegen einen Aufpreis ebenfalls inhouse gespeichert werden können, ist bei integrierten BI-Lösungen die Datenhoheit und Datenkontrolle in jedem Fall gewährleistet.

Garantierte Archivierung

- **Datenarchivierung:**
  Die Aufbewahrungsdauer von Daten ist bei vielen Standardtools wie etwa Google Analytics beschränkt. Bei interner Datenspeicherung ist die Archivierung unproblematisch und langfristig garantiert.

- **Web Mining:**
  Die Anwendung weiterführender analytischer und statistischer Methoden (z.B. multivariate Analysemethoden, Korrelations- und Regressionsanalysen) und Techniken im Bereich des Web Mining und Data Mining (wie z.B. Clustering, Klassifikationen, Assoziationsanalysen) gestaltet sich manuell schwieriger als bei direkter Anwendung in einer DWH-Umgebung.

Datengrundlage des Data Mining

- **Wissensmanagement:**
  Integrierte Informationssysteme eignen sich zum Aufbau, zur Erweiterung und zur Pflege betrieblichen Wissens und immaterieller Vermögenswerte (vgl. Abschnitt 3.6). Mit der Installation einer Web-Analytics-Standardsoftware alleine hingegen lässt sich der Auf- und Ausbau von Informations- bzw. Webkapital nur schwer realisieren und überprüfen.

Information = Macht & Wissen

Neben den Vorteilen sind mit der Integration des Web Analytics in ein DWH immer auch kleinere und größere Nachteile verbunden, wie folgender Abschnitt zeigt.

8.3.3 Nachteile des integrierten Web Analytics

Die Integration der Web-Analytics-Daten in die unternehmensweite Datenarchitektur kann zu folgenden Herausforderungen führen:

- **Kosten:**
  Der Aufbau und Unterhalt von Data Warehouses ist in der Regel kosten- und zeitintensiv. Zur größten Kostenstelle gehören etwa die technische Infrastruktur (z.B. Serverräume, Server, Netzwerk), Software (z.B. Lizenzen) und Personal (z.B. Programmierer, Datenarchitekten bzw. -ingenieure, Analysten).

Hohe Kosten des Data Warehousing

- **Kostenkontrolle:**
  Die Kosten von Eigenentwicklungen sind im Inhouse-Web-Analytics oft schwieriger kalkulier- und planbar, als wenn der gleiche Service zu bestimmten vertraglichen Bedingungen (Service Level Agreement) verhandelt und eingekauft wird.

Skalierbarkeit und Planbarkeit

- **Abhängigkeit von der BI-Abteilung und Experten:**
  Während Web-Analytics-Tools aufgrund ihrer Einfachheit und Benutzerfreundlichkeit grundsätzlich von jedem Mitarbeiter bedient werden können, erfordern Auswertungen in DWH-Systemen höhere Fachkompetenz und einen starken Ausbildungs- bzw. Spezialisierungsgrad. Dadurch wird das Management, die Marketingabteilung oder der Verkauf von den BI-/IT-Experten abhängig.

Abhängigkeit von der BI

Unternehmenspolitische Interessen

- **Interessen- und Unternehmenspolitik:**
Wie erwähnt und in der Marktstudie bestätigt, gestaltet sich die interdisziplinäre Zusammenarbeit und Kommunikation im Bereich Web Analytics nicht immer einfach. Die mit der Webanalyse beteiligten oder betroffenen Personen haben oft einen unterschiedlichen fachlichen Hintergrund: beispielsweise andere Aus- bzw. Weiterbildungen, verschiedene Berufserfahrungen und unterschiedliche Wissenstände. Marketers haben zum Beispiel oft wenig(er) Ahnung, wie Web-Analytics-Tools oder DWH-Lösungen technisch funktionieren. Informatiker andererseits wissen oft nicht, was mit den Daten anzustellen ist, sprich diese betriebswirtschaftlich nutzbar zu machen. Gerade deshalb sind Wirtschaftsinformatiker als Bindeglied bzw. Kitt wichtige interdisziplinäre Vermittler und Übersetzer. Unternehmenspolitisch und abteilungsbedingte unterschiedliche Interessen können im Web Analytics und Web Controlling das Problem der Zusammenarbeit ebenfalls stören (wobei die Unternehmenspolitik andere Aufgabenbereiche genauso tangiert).

Datenverarbeitung

- **Datenaufbereitung:**
Die Datenaufbereitung in Data-Warehouse-Systemen kann fachlich und zeitlich anspruchsvoll sein. Gerade bei großem Datenvolumen können Abfragen lange dauern oder die Datenaufbereitung langwierig oder schwierig sein.

Datenvalidität

- **Datenvalidität und Datenqualität:**
Datenvalidität bzw. -qualität ist im Web Analytics, wie in anderen Fachbereichen auch, bei vielen Unternehmen ein wiederkehrendes Thema (vgl. Abschnitt 11.3.13). Bei Eigenentwicklungen und DWH-Lösungen kann sich diese Problematik noch verschärfen, wenn Prozesse der Datenerfassung, -aufbereitung, -speicherung und -auswertung schlecht definiert, dokumentiert, strukturiert oder standardisiert sind.

Datensicherheit

- **Datensicherheit:**
Werden Daten des Web Analytics in interne Systemlandschaften integriert, haftet nicht mehr länger der WA-Tool-Provider für die Datensicherheit, sondern das Unternehmen selbst. Die Anforderungen und Maßnahmen der Datensicherheit, sprich der Schutz der Daten vor Missbrauch, Diebstahl und Manipulation, dürfen nicht unterschätzt werden. Da im Web Analytics persönliche Daten wie User-ID, IP-Adressen, Namen, Kontaktdaten und Zahlungsinformationen verarbeitet werden (können), ist auch aufgrund des Datenschutzes eine hohe Datensicherheit zu gewährleisten.

Tabelle 8–2 zeigt zusammenfassend die diskutierten Aspekte integrierter Lösungen in Form einer SWOT-Analyse.

Tab. 8–2 SWOT-Analyse von klassischem und integriertem Web Analytics

SWOT-Analyse	**Direktes Web Analytics** (Reports aus WA-System)	**Integriertes Web Analytics** (Reports aus DWH/BI)
Strengths (Stärke)	▪ Aktualisierungszeit zur Bereitstellung der Daten ▪ Einfachheit des Systems ▪ Benutzerfreundlichkeit ▪ Zeit- & Ortsunabhängigkeit ▪ Unabhängigkeit von der IT ▪ Kosten (Infrastrukur)	▪ Verknüpfung mit unternehmensrelevanten Daten ▪ Ganzheitliche Datenmodelle ▪ Datenmenge & -archivierung ▪ Handhabung der Komplexität ▪ Segmentierungsmöglichkeiten ▪ Web Usage & Data Mining
Weaknesses (Schwäche)	▪ Isolierte Datenanalyse (Datensilos, Datengräber) ▪ Fehlende Verknüpfung mit geschäftsrelevanten Daten ▪ Web/Data Mining schwierig ▪ Abhängigkeit vom Web-Analytics-Tool & -Anbieter	▪ Kosten (Infrastruktur wie z.B. Server & Data Warehouse) ▪ Fachliche und persönliche Abhängigkeit von IT-Experten ▪ Trägheit/Langsamkeit des Informationssystems ▪ Hohe Komplexität
Opportunities (Chancen)	▪ Fokus auf Kernkompetenz ▪ Agilität/Flexibilität ▪ Kontinuität	▪ BI & Wissensmanagement ▪ Erkenntnisgewinn ▪ Wettbewerbsvorteile
Threats (Gefahren)	▪ Mangelnde Ausschöpfung des Potenzials in den Daten ▪ Datenschutz/Transparenz	▪ Kostenkontrolle ▪ Datensicherheit ▪ Datenvalidität/Datenqualität

9 Softwareaspekte des Web Analytics & Web Controlling

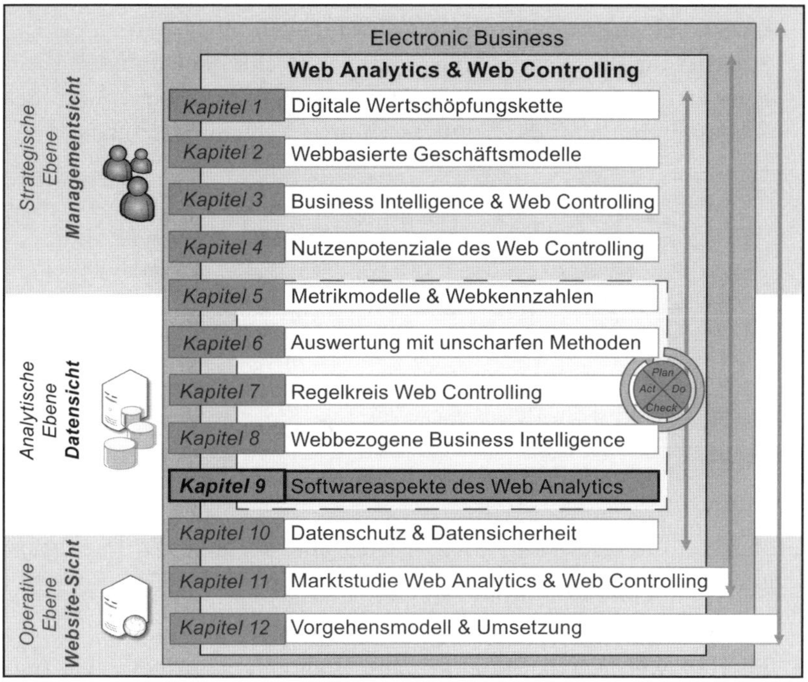

Abb. 9–1
Softwareaspekte des Web Analytics & Web Controlling

In diesem Kapitel werden die informationstechnischen Grundlagen von Web Analytics & Web Controlling behandelt. Dazu gehört die serverseitige Datensammlungsmethode (Logfile-Analyse), deren Funktionsweise sowie die Vor- und Nachteile in Abschnitt 9.2 diskutiert werden. Abschnitt 9.3 geht näher auf die clientseitige Datensammlungsmethode – auch Page Tagging genannt – ein, die im Web Analytics zum Standard wurde. Sie bereitet nur wenige Probleme, bietet aber zahlreiche Möglichkeiten und Vorzüge für das Web Controlling. Abschnitt 9.4 gibt einen Überblick über die bekanntesten Web-Analytics-Systeme am Markt. Zudem wird in Abschnitt 9.5 ein umfassender Kriterienkatalog vorgestellt, der

Entscheidungsträgern bei der Auswahl und beim Betrieb von Web-Analytics-Software hilft.

9.1 Datensammlungsmethoden des Web Analytics

Hauptaufgabenbereiche des Web Analytics

Im Web Analytics werden unterschiedliche Methoden und Techniken eingesetzt, um Daten zur Websitenutzung und über deren Besucher zu sammeln und zu analysieren. Alle Web-Analytics-Systeme haben gemeinsam, dass sie in drei *Hauptaufgabenbereiche* eingeteilt werden können (vgl. Abb. 9–2), nämlich in die

- **Sammlung** der Daten zur Websitenutzung und -Nutzer mittels Logfiles, Cookies und Page Tagging (JavaScript),
- **Speicherung** der Webdaten in Datenbanktechnologien und in die
- **Auswertung** und Analysen der Daten und Webmetriken durch den Webanalysten über die Benutzerschnittstellen des Systems.

Abb. 9–2
Funktionsbereiche von Web-Analytics-Systemen (nach [Hassler 2012, S. 44, Zumstein 2012, S. 42])

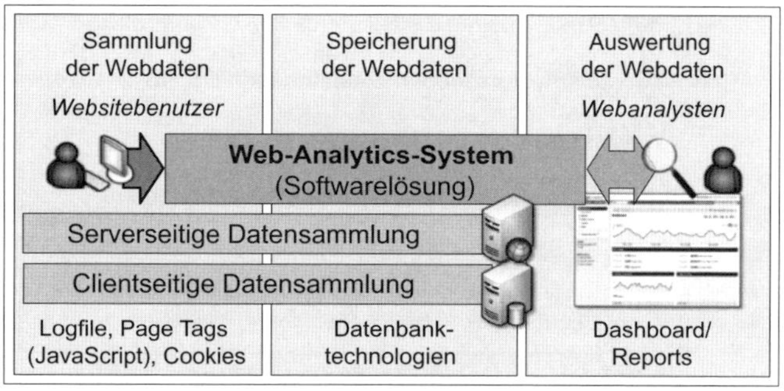

Technische Datensammlungsmethoden des Web Analytics

Grob kann im Web Analytics zwischen zwei technischen Funktionsweisen unterschieden werden:

- **Serverseitige Datensammlungsmethoden:**
  Hierbei werden die Logfiles des Webservers ausgewertet (vgl. Abschnitt 9.2).
- **Clientseitige Datensammlungsmethoden:**
  Bei dieser Technik, manchmal spricht man auch von Page Tagging, werden die Daten mittels JavaScript besucherseitig erhoben (vgl. Abschnitt 9.3).

Hybride Datensammlungsmethoden

Werden diese beiden Techniken kombiniert, spricht man von gemischten oder *hybriden Datensammlungsmethoden*.

Packet Sniffing und Proxyserver

Daneben gibt es noch weitere Methoden wie z.B. das *Packet Sniffing* (d.h. die Auswertung des Datenverkehrs mittels Software) oder den Einsatz von *Proxyservern* (die Zwischenschaltung einer Kommunikationsschnittstelle in einem Netzwerk).

Unter einer **Datensammlungsmethode** wird die technische Erfassung und Speicherung von Webdaten (d.h. Daten zur Websitenutzung und zu Website-Nutzern) in Datenbanktechnologien verstanden.

Definition Datensammlungsmethode

Folgende Abschnitte, teilweise entnommen aus [Zumstein 2012, S. 43 ff.], beschränken sich auf die Erläuterung der Logfile-Analyse und des Page Tagging, da diese Techniken in der Praxis am meisten genutzt und andere Methoden zurzeit eher seltener eingesetzt werden.

9.2 Serverseitige Datensammlung

9.2.1 Funktionsweise

Datenquelle Logdateien

Die serverseitige Datensammlungsmethode extrahiert Daten aus den *Logdateien* (engl. log files). In einem Logfile des Webservers werden alle Zugriffe und Dateianfragen von den Besuchern (Clients) an den Server in einer Textdatei protokolliert.

Die **Logfile-Analyse** ist eine serverseitige Datensammlungsmethode, bei der die Logdateien (Ereignisprotokolldateien) eines Servers ausgewertet werden, um Informationen zur Websitenutzung zu gewinnen.

Definition Logfile-Analyse

Ruft ein Surfer im Internet eine Webseite auf (Nummer ❶ und ❷ in der Abb. 9–3), sendet der Browser eine Dateianfrage (sog. Request) an den Webserver, der die angeforderten Dateien zurücksendet (Response; Nummer ❸ und ❺). Bei jeder Dateirückgabe an den Browser schreibt der Webserver die entsprechenden Informationen zur Dateianfrage und -rückgabe in eine Logdatei (Nummer ❹).

Informationen der Logdatei

In einer Logdatei sind – je nach Einstellungen – diverse Informationen bezüglich der Dateianfragen an den Webserver gespeichert:

- Die *URL* (Uniform Resource Locator) sämtlicher angefragten und erfolgreich übertragenen Dateien (sog. Hits)
- Die *Größe* der angefragten Dateien in Anzahl Bytes
- Der *Zeitpunkt* und das Datum der Dateianfrage (Time Stamp)
- Die *IP-Adresse* von jedem Besucher
- Der *Referrer* (von welcher Webseite der User auf die Seite kam)
- Eine *User-ID* zur Identifikation (User Agent)
- Die Spracheinstellungen und der Typ des *Webbrowsers*
- Das verwendete *Betriebssystem* des Computers

Die Daten des Logfiles werden vom Web-Analytics-System entsprechend aufbereitet bzw. extrahiert und in webbasierten Dashboards bzw. Reports dargestellt (Schritt ❼ in Abb. 9–3).

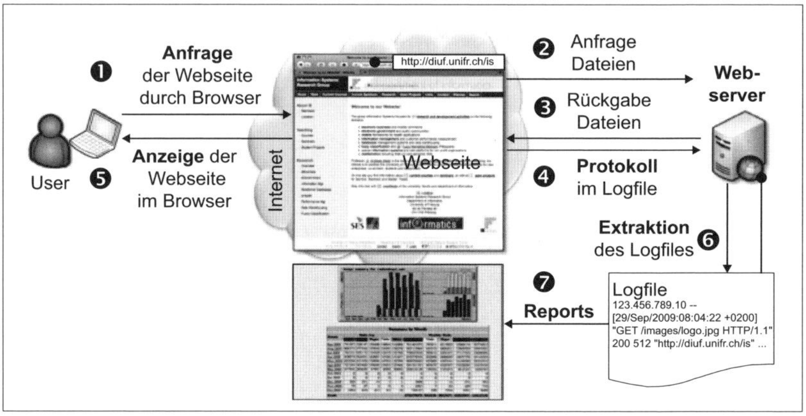

Abb. 9–3
Funktionsweise der serverseitigen Datensammlung [Zumstein 2012, S. 44]

9.2.2 Vorteile der Logfile-Analyse

Geringer finanzieller Aufwand

Die Auswertung von Logfiles hat den Vorteil, dass die Tools von den Hosting-Providern der Webserver meist kostenlos zur Verfügung gestellt werden und deren Installation und Betrieb daher nur mit einem *geringen Aufwand* verbunden ist (vgl. Abb. 9–3). Die Unabhängigkeit von der Statistiksoftware und vom Anbieter bleibt gewährleistet. Zudem können die Logfile-Daten wiederholt und flexibel extrahiert, neu angeordnet und ausgewertet werden [Aden 2010, S. 35].

Zugriff auf historische Daten

Bei dieser Methode ist der Zugriff auf historische Daten in jedem Fall gewährleistet, da die textbasierten Logdateien problemlos archiviert und aufgerufen werden können.

Keine Beeinträchtigung der Ladezeiten

Im Gegensatz zur clientseitigen Datensammlungsmethode bereiten Firewalls oder der Einsatz von Sicherheitsprogrammen wie z.B. Antispy-Software bei der Logfile-Analyse keine Probleme. Und bei hohem Website-Traffic kommt es zu keiner Beeinträchtigung der Zugriffs- und Ladezeiten der Webseiten.

Messung aller Downloads

Bei der Erstellung und Auswertung der Logfiles liegt die *Kontrolle* vollständig in der Hand des Betreibers einer Website. Zudem können die Aufrufe und Downloads sämtlicher Dateien erfasst werden, d.h. auch Textdokumente (z.B. Word- oder PDF-Dateien) sowie Bild-, Audio- und Videodateien. Alle fehlerhaften bzw. abgebrochenen Datei- und Seitenanfragen werden in den Logfiles protokolliert.

Wenn eigene Webserver betrieben werden, hat die serverseitige Datensammlungsmethode zudem den Vorteil, dass alle *Daten intern* bzw. inhouse gespeichert sind (Stichwort Datenhoheit und Datenschutz, diskutiert im nachfolgenden Kap. 10).

Interne Datenspeicherung

9.2.3 Nachteile der Logfile-Analyse

Caching von Browsern und Servern

Einer der Nachteile der serverseitigen Methode ist, dass die Zugriffe auf eine Website aufgrund des Zwischenspeicherns (engl. caching) von Webbrowsern und Proxyservern nicht genau gemessen werden kann. Wird etwa die Zurück- oder Vorwärtstaste des Webbrowser betätigt, werden die Dateien bereits besuchter Seiten nicht mehr erneut vom Server, sondern direkt vom Cache-Speicher des Browsers geladen. Ähnlich speichern die *Proxyserver* von Firmennetzwerken und Internetprovidern Dateien von Websites, wobei wiederholte Zugriffe *nicht* in den Logdateien erfasst werden. Der zwischengespeicherte Traffic-Anteil kann bis zu 10 % betragen [Hassler 2010, S. 59].

Zugriff von Suchmaschinen-Robots

Anfragen von Suchmaschinen-Robots bzw. -Crawlern verzerren die Zugriffsstatistik deutlich nach oben, werden sie nicht von den Aufrufen menschlicher Besucher isoliert. Nicht menschliche Anfragen von Suchmaschinen-Crawlern können einen Großteil des Website-Traffic ausmachen, gerade bei kleinen Websites [Jansen 2009].

Identifikation anhand der IP-Adresse

Ferner können die Seitenzugriffe und die einzelnen Besucher mittels Logfiles nicht eindeutig identifiziert werden. Dies liegt einerseits daran, dass IP-Adressen vom Internet Service Provider (ISP) meist dynamisch vergeben werden. Dynamisch vergebene IP-Adresse eines Besuchers ändern sich kurzfristig und werden mehrfach vergeben. Zudem verwenden große Institutionen und Firmen oft statische IPs. In diesem Fall, wenn z. B. Netze per Network Address Translation miteinander verbunden sind, benutzen mehrere User eine gemeinsame, identische IP-Adresse. Zudem können Benutzer ihre IP-Adressen durch IP-Scrambling bewusst verschleiern (vgl. [Amthor & Brommund 2010, S. 53]). All diese Faktoren verzerren die Statistiken der serverseitigen Datensammlung, wenn z. B. die Anzahl eindeutiger Besucher und deren Besuche anhand der IP-Adresse gemessen werden. Eine Studie von [Drèze & Zufryden 2004] zeigt, dass bei IP-Auswertungen der Logfile-Analyse die Anzahl der Besucher bzw. Besuche um 39 % bzw. 35 % *überschätzt* werden. Die Anzahl Seitenaufrufe pro Besucher wird um die 64 % überschätzt und die Besuchszeit sogar um 79 %.

Nicht messbare Elemente

Einzelne Aktivitäten oder Ereignisse wie z. B. Mausklicks und Tastatureingaben können mit der Logfile-Analyse nicht erfasst werden. Erschwert wird eine Auswertung zudem durch Zugriffe auf Teile von Webseiten mit Ajax oder Flash-Anwendungen.

Aufwendige Datenaufbereitung

Die Extrahierung, Aufbereitung und Auswertung von Logdateien ist zudem kompliziert und zeitaufwendig, insbesondere bei großem Traffic-Volumen oder wenn große Websites auf mehreren physischen Servern an verschiedenen geografischen Standorten verteilt sind.

Logfile-Analyse unwichtig(er)

Aufgrund dieser Nachteile und zum Teil großer Messungenauigkeiten verlor die Logfile-Analyse in den letzten Jahren an Bedeutung und wird in ihrer reinen Form zunehmend seltener durchgeführt. Viele Experten raten zur clientseitigen Datensammlungsmethode.

9.3 Clientseitige Datensammlung

9.3.1 Funktionsweise

Die clientseitige Datensammlungsmethode ist die zurzeit meistgenutzte und verbreitete Methode des Web Analytics (vgl. [Aden 2010; Hassler 2010; Kaushik 2009; Zumstein 2012, S. 46]).

Definition clientseitige Datensammlung

Bei der **clientseitigen Datensammlungsmethode** wird ein Stück JavaScript-Code bzw. ein Zählpixel in den HTML-Code einer Seite eingebunden, um die Aktivitäten der Besucher aufseiten des Clients (Browsers) aufzuzeichnen.

Prozesse des Datensammlungsmethode

Wird eine Webseite im Browser aufgerufen (Nummer ❶ in Abb. 9–4), wird das *JavaScript ausgeführt* bzw. das Pixelbild geladen (❹) und die Daten bezüglich des Seitenaufrufes oder der Aktivität an den Tracking-Server des Systemanbieters übermittelt (❻). In den meisten Fällen kommen *Cookies* zum Einsatz, die beim Client gespeichert werden (❽ und ❾). Dank Cookies kann der einzelne Besucher wiedererkannt und zudem kann zwischen den einzelnen Besuchen unterschieden werden. Im Rahmen des *Reportings* werden die Nutzungs- und Nutzerdaten in Berichten und Dashboards dargestellt (❿).

Software as a Service

Clientseitige Web-Analytics-Lösungen werden meist als Software as a Service (SaaS) von Application Service Providers (ASP) angeboten. Vorteile von SaaS-Lösungen sind ideal an Kundenbedürfnissen ausgerichtete Produkte und Dienstleistungen sowie reduzierte IT-Kosten (z.B. Serverkapazitäten, Datenaufbereitung und -verwaltung). Daher haben sich ASP-Lösungen im Web-Analytics-Markt weltweit durchgesetzt [Aden 2010, S. 7].

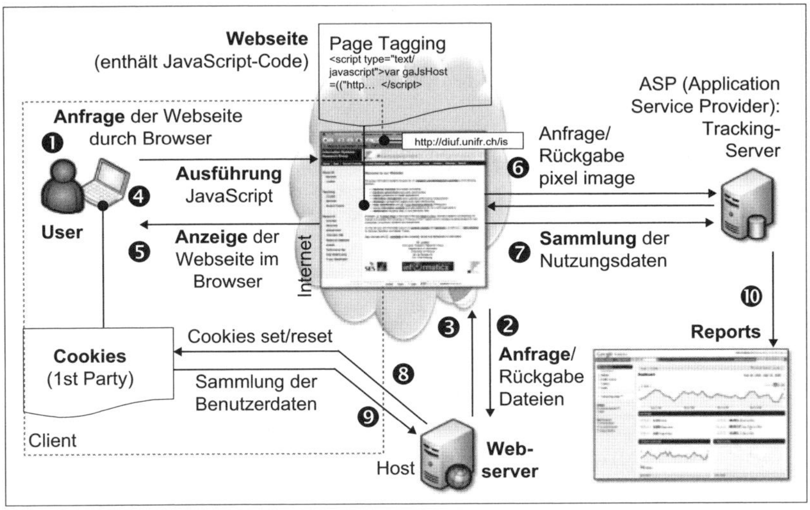

Abb. 9–4
Funktionsweise der clientseitigen Datensammlung [Zumstein 2012, S. 47]

9.3.2 Vorteile des Page Tagging

Aufzeichnung sämtlicher Besucheraktionen

Bei der Methode der clientseitigen Datensammlung können alle Besuche und *sämtliche Aktionen* eines Besuchers auf der Webseite in Echtzeit aufgezeichnet werden. Theoretisch können mittels Java-Script alle Ereignisse (Events), alle Tastatureingaben und Mauszeigerbewegungen und Cursorpositionen von jeder Aktion von jedem einzelnen Besuch und Besucher gespeichert werden (was bei der Logfile-Analyse nicht möglich ist).

Technische Informationen

Weitere *technische Informationen* über den Besucher werden anhand des Cookies ebenfalls gespeichert. Dazu gehören:

- die Größe, Auflösung und Farben des verwendeten Monitors,
- der Typ, die Sprache und Fenstergröße des Webbrowsers,
- der Typ und die Sprache des Betriebssystems und
- die installierten Plug-ins (z.B. Flash- oder Quicktime-Player, Java).

Kein Caching und keine Verzerrung durch Robots

Ein großer Vorteil der clientseitigen Methode ist, dass JavaScript weder von den Browsern und Proxies gespeichert, noch von Suchmaschinen-Robots bzw. -Crawlern gelesen wird. Daher sind hier die Messungenauigkeiten im Vergleich zur Logfile-Analyse deutlich geringer (vgl. auch Tab. 9–1). Durch den Einsatz von Cookies wird ein Besucher und Besuch zudem eindeutig identifiziert.

Tracking über mehrere Websites

Die Aufzeichnung des Traffics über mehrere Websites oder bei verteilten Servern bereitet bei dieser Methode keine Probleme und es müssen keine serverseitigen Anpassungen vorgenommen werden.

Einfachheit der Methode

Letztlich hat die *Einfachheit der Methode* zum Vorteil, dass die Firmen keinen eigenen Server und keinen eigenen IT-Spezialisten brauchen, um Web Analytics professionell durchführen zu können.

9.3.3 Nachteile des Page Tagging

Tracking von Downloads nicht möglich

Die Nachteile der clientseitigen Datensammlungsmethode sind unter anderem, dass der JavaScript-Code nicht in Text- oder Multimediadateien wie PDFs, Fotos, Grafiken, Audio- oder Videodateien eingefügt und deren Downloads nicht ohne Weiteres gemessen werden können. Fehlerhafte Datei- und Seitenanfragen (z.B. Status 404: Seite nicht gefunden) werden allenfalls nicht erfasst.

Keine Auswertung von Robots

Der Vorteil, dass der Website-Traffic von Suchmaschinen nicht aufgezeichnet wird, kann auch ein Nachteil sein, z.B. bei der Analyse und Auswertung der Robots-Anfragen von Suchmaschinen und bei der Suchmaschinenoptimierung.

Deaktivierung von JavaScript

Internetbenutzer können in den Einstellungen des Webbrowsers die *JavaScript-Funktion ausschalten.* Bei deaktivierter JavaScript-Funktion wird bei einem Webseitenbesuch kein JavaScript ausgeführt und somit werden auch keine Daten an den Tracking-Server übermittelt. Studien gehen davon aus, dass bis zu 6 % der Internetbenutzer JavaScript deaktivieren [Kaushik 2007, S. 33]. Der geschätzte Anteil an Website-Besuchern mit deaktiverter JavaScript-Funktion ist bei den Webanalysen und den abgeleiteten Maßnahmen zu berücksichtigen.

Ad-Blocker und Antispy-Software

Auch der Einsatz von Ad-Blockern, Firewalls oder anderen Programmen zur Erhöhung der Sicherheit und Privatsphäre kann die Webstatistiken verzerren, da sie Links, Page Tags und Bilder auf Drittservern möglicherweise unterdrücken.

Proprietäre Software

Web-Analytics-Software, die Page Tagging verwendet, ist meist proprietär, sprich kostenpflichtig, urheberrechtlich geschützt und der Sourcecode verschlossen. Damit begibt sich der Softwarebenutzer in eine vertragliche, finanzielle, fachliche und personelle Abhängigkeit zum Anbieter. Bei der Auswahl, beim Betrieb und etwaigen Softwarewechsel fallen teilweise sehr hohe Kosten an (vgl. Abschnitt 9.5).

Erfassung persönlicher Daten

Das größte Problem der clientseitigen Datensammlungsmethoden betrifft den *Datenschutz*. Da mittels Page Tagging viele Besucherinformationen sowie persönliche, vertrauliche bzw. sensible Benutzerdaten erfasst werden können, wird die Speicherung und Auswertung der Webdaten zu einem datenschutzrelevanten Thema. Zudem erfüllen einige Tools, wie zum Beispiel Google Analytics, nicht alle Anforderungen von Datenschutzgesetzen und -bestimmungen einzelner Länder oder Regionen (zum Datenschutz vgl. Kap. 10).

Aspekte der *Datensicherheit*, etwa der Schutz vor Einsicht, Verlust oder Diebstahl, kann bei clientseitigen Tools ebenfalls ein Problem darstellen.

Datensicherheit

Fazit: Trotz der teilweise hitzigen öffentlichen Diskussion in Deutschland und gewisser Vorbehalte bezüglich des Datenschutzes ist die clientseitige Datensammlung aufgrund zahlreicher Vorteile die einfachste, genaueste und populärste Methode des Web Analytics und deshalb in der Praxis zum Standard geworden.

Clientseitige Messung als Standard

9.3.4 Vergleich der Vor- und Nachteile

Zusammenfassend zeigt Tabell 9–1 einen Überblick über die jeweiligen Vor- und Nachteile der server- und clientseitigen Datensammlung.

Tab. 9–1 *Vor- und Nachteile client- und serverseitiger Datensammlungsmethoden*

Sachverhalt	Logfiles	Page Tagging
Messungenauigkeit durch **Caching** im Browser	– –	+ +
Messungenauigkeit durch **Caching** im Proxyserver	– –	+ +
Messungenauigkeit durch **Ad-Blocker**	+	–
Messungenauigkeit durch **Suchmaschinen-Robots**	– –	+ +
Messungenauigkeit durch **Deaktivierung von JavaScript**	+	– –
Messungenauigkeit durch **Firewall** & Antispy-Software	+ +	–
Eindeutige Identifikation von **Seitenzugriffen/Besuchen**	–	+ +
Identifikation von **Besuchern/Besuchen** (durch Cookies)	–	+
Aufzeichnung von **Serverfehlermeldungen**	+ +	–
Aufzeichnung von **Suchmaschinen-Robots** (für SEO)	+	–
Aufzeichnung von **Events** (z.B. Klick auf Links, Ajax)	– –	+ +
Aufzeichnung von **Parametern** (z.B. Flash, JavaScript)	– –	+ +
Flexibilität bei der Erfassung zusätzlicher Daten	– –	+ +
Aufzeichnung von **Downloads** (z.B. PDF, Multimedia)	+ +	– –
Aufzeichnung **fehlerhafter Datei-/Seitenanfragen**	+ +	– –
Änderungen an der Website (Einbindung JavaScript)	+ +	–
Softwareinstallation und Anpassung	+ +	–
Unabhängigkeit von der Software und dem Anbieter	+ +	– –
Kosten (Software, Lizenzen, Beratung, Schulung etc.)	+	–
Aufzeichnung des Traffics über **mehrere Websites**	–	+ +
Aufzeichnungen bei physisch **verteilten Servern**	–	+ +
Konfiguration des Servers (z.B. Cookies)	–	+ +

→

Sachverhalt	Logfiles	Page Tagging
Abhängigkeit von der IT-Abteilung	–	+
Erstellungsgeschwindigkeit von Reports	–	+ +
Zugriff auf **historische Daten**	+	–
Beeinträchtigung der **Zugriffs-/Ladezeiten**	+ +	–
Datenhoheit (interne Speicherung der Webdaten)	+ +	–
Datenschutz (Verstoß gegen Datenschutzgesetze)	+	–
Datensicherheit (Schutz vor Verlust oder Diebstahl)	+	–
Legende: – – großes Problem (Nachteil), – unter Umständen ein Problem, + kein Problem, ++ Stärke/Vorteil (Quelle: Eigene Erweiterung in Anlehnung an [Hassler 2012, S.62; Zumstein 2012, S. 49])		

9.4 Softwareanbieter und -lösungen

Softwareprodukte im Web Analytics

In den letzten Jahren zeichnete sich ein deutlicher Trend zugunsten von clientseitigen Datensammlungsmethoden ab. Deshalb gibt es im Markt zahlreiche Anbieter, die entsprechende *Softwareprodukte* für das Web Analytics anbieten (vgl. Tab. 9–2).

Einen umfassenden Überblick und Vergleich von verschiedenen Tools und Anbietern gibt der *Einkaufsführer Web Analytics*, zu finden unter *www.web-analytics-tools.com.*

Web-Analytics-Tools kann man anhand der Preissegmente grob in fünf Kategorien unterteilen [Zumstein 2012, S. 50 f.]:

Open-Source-Tools im Web Analytics

- **Open-Source-Tools:**
  Hierbei handelt sich um Softwareprogramme, deren Quellcode offengelegt wird und die den Website-Betreibern frei zur Verfügung stehen. Das bekannteste Open-Source-Tool im Web Analytics ist Piwik. *Piwik* basiert auf der clientseitigen Datensammlungsmethode und benutzt eine MySQL-Datenbank zur Speicherung der Daten. Piwik kann auf modularer Basis beliebig angepasst und erweitert werden. Es erfasst wesentliche Webmetriken (wie z.B. Seitenzugriffe, Besuche und Besucher) und erlaubt Referenz- bzw. Besucheranalysen (z.B. Herkunft, Browser), ist funktional aber eingeschränkt (z.B. keine Segmentierung). Neben Piwik gibt es noch zahlreiche weitere Open-Source-Tools, vor allem bei der Logfile-Analyse (z.B. AWStats, Webalizer, PageLogger).

Kostenlose Tools im Web Analytics

- **Kostenlose Tools:**
  In diese Kategorie fallen Softwareprodukte, die zwar frei erhältlich, aber nicht Open Source sind. Prominentes Beispiel hier ist

Google Analytics. 2010 gab es mehr als 12 Millionen Google-Analytics-Accounts, was es zurzeit zu dem am weitesten verbreiteten Tool der Welt macht [Aden 2010, S. 10]. Je nach Studie und Analyse beträgt der weltweite Marktanteil von Google Analytics bis zu 80 % [W3Techs 2011]. Google Analytics ist auf den Massenmarkt ausgerichtet und stellt für kleinere und normale Websites eine ideale (Einsteiger-)Lösung auf dem Markt dar. Neben Google Analytics gibt es noch zahlreiche weitere freie Tools (z. B. Going Up, Woopra oder Clicky).

- **Tools im unteren Preissegment:**
  Regionale Tool-Anbieter
  Es gibt viele kleinere WA-Anbieter, wie zum Beispiel eTracker oder Econda in Deutschland, die kostengünstige Tools in der Größenordnung zwischen 10 € und 500 € pro Monat anbieten. Diese Systeme eignen sich vor allem für kleinere Websites oder Unternehmen, denen ein eher geringes Budget für das Web Analytics zur Verfügung steht, die aber dennoch spezielle Anforderungen an das Produkt haben (z. B. Datenschutz, Inhouse-Lösung oder Beratung).
- **Tools im mittleren Preissegment:**
  Skalierbare Tools
  Für Mid-Range-Systeme (z. B. SAS Web Analytics, Webtrekk und AT Internet) im mittleren Preissegment zahlt man etwa zwischen 500 € und 1000 € im Monat. Sie richten sich insbesondere an mittelgroße Websites oder Unternehmen (KMU) mit speziellen Ansprüchen zum Beispiel in Form individualisierter Lösungen oder von Zusatzprodukten, etwa im CRM- oder Data-Warehouse-Bereich.
- **Tools im höheren Preissegment:**
  Marktführer und Tools für Websites mit viel Traffic
  High-End-Systeme der oberen Preisklasse richten sich in erster Linie an Großunternehmen, die sich die hohen Kosten budgetmäßig leisten können (ca. 1000 € bis mehrere Tausend Euro im Monat, je nach Funktionsumfang und Höhe des Traffics). Firmen, die eine große Website bzw. einen Webshop betreiben oder einen hohen Anteil des Umsatzes online erwirtschaften, greifen überdurchschnittlich oft auf diese WA-Systeme zurück. Marktführer sind die beiden amerikanischen Firmen Omniture (Adobe SiteCatalyst) und Webtrends. Aber auch Anbieter mit geringem Marktanteil (z. B. Unica, Coremetrics, comScore und Mindlab) können zu den High-End-Systemen gerechnet werden. Diese Tools haben einen hohen Funktionsumfang, sind mächtig und erfordern in der Regel Schulungen, Support und Beratung.

Über 200 Web-Analytics-Tools weltweit

Die Liste in Tabelle 9–2 zeigt eine Auswahl prominenter Web-Analytics-Systeme. Die Liste in alphabetischer Reihenfolge ist weder abschließend noch vollständig und ohne Gewähr (weltweit kann im

Bereich Web Analytics zurzeit von rund 200 Systemen ausgegangen werden). Eine erweiterte und aktualisierte Liste von Tools ist unter *www.WebAnalyticsWebControlling.org* zu finden.

Tab. 9–2
Ausgewählte Web-Analytics-Systeme (Stand 31. Mai 2012)

Anbieter/Tool	URL	Methode	Kosten	Betrieb
AT Internet	*www.at-internet.com*	PT	€€-€€€	hosted
AWStats	*awstats.sourceforge.net*	LF	OS/frei	intern
Clicktale	*www.clicktale.com*	PT	€-€€	intern
Clicky	*www.getclicky.com*	PT	frei – €	hosted
comScore	*www.comscore.com*	PT	€€€	hosted
Coremetrics	*www.coremetrics.com*	PT	€-€€	hosted
Crazy Egg	*www.crazyegg.com*	PT	€	hosted
eAnalytics	*http://eanalytics.de*	PT	OS/frei	intern
Econda	*www.econda.de*	PT	€-€€	hosted
Etracker	*www.etracker.com*	PT	€-€€	hosted
Going up	*www.goingup.com*	PT	frei	hosted
Google Analytics	*google.com/analytics*	PT	frei	hosted
Logaholic	*www.logaholic.com*	PT	€	hosted
Lyris	*www.lyris.com*	PT	€-€€	hosted
M5 FastStats	*www.mach5.com*	PT	€	intern
Metalizer	*www.metapeople.com*	PT	€-€€	hosted
Mindlab	*www.mindlab.com*	Proxy	€€€	intern
NewElements	*www.newelements.de*	PT	€	hosted
Odoscope	*www.odoscope.de*	PT	€€-€€€	hosted
Omniture (SiteCatalyst)	*www.adobe.com*	PT	€€€	hosted
Open WA	*openwebanalytics.com*	PT	OS/frei	intern
PageLogger	*www.pagelogger.com*	PT	OS/frei	intern
Piwik	*www.piwik.org*	PT	OS/frei	intern
SAS WA	*www.sas.com*	PT	€€-€€€	hosted
Unica	*www.unica.com*	PT	€€-€€€	hosted/i
Webalizer	*www.webalizer.org*	LF	OS/frei	intern
Webtrekk	*www.webtrekk.de*	PT	€€-€€€	hosted/i
Webtrends	*www.webtrends.com*	PT	€€€	hosted/i
WiredMinds	*www.wiredminds.com*	PT	€-€€	hosted
Woopra	*www.woopra.com*	PT	frei	hosted
Yahoo! WA	*web.analytics.yahoo.com*	PT	frei	hosted

Legende: PT = Page Tagging, LF = Logfile-Analyse, OS = Open Source, i = intern, € = unteres, €€ = mittleres, €€€ = oberes Preissegment (bei viel Website-Traffic)
Alle Angaben ohne Gewähr.
Aktuelle Liste unter: *www.WebAnalyticsWebControlling.org*

9.5 Auswahlkriterien zu Web-Analytics-Software

Auswahl von Analysewerkzeuge

Die Tool-Vielzahl stellt Website-Betreiber bei der Auswahl vor die Frage, welches Web-Analytics-System am besten für ihre Website geeignet ist. Darauf gibt es keine allgemeingültige Antwort, es lassen sich jedoch verschiedene Auswahlkriterien herleiten, die bei der Definition der Anforderungen und bei der Auswahl eines Produktes helfen können [Amthor & Brommund 2010, S. 199 ff.; Forrester 2009; S. 14 f.; Hassler 2010, S. 394 f.].

Mögliche Kriterien bei der Auswahl eines Tool-Anbieters bzw. Web-Analytics-Systems sind [Zumstein 2012, S. 52 f.]:

- **Datensammlungsmethode und Zuverlässigkeit:**
  Clientseitige und serverseitige Datensammlungsmethode
  Es kann ein Tool ausgewählt werden, das auf der *clientseitigen oder serverseitigen Datensammlungsmethode* basiert oder diese kombiniert. Die Art und die Funktionsweise sowie die Vor- und Nachteile der Datensammlungsmethode (vgl. Tab. 9–1) können bei der Auswahl eines Web-Analytics-Tools ein entscheidendes Kriterium sein.
- **Kosten und Preisgestaltung:**
  Anforderungen an das Tool und verfügbares Budget
  Die Auswahl eines Tools hängt in erster Linie von den *Anforderungen* an das Tool und vom Budget ab. Die Preisstrukturen und Lizenzmodelle der Anbieter unterscheiden sich teilweise erheblich. Wie im vorherigen Abschnitt diskutiert, kann zwischen kostenlosen Tools, Software im unteren Preissegment, Systeme im mittleren Segment und zwischen teuren High-End-Lösungen unterschieden werden.
- **Betrieb und Datenspeicherung:**
  Interne oder externe Datenspeicherung
  Die Installation des Systems und die *Speicherung der Daten erfolgt intern* (inhouse bzw. lokal) oder extern gehosted als On-Demand- bzw. ASP-Lösung. Gerade bei Systemen, die geschäftskritische oder sensible Daten z.B. über Kunden oder Transaktionen verarbeiten, wird eine interne Datenspeicherung empfohlen. Bei externem Hosting sollte abgeklärt werden, in welchem Land die Daten gespeichert werden, sprich an welchem Ort die Server physisch stehen und welche Datenschutzgesetze bzw. -richtlinien in diesem Land gelten.
- **Art und Ziele der Website:**
  Charakteristiken der Website
  Die Art, Größe, Komplexität, Technologie und Funktionalität der Website sowie die mit der Website verbundenen Ziele und die zu messenden Webkennzahlen sind ein weiteres Selektionskriterium.

Funktionen des Tools

- **Anforderungen und Funktionen:**
  Die gewünschten Anforderungen an das System, an Funktionalitäten und die Einsatzmöglichkeiten des Tools inklusive Dashboards spielen eine wesentliche Rolle.

  Beispiele möglicher *Funktionen, Anwendungen und Features* von Web-Analytics-Tools sind:

  - Individualisierbare Dashboards & Reports
  - Art & Umfang der Segmentierungsmöglichkeiten
  - Click- bzw. Heatmaps (Browser-Overlay)
  - Segmentierungs- und Visualisierungsmöglichkeiten
  - Mouse Tracking
  - Kampagnen-Tracking und -management
  - Suchfunktionen im System
  - A-/B-Tests und multivariate Tests

Demo und Test von Tools

- **Konfigurierbarkeit:**
  Die Anpassungsmöglichkeiten des Dashboards und der Kennzahlen bestimmen die Auswahl mit. Ein weiteres Kriterium ist auch die Benutzerfreundlichkeit des Dashboards und/oder der Benutzerschnittstelle. Daher wird bei jeder Tool-Auswahl empfohlen, zuvor eine *Demoversion* des Web-Analytics-Systems anzuschauen und das Tool genau zu testen.

Hilfe, Beratung, Schulung und Referenzen

- **Support:**
  Die Verfügbarkeit, Kompetenz und die Kosten für *Hilfe, Beratung oder Schulung* sowie die geografische Lage des Anbieters oder der Berater können entscheidend sein für den Support. Auch einen Blick auf die *Referenzen* der Anbieter kann hilfreich sein, genauso wie die Beschaffung von Erfahrungsberichten mit einem System oder Anbieter. Der Ruf eines Web-Analytics-Tool-Anbieters hat laut [Forrester 2009, S. 14] bei einem Viertel der Befragten einen Einfluss auf die Anbieterauswahl.

Integration von Daten

- **Datenintegration und -export:**
  Eine weitere Anforderung ist die Möglichkeit des *Imports und Exports von Daten über Schnittstellen* (APIs), d.h. die Integration von Daten aus anderen Informationssystemen sowie der Export in andere Systeme wie Datenbanken, Data Warehouses oder Tabellenkalkulationen wie z.B. Excel.

- **Datenschutz und Datensicherheit:**
  Die Anforderungen an die Datensicherheit und an die Datenschutzkonformität von WA-Systemen in Bezug auf die Datenschutzkriterien, -bestimmungen oder -gesetze sollten berücksichtigt werden. Dies betrifft unter anderem den Speicherort der Daten, den Einsatz von Cookies und vor allem die Speicherung von IP-Adressen. Europäische Anbieter verwenden teilweise externe *Zertifikate oder Gütesiegel*, die die rechtskonforme Verwendung der gesammelten Daten garantieren. Beim Einsatz eines WA-Tools sollte unter den Datenschutzbestimmungen immer darauf hingewiesen werden, dass auf der Website Daten über die Websitenutzung erfasst werden.

Zertifikate und Gütesiegel zum Datenschutz

Weitere Aspekte zum Thema des Datenschutzes im Web Analytics werden im nachfolgenden Kapitel behandelt.

10 Datenschutz & Datensicherheit

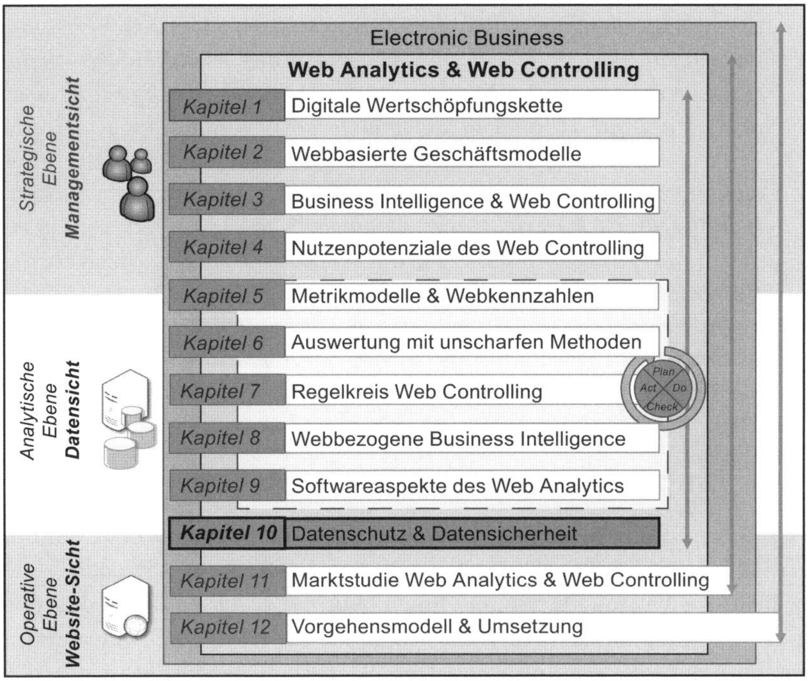

Abb. 10–1
Datenschutz und Datensicherheit

Das Kapitel widmet sich den datenschutzrechtlichen Aspekten bei der Nutzung von Web Analytics. Im ersten Abschnitt 10.1 wird die Begriffsbildung für Datenschutz und Datensicherheit gegeben. Zudem werden ausgewählte Aspekte der Datenschutzgesetzgebung angesprochen, wie sie in der Europäischen Union Anwendung finden. Abschnitt 10.2 analysiert die Chancen und Risiken bei Personalisierungsdiensten. Kundenprofile bilden die Basis jeglicher Geschäftstätigkeit; wichtig dabei ist, dass die Privatsphäre der Nutzer geschützt bleibt. Kriterien für eine transparente Deklaration beim Einsatz von Web-Analytics-Werkzeugen liefert Abschnitt 10.3. Anhand von Marktuntersuchungen wird aufgezeigt, dass ein Handlungsbedarf für transparente Deklaration besteht. Entsprechende Kriterien und Rechte wie Auskunftsrecht und Widerrufsrecht werden erläutert. Die Plattform für Privacy Preferences, von der W3C vorgeschlagen, wird in Abschnitt 10.4 behandelt. Ein Benutzer kann dabei seine Präferenzen für den Schutz seiner Privatsphäre in Kategorien festlegen. Sobald er Websites mit davon abweichender Funktionalität besucht, wird er automatisch darauf hingewiesen. Da die meisten Website-Betreiber ohne ein Identitätsmanagement kaum auskommen, wird in Abschnitt 10.5 näher darauf eingegangen. Insbesondere wird der Vorschlag zur Verwendung digitaler Pseudonyme besprochen, damit personenbezogene Daten ausgetauscht und die Privatsphäre der Nutzer gleichzeitig geschützt werden kann. Um das Vertrauen im eBusiness oder eGovernment zu erhöhen, können Zertifizierungsprozesse mit entsprechenden Gütesiegeln durchgeführt werden (Abschnitt 10.6). Ein Beispiel eines Siegels ist das European Privacy Seal (EuroPriSe), das von unabhängigen Zertifizierungsstellen vergeben wird und eine vorbildliche Erfüllung der europäischen Datenschutzrichtlinien deklariert. In Abschnitt 10.7 werden Empfehlungen sowohl für die Internetnutzer wie die Website-Betreiber abgegeben. Wichtig dabei ist das sogenannte Closed-Loop-Verfahren des Opt-in, das den Internetnutzer explizit auffordert, sein Einverständnis für das Sammeln und Auswerten seiner personenbezogenen Daten im Web Analytics zu geben.

10.1 Umgang mit personenbezogenen Daten

Rechte der Internetnutzer bezüglich Datenschutz

Die Betreibung von webbasierten Informationssystemen bzw. eShops ermöglicht es, große Datenmengen auf Servern zu speichern und gezielte Auswertungen vorzunehmen. Mit der wachsenden Bedeutung von Web Analytics stellt sich die Frage, wie die Rechte der Internetnutzer bezüglich Datenschutz und Datensicherheit gewährleistet werden [Kröger & Gimmy 2002]. Dabei geht es vor allem um personenbezogene Daten, d.h. Daten, die unmittelbar zu einer Person gespeichert werden. Solche personenbezogenen Daten sind Name und Vorname, Geburtsdatum, Geschlecht, Religionszugehörigkeit, Zivilstand, Bank-, Kreditkarten- und Adressdaten sowie Angaben zur Gesundheit, zu Besitz- oder Eigentumsverhältnisse, Leumund u.a.

Schutz der Persönlichkeit und der Grundrechte

Die Datenschutzgesetze zielen darauf ab, die *Persönlichkeitssphäre und die Grundrechte von Personen zu schützen*. Dabei geht es sowohl um Datenschutz als auch um Datensicherheit.

Definition Datenschutz und Datensicherheit

Unter **Datenschutz** versteht man den Schutz der Daten vor unbefugtem Zugriff und Gebrauch. Schutzmaßnahmen sind Verfahren zur eindeutigen Identifikation von Personen, zum Erteilen von Benutzerberechtigungen für bestimmte Datenzugriffe, aber auch kryptografische Methoden zur Speicherung und Weitergabe von Informationen.

Im Gegensatz zum Datenschutz fallen unter den Begriff **Datensicherheit** technische und softwaregestützte Maßnahmen zum Schutze der Daten vor Verfälschung, Zerstörung oder Verlust. Hier geht es um die Sicherung von Datenbeständen mit der Hilfe von Archivierungsverfahren, die Wiederherstellung von Datenbeständen nach Fehlerfällen sowie den Schutz von Daten gegen Viren und Hackerangriffen.

Schützenswerte Informationen

Als besonders *schützenswerte Informationen* über Personen gelten die folgenden Angaben [Widmer & Bähler 2000, S. 249]:

- Weltanschauliche oder religiöse Ansichten oder Tätigkeiten
- Zugehörigkeit zu einer ethnischen Gruppe oder Minderheit
- Daten zur Gesundheit bzw. zu einer bestimmten Krankheit oder einem Gebrechen
- Angaben zu Straftaten, zu strafrechtlicher Verfolgung bzw. zu Sanktionen
- Informationen zur Intimsphäre der Person

Die Gesetzgebung (vgl. [Richtlinie 95/46/EG] der EU) sieht vor, dass personenbezogene Daten nur rechtmäßig beschafft und nach Treu und Glauben bearbeitet werden. Solche Daten dürfen nur zum Zwecke benutzt werden, der bei der Erhebung der Daten angegeben wurde oder aus den Umständen ersichtlich oder gesetzlich vorgesehen ist.

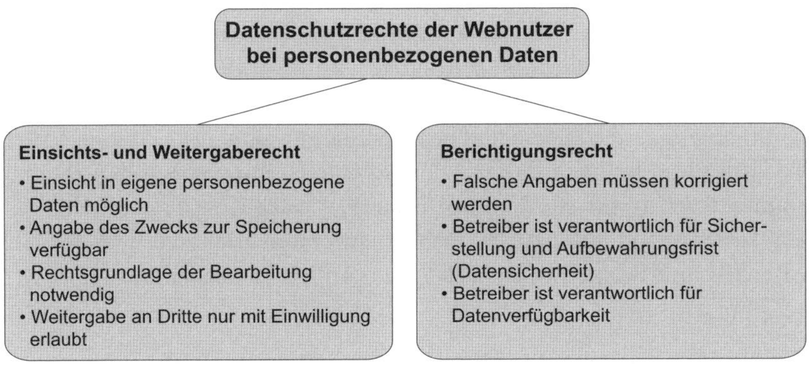

Abb. 10–2 *Einsichts-, Weitergabe- & Berichtigungsrecht gemäß Datenschutzgesetz*

Einsichts-, Weitergabe- und Berichtigungsrecht

In Abbildung 10–2 sind die Rechte der Internetnutzer aufgezeigt, die sie gemäß den Datenschutzbestimmungen besitzen. Sie können jederzeit *Einsicht* in ihre Datenbestände verlangen, wobei der Betreiber dieser Datensammlungen den Zweck und die Rechtsgrundlage der Bearbeitung erläutern muss.

Weitergabe personenbezogener Daten an Dritte

Personenbezogene Daten dürfen in der Regel *nicht an Dritte weitergegeben* werden, solange der Betroffene nicht seine ausdrückliche Einwilligung dazu gibt. Die Auskunft kann in Ausnahmefällen eingeschränkt werden, falls ein Gesetz dies vorsieht oder falls es wegen eines überwiegenden Interesses eines Dritten erforderlich ist. Dies ist zum Beispiel dann der Fall, wenn die innere oder äußere Sicherheit der Öffentlichkeit gefährdet ist (z. B. Terrorbekämpfung).

Recht auf Berichtigung falscher Angaben

Neben dem Auskunftsrecht besitzt jede Person das *Recht auf Berichtigung falscher Angaben*. Veraltete Daten oder für den Bearbeitungszweck nicht mehr benötigte Daten müssen gemäß den vorgesehenen Fristen vernichtet werden. Der Betreiber des webbasierten Informationssystems oder eines Web-Analytics-Tools ist verantwortlich für die Sicherstellung und Verfügbarkeit der Daten.

Die Behörden führen ein Register über die Datensammlungen mit personenbezogenen Daten. Unter schützenswerte Datenbestände fallen sowohl elektronisch wie manuell geführte Bestände, sobald sie personenbezogene Daten enthalten. Datenschutzbeauftragte bzw. Ombudsleute der Behörden beraten die Öffentlichkeit betreffend ihre Rechte und Pflichten. Sie können zudem Empfehlungen dem Gesetzgeber vorschlagen, falls die Bestimmungen mit dem Umgang personenbezogener Daten verändert oder an neuere Entwicklungen (Beispiel soziale Netzwerke) angepasst werden sollten.

Aggregation und Verknüpfung von Daten

Grundsätzlich ist das Sammeln von Webmetriken und Webkennzahlen im Web Analytics unproblematisch, solange keine personenbezogenen Daten betroffen sind oder anonymisierte Webmetriken zu Führungszwecken aggregiert und analysiert werden. Allerdings strebt man im Kundenbeziehungsmanagement an, Präferenzen oder Verhaltenseigenschaften bestimmter Besucher- und Kundengruppen auf Individuen zu übertragen, um diesen Kaufempfehlungen abzugeben. Datenschutzrechtliche Probleme tauchen also dann auf, wenn Daten des Web Analytics und Benutzerdaten z. B. über eine User- oder Kunden-ID miteinander verknüpft werden, um Besucher- oder Kundenprofile herleiten zu können (vgl. [Risch 2007]). Im Folgenden werden deshalb Chancen und Risiken beim Web Analytics näher analysiert.

10.2 Chancen und Risiken bei der Personalisierung

Die Nutzenpotenziale des Web Controlling wurden in Kapitel 4 ausführlich behandelt. Werden Methoden des *Web oder Data Mining* (vgl. [Knoll & Meier 2009]) angewendet und mit den aus der Geschäftstätigkeit erlangten Kundenprofilen kombiniert, ergeben sich weitere Vorteile sowohl für die Kunden als auch für das Unternehmen.

Der Begriff des Kundenprofils wird von unterschiedlichen Autoren unterschiedlich definiert (vgl. [Risch 2007, S. 19 ff.]). Einige Quellen sprechen vom Benutzerprofil, im englischsprachigen Raum wird neben Customer Profile vom Customer Record gesprochen und bei den Rechtswissenschaften ist oft vom Persönlichkeitsprofil die Rede. Was bei allen Definitionen auffällt, ist die Tatsache, dass einerseits auf das Sammeln von Daten und andererseits auf das eindeutige Zuordnen dieser Daten zu einer Person hingewiesen wird.

Definition Kundenprofil

Ein **Kundenprofil** umfasst relevante und teilweise personenbezogene Daten, die einer eindeutig bestimmbaren Person zugeordnet sind und Aufschluss über vergangene, bestehende und künftige Geschäftsbeziehungen geben (in Anlehnung an [Risch 2007, S. 21]).

Kundenprofile bilden eine Teilmenge der Kundendaten im Unternehmen, Kundenprofildaten sind somit Kundendaten. Umgekehrt finden nicht alle Kundendaten Eingang ins Kundenprofil, da man sich auf eine überschaubare Zahl von (relevanten) Merkmalen beschränkt. Fasst man alle Kundenprofile zusammen und speichert diese in strukturierter Form, so entsteht das Customer Data Warehouse. Dieses erlaubt, den Kundenwert eines einzelnen Kunden oder das Kundenkapital zu berechnen [Blattberg et al. 2001; Meier & Stormer 2012].

Analog zu den Kundenprofilen im eCRM können im Web Analytics Benutzer- bzw. Besucherprofile (User Profile) erstellt werden.

Definition Besucherprofil

Ein **Besucherprofil** umfasst alle relevanten Daten und Informationen eines Besuchers, die während der gesamten Besuchshistorie des Besuchers auf einer Website anfallen. Es umfasst alle Standardmetriken (wie z.B. Seitenzugriffe oder Besuche), Daten zu den Traffic-Quellen sowie Metriken zur Inhaltsnutzung, zum Besucherverhalten und zu den Besuchercharakteristiken.

Daten des Kundenprofils

Zu den *Besucherprofildaten* gehören unter anderem (vgl. Abb. 10–3):

- Clickstream-Daten (z.B. besuchte Webseiten, Besuchsfrequenz)
- Interaktionsdaten (Benutzeraktivitäten wie z.B. Sucheingaben)
- Sitzungsdaten (Identifikation der Besucher z.B. über Cookies)
- Computerinformation (z.B. IP-Adresse, Betriebssystem, Browser)
- Inhaltsdaten (Texte, die z.B. bei Formularen übertragen werden)
- Eventuell Online-Kontaktinformationen (z.B. E-Mail-Adresse), wenn sich Besucher auf der Website registrieren

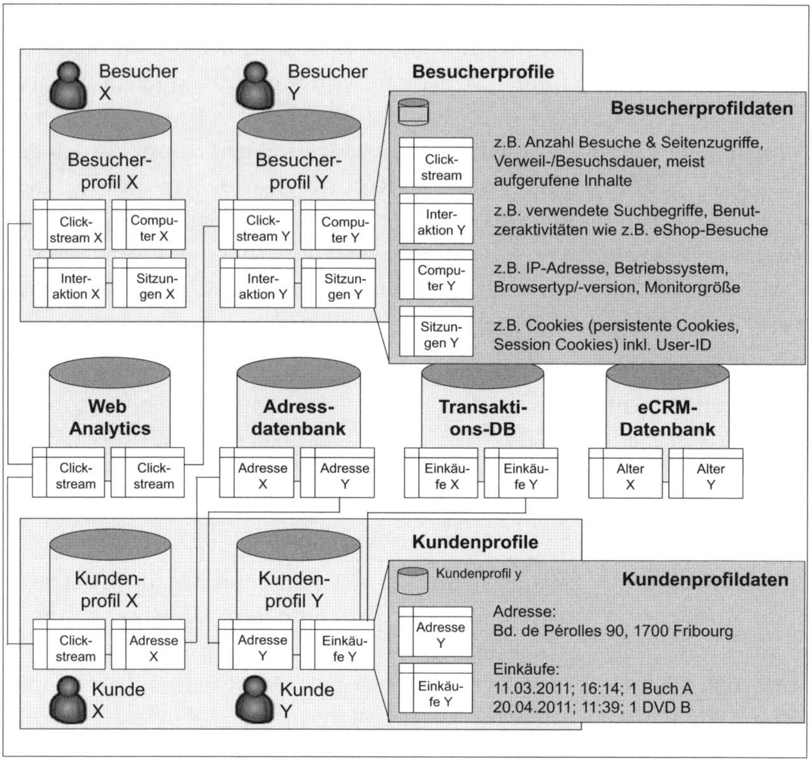

Abb. 10–3
Besucher- und Kundenprofile (in Anlehnung an [Risch 2007, S. 21])

Abbildung 10–3 veranschaulicht die Unterschiede zwischen Besucher- und Kundenprofildaten. Das zentrale Unterscheidungsmerkmal im Profiling ist die eindeutige Zuordnung einer Merkmalsausprägung (z.B. Clickstream, E-Mail-Adresse oder Besuche im Webshop) zu einem bestimmten Besucher oder Kunden X (z.B. Müller).

Vorteile von Kundenprofilen

Die Nutzung von Besucher- und Kundenprofilen hat für den Kunden und das Unternehmen gewichtige Vorteile [Risch 2007; Vesanen 2005]. Der Besucher oder Kunde, Einverständnis zur Nutzung des Profils vorausgesetzt, profitiert von den folgenden Möglichkeiten:

- Bessere Websites oder Services, die auf die individuellen Bedürfnisse und Interessen zugeschnitten sind
- Auf die Bedürfnisse zugeschnittene Produkte oder Dienstleistungen, falls Mass Customization unterstützt wird
- Spezielle Angebote, eventuell abhängig vom eigenen Kundenwert
- Persönliche Interaktions- und Kommunikationsbeziehung
- Einsatz von Empfehlungssystemen, die persönliche Präferenzen miteinbeziehen und passende Inhalte oder Produkte bzw. Dienstleistungen empfehlen.

Entsprechend ergeben sich wichtige Vorteile aus Unternehmenssicht:

- Höherer Absatz bzw. höhere Margen, z.B. durch Ausschöpfen von Cross- und Up-Selling
- Verbesserte Kundenakquisition durch Marketinginstrumente
- Erhöhte Kundenbindung durch besseren Service und individuelle Bedürfnisbefriedigung
- Besseres Verständnis des Verhaltens einzelner Kunden(gruppen)
- Differenzierungspotenziale gegenüber der Konkurrenz

Privatsphäre (Privacy)

Bei den Risiken der Nutzung von Besucher- und Kundenprofilen steht die Privatsphäre im Brennpunkt. Risiken ergeben sich auch hier beim Kunden wie beim Unternehmen. Zur Definition der Privatsphäre beruft man sich oft auf das Werk »Privacy and Freedom« von Alan Westin, das 1967 publiziert wurde:

Definition Privacy (Privatsphäre)

> **Privacy** is the claim of individuals, groups or institutions to determine of themeselves when, how and to what extend information about them is communicated to others [Westin 1967, S. 7].

Dem Menschen soll ein privater Bereich bleiben, in dem er sich frei und unbeobachtet bewegen kann (the right to be left alone). Dieses als Menschenrecht verankerte Prinzip kann nur aufgrund eines öffentlichen Interesses an einer Person oder zum Zweck der Strafverfolgung eingeschränkt werden.

Die meisten Datenschutzgesetze verlangen neben dem Schutz der Privatsphäre auch eine Zweckgebundenheit bei der Verwendung von personenbezogenen Daten (vgl. z.B. Datenschutzrichtlinie [Richtlinie 95/46/EG] und Datenschutzrichtlinie für elektronische Kommunikation [Richtlinie 2002/58/EG] der Europäischen Union). Mit anderen Worten darf nicht alles, was mit den Kundendaten gemacht werden könnte, auch gemacht werden.

Gefahrenpotenzial bei IP-Adressen und Cookies

Beim Web Analytics werden u.a. folgende Gefahrenpotenziale diskutiert, die die Privatsphäre tangieren:

- **IP-Adressen:**
  Die IP-Adresse basiert auf dem Internetprotokoll und adressiert Geräte in Computernetzwerken. Sie kann einzelne Empfänger oder Gruppen von Empfängern bezeichnen; umgekehrt können einem Rechner mehrere IP-Adressen zugeordnet werden. Umstritten ist, ob die IP-Adresse eines Internetbenutzers zum Zeitpunkt des Gebrauchs ein personenbezogenes Merkmal darstellt oder nicht.

- **Cookies:**
  Ein Cookie ist ein Eintrag auf einem Rechner und dient dem Austausch von Informationen in einem Computernetzwerk. Cookies werden benötigt, um einzelne Aufrufe eines Benutzers zu verbinden bzw. wiederkehrende Besucher zu erkennen. Die Verwendung von Cookies wird von Internetbenutzern kontrovers diskutiert, obwohl die Aussagekraft beim Web Analytics beschränkt ist.

Die Gefahren des Missbrauchs können beim Web Analytics reduziert werden, falls der Betreiber über Datenschutzaspekte transparent kommuniziert (siehe Abschnitt 10.3) bzw. dem Benutzer Handlungsalternativen wie Opt-in oder Opt-out (vgl. Abschnitt 10.7) anbietet.

10.3 Kriterien für transparente Deklaration

Messung von jedem einzelnen Klick

Mit Werkzeugen des Web Analytics kann jeder einzelne Klick eines Besuchers einer Website erfasst und das Besucherverhalten ausgewertet werden. Bei der clientseitigen Datensammlungsmethode (vgl. Abschnitt 9.3) erlaubt der Einsatz von JavaScript die Erhebung einer Vielzahl an Informationen zur Websitenutzung und zu den Besuchereigenschaften, ohne dass ein Besucher sich dessen bewusst ist oder darüber in Kenntnis gesetzt wird. Der Einsatz von Cookies ermöglicht es zudem, einzelne Besucher eindeutig zu identifizieren (sofern er/sie Cookies nicht löscht oder deaktiviert). Spätestens jetzt kommt der Datenschutz ins Spiel, falls individuelles Klickverhalten der Besucher aufgezeichnet und zu einem Besucherprofil verkettet wird.

Das Erfassen und Speichern von websitebezogenen Daten ist unproblematisch, falls die Besucher damit einverstanden sind und die erhobenen Daten der Websitenutzung korrekt gehandhabt werden. Doch vor allem Ersteres ist gemäß diversen Untersuchungen (vgl. Datenschutzbarometer von [XAMIT 2010]) ein Problem: Nur ein geringer Teil der Website-Betreiber, die Daten sammeln, kommunizieren dies transparent in ihren Datenschutzerklärungen.

Forschungsfragen einer Untersuchung zum Datenschutz

In einer Untersuchung der Universität Fribourg [Drobnjak 2010; Zumstein et al. 2011b] wurde geprüft, ob die Website-Betreiber beim Gebrauch von Web-Analytics-Werkzeugen die Deklarationspflicht gemäß Datenschutzbestimmungen erfüllen. Insbesondere wurden bei der Untersuchung folgende vier Fragen analysiert:

- Deklariert das Unternehmen beim Einsatz eines Web-Analytics-Tools, *dass Daten gesammelt* und damit Rechte der Betroffenen gemäß Datenschutzbestimmungen tangiert werden?
- Gibt das Unternehmen an, dass beim Einsatz des Web-Analytics-Werkzeuges *Cookies* verwendet werden?

- Deklariert das Unternehmen, dass *IP-Adressen* gespeichert und gegebenenfalls für Auswertungszwecke verwendet werden?
- Nennt das Unternehmen das *Web-Analytics-System namentlich* und wird auf mögliche Konsequenzen betreffend Datenschutz beim Gebrauch dieses Werkzeuges verwiesen?

Deklaration bei den Forbes-Top-500-Unternehmen

Aus der Liste der größten zweitausend internationalen Unternehmen, erhoben durch Forbes.com, wurden 500 Unternehmen überprüft. Diese stammen aus unterschiedlichen Branchen und sind vorwiegend in Nordamerika, Europa und Asien beheimatet. Die Abbildung 10–4 zeigt die Erhebung bezüglich der Deklarationspflicht.

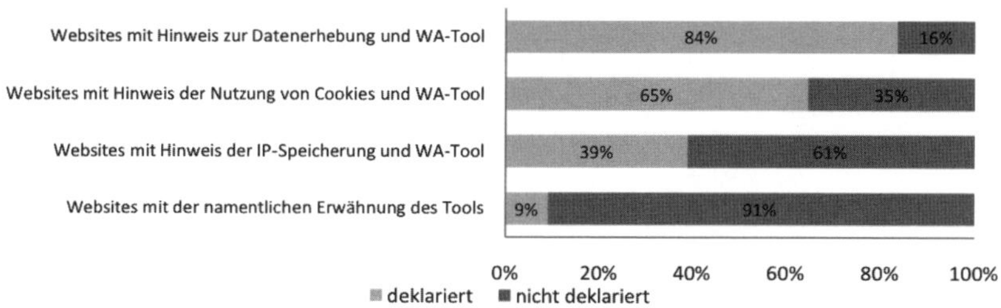

Abb. 10–4
Einhaltung der Deklarationspflicht bei den Forbes-Top-500-Unternehmen (n=365) (nach [Drobnjak 2010, S. 51])

Resultate der Untersuchung zum Datenschutz

Von den Forbes-500-Unternehmen aus der Topliste nutzen 73 % clientseitige Web-Analytics-Tools. Bei diesen deklarieren 84 % die Datenerhebung, 52 % die Verwendung von Cookies und 39 % die Nutzung von IP-Adressen. Dazu muss erwähnt werden, dass Cookies und IP-Adressen nicht von jedem Werkzeug genutzt werden bzw. dass die Betreiber kritische Daten anonymisieren können. Problematischer wird es, wenn das am meisten gebrauchte Werkzeug *Google Analytics* genauer unter die Lupe genommen wird. Das Unternehmen Google verlangt von den Betreibern eine Deklaration, bei der u.a. folgende Aussage steht: »Die durch den Cookie erzeugten Informationen über Ihre Benutzung dieser Website (einschließlich Ihrer IP-Adresse) wird an einen Server in den USA übertragen und dort gespeichert« [Google Analytics Nutzungsbedingung 2011]. Kritisch ist, dass von den 500 Unternehmen – 33 % von diesen nutzen Google Analytics – nur gerade 4 % die offizielle Nutzungsbedingung von Google aufschalten [Drobnjak 2010, S. 36/53].

Wie die fehlende Transparenz erhöhen?

Nun stellt sich die Frage, wie die *fehlende Transparenz* bezüglich Datensammlungen auf Websites erhöht werden kann? Eine Möglichkeit wäre die Verschärfung der Datenschutzgesetze. Eine europa- oder sogar weltweite Regelung zu Datensammlungen im Internet ist jedoch politisch schwer durchsetzbar, technisch oft nicht sinnvoll und betriebswirtschaftlich kontraproduktiv. Eine bessere Alternative ist die Selbstregulierung, etwa die Einführung eines »Code of Ethics« oder

Tab. 10–1
Kriterien für transparente Deklaration der Datenerhebung nach [Zumstein et al. 2011, S. 83].

Kriterium	Beschreibung
Deklaration der Datensammlung	▪ Deklaration, dass auf der Website Daten gesammelt werden (»Deklarationspflicht« unter Datenschutzbestimmungen) ▪ Deklaration, welche Art von Daten gesammelt wurden (z.B. Daten zur Websitenutzung) ▪ Erwähnung der Verantwortlichen, Besitzer und Verwender der gesammelten Daten
Zweck der Datensammlung	▪ Deklaration, warum Daten gesammelt werden (z.B. für Analyse Websitenutzung, Verbesserung der Website oder Marketings) ▪ Deklaration, wie die Datenverarbeitungsschritte erfolgen und was mit den Daten geschieht ▪ Deklaration, dass nur nicht persönliche Daten gespeichert werden ▪ Deklaration, dass persönliche Daten (wie z.B. Login-, Adress- oder Zahlungsdaten) nicht an Dritte weitergegeben werden ▪ Deklaration und ausdrückliche Einwilligung der User, falls Daten an Dritte weitergegeben werden
Methode der Datensammlung	▪ Deklaration, wie auf der Website Daten erhoben werden, z.B. durch Logfile-Analysen oder den Einsatz clientseitiger Datensammlungsmethoden (Page Tagging) oder Nutzung von Cookies ▪ Information zur Funktionsweise der Datensammlungsmethoden ▪ Angaben, welche Daten mit der eingesetzten Methode gesammelt werden (und welche nicht)
Technologie der Datensammlung	▪ Spezifikation der eingesetzten Technologien (z.B. persistente Cookies, Session Cookies, JavaScript etc.) ▪ Beschreibung der Handhabung dieser Technologien (z.B. wie Cookies oder JavaScript im Browser gelöscht/deaktiviert werden) ▪ Anonymisierung der IP-Adresse und Erfassung von lediglich aggregierten Daten ▪ Informationen, wo sich die Web- bzw. Tracking-Server mit den Daten geografisch befinden
Verwendete **Software**	▪ Deklaration des Namens des eingesetzten Web-Analytics-Tools und dessen Anbieter ▪ Weitere Angaben (z.B. Link, Informationen) zum Tool und Anbieter
Widerrufsrecht	▪ Möglichkeit, dass die Besucher die Datensammlung deaktivieren können (Opt-out-Funktion) ▪ Alternativ: Besucher geben ihr explizites Einverständnis zur Datenerhebung (Opt-in-Funktion) ▪ Möglichkeit der Ablehnung bzw. Widerruf zur Datensammlung (Widerspruchsrecht)
Auskunftsrecht	▪ Deklaration des Zugangs- bzw. Auskunftsrechts zu benutzerspezifischen/persönlichen Daten ▪ Möglichkeit der Löschung von persönlichen und sensitiven Nutzerdaten ▪ Kontaktinformationen zu einem Verantwortlichen für Datenschutzangelegenheiten ▪ Publikation der betriebsinternen Datenschutzbestimmungen und eines »Code of Ethics«

eine Zertifizierung der Datensammlung und -nutzung im Web durch unabhängige Organisationen (vgl. Abschnitt 10.6). Ziel ist die Definition eines Kriterienkataloges, der im Sinne einer »Best Practice« eine vorbildliche Deklaration der Datensammlung garantiert [Zumstein et al. 2011a].

Kriterien zur Erhöhung der Transparenz

Tabelle 10–1 zeigt einen Überblick an möglichen *Kriterien*, die zur Beurteilung und Erhöhung der Transparenz dienen könnten. Neben der Deklaration der Datensammlung sollte der Zweck und die rechtliche Grundlage genannt werden. Zudem ist es wichtig, auf welche Art und Weise die Webdaten gesammelt werden. Im Vordergrund stehen hier die in Kapitel 9 diskutierten Logfile-Analysen bzw. clientseitigen Datensammlungsverfahren. Unter der Rubrik Technik wird die Frage von IP-Adressen und Cookies adressiert. Insbesondere muss aufgezeigt werden, wie die Internetnutzer sich diesbezüglich schützen könnten. Die Nennung des Web-Analytics-Werkzeuges und das Aufzeigen nützlicher Informationen sollte eine Selbstverständlichkeit sein; allerdings zeigen Analysen wie [Drobnjak 2010] oder [XAMIT 2010] das Gegenteil. Wichtig sind die beiden Rechte des Widerrufs der Nutzer: das Opt-in- und das Opt-out-Verfahren (vgl. Abschnitt 10.7). Des Weiteren ist es sinnvoll, darauf hinzuweisen, dass die Benutzer jederzeit eine Einsicht in ihre Nutzerdaten bekommen und bei Bedarf Berichtigungen vornehmen können.

10.4 Plattform für Privacy Preferences

Platform for Privacy Preferences des W3C

Das World Wide Web Consortium (W3C) arbeitet seit Jahren an der sogenannten *Platform for Privacy Preferences* (abgekürzt als P3P; siehe [P3P 2011]). Das Ziel dieser Spezifikation ist, die Internetbenutzer auf einfache Art zu orientieren, was mit ihren personenbezogenen Daten auf unterschiedlichen Websites passiert. Der Nutzer definiert mit einem P3P-Softwareagenten seine Präferenzen bezüglich Privatsphäre. Falls er später Websites besucht, die nicht seinen Präferenzen entsprechen, wird er automatisch informiert.

Präferenzen zu Datenkategorien

Die Grundidee bei P3P ist die Tatsache, dass der Internetnutzer über die Verwendung seiner Webdaten selbst bestimmen kann (Control by Source). Allerdings bietet P3P keine Garantie, dass die auf der Website deklarierten Bestimmungen von den Unternehmen auch tatsächlich eingehalten werden. Damit der Benutzer nicht für jedes einzelne Datenelement wie Telefon- oder Faxnummer Präferenzen festlegen muss, sind *Kategorien* vorgesehen (siehe Tab. 10–2 und [P3P 2011; Cranor 2002]). Legt der Benutzer seine Präferenz für den Schutz seiner Privatsphäre pro Kategorie fest, wird diese Präferenz auf alle Elemente dieser Kategorie vererbt. Die Präferenz enthält Angaben für Zugriff, Verwendungszweck, Empfänger oder Länge der Aufbewahrung.

Datenkategorie in XML-Dateien

Die Plattform P3P ist für den Austausch von Datenschutzinformationen entwickelt worden. Dank der Standardisierung ist es möglich, Datenschutzerklärungen von fremdsprachigen Websites zu interpretieren und die Angaben automatisiert auszuwerten. P3P-Profile liegen auf Webservern als XML-Dateien vor, meistens unter dem Pfad /w3c/p3p.xml. Sie enthalten die folgenden Angaben:

- Welche Datenkategorie wird beim Besuch einer Website erfasst (vgl. Profilnamen in Tab. 10–2)?
- Zu welchem Zweck werden die Webdaten erfasst (vgl. Inhaltsbeschreibung in Tab. 10–2)?
- Wie lange werden die Webdaten gespeichert?
- Wer hat Zugriff auf die Webdaten?
- Welche rechtliche Grundlage besteht zur Datenerhebung?

Der Internetnutzer kann die Plattform P3P kostenlos nutzen, eventuell unterstützt durch einen P3P-kompatiblen Internetbrowser. Spezifiziert der Nutzer beispielsweise seine Präferenz betreffend den Umgang mit Cookies, werden diese Angaben mit denjenigen des Betreibers einer Website automatisch verglichen und Differenzen angezeigt.

P3P-Gütesiegel

Die Nutzung von P3P ist für die Betreiber von Websites ebenfalls kostenlos. Eventuell ist der Betreiber bestrebt, ein *P3P-Gütesiegel* zu erlangen. Dies könnte einen Wettbewerbsvorteil gegenüber anderen Unternehmen darstellen, da datenschutzbewusste Nutzer dadurch erfahren, wie das Unternehmen mit der Privatsphäre der Nutzer umzugehen pflegt.

Die Idee der Plattform für Privacy Preferences betrifft das Web Analytics insofern, als alle Web-Analytics-Tools Daten zu mehreren Kategorien in Tabelle 10–2 erfassen und speichern. Besonders die Datenkategorien »Computerinformation«, »Navigation/Clickstream-Daten«, »Interaktionsdaten«, »Inhalt« und »Sitzungsdaten« sind im Web Analytics betroffen. Werden die Besucher auf einer Website oder in sozialen Netzwerken wie Facebook authentifiziert, indem sie sich z.B. in einen Login-Bereich begeben oder in einem Webshop Kontakt- und Zahlungsinformationen preisgeben, können vom Web-Analytics-Tool auch weitere Daten erhoben werden, etwa »physische und Online-Kontaktinformationen«, »Kaufinformationen«, »Finanzinformationen« sowie »demografische und sozioökonomische Daten«.

Datenkategorie	Inhalt/Beschreibung
Physische Kontaktinformation	Informationen, die erlauben, ein Individuum in der physischen Welt zu kontaktieren oder zu lokalisieren (z. B. Telefonnummer, Adresse)
Online-Kontaktinformationen	Informationen, die erlauben, ein Individuum über das Internet zu kontaktieren oder zu lokalisieren (z. B. E-Mail-Adresse)
Eindeutiger Schlüssel	Informationen, die helfen, ein Individuum eindeutig zu identifizieren oder wiederzuerkennen (z. B. Website-ID)
Kaufinformation	Aufgezeichnete Käufe von Produkten oder Dienstleistungen inklusive Zahlungsmethode
Finanzbezogene Information	Informationen über den finanziellen Status und Aktivitäten (z. B. Kontostand, Zahlungshistorie, Verwendung von Finanzinstrumenten sowie Kredit- und Debitkarten-Informationen)
Computerinformation	Informationen über das Computersystem, das ein Individuum für den Netzwerkzugang nutzt (z. B. Betriebssystem, Browsertyp, IP-Adresse)
Navigation und Clickstream-Daten	Webdaten, die durch die Navigation auf Websites passiv generiert werden (z. B. Seitenzugriffe)
Interaktionsdaten	Daten, die aktiv erzeugt werden oder explizite Interaktionen widerspiegeln (z. B. interne/externe Suchabfragen, Benutzeraktivitäten, Onlinekäufe)
Demografische und sozioökonomische Daten	Daten über die Eigenschaften eines Individuums (z. B. Geschlecht, Alter, Einkommen, Postleitzahl)
Inhalt	Wörter und Ausdrücke, die bei der Kommunikation übertragen werden (E-Mail- und Formulartexte, Forum-/Chatbeiträge)
Sitzungsdaten	Mechanismus für die Aufrechterhaltung einer Benutzersession oder das Erkennen eines Benutzers, der eine Webseite besuchte (z. B. Cookies)
Politische Information	Mitgliedschaft in oder Zughörigkeit zu Gruppen (z. B. Religion, Verbände, Parteien, Szene)
Gesundheitsinformation	Informationen über die physische oder geistige Gesundheit, Benutzung und Nachfrage nach Gesundheitsservices oder -produkten
Präferenzdaten	Daten über individuelle Vorlieben und Abneigungen eines Individuums (z. B. Musikgeschmack)
Daten über den Aufenthaltsort	Informationen über den aktuellen, physischen Aufenthaltsort und Bewegungen einer Person
Staatliche Identifikationsmerkmale	Vom Staat ausgestellter Identitätsnachweis für die konsistente Identifikation (Pass-/AVH-Nummer)
Andere	Daten, die in keine Kategorie von oben passen
Legende:	**fett: von allen Web-Analytics-Systemen erfasst**; *kursiv: von WA-Systemen technisch erfassbar*

Tab. 10–2
Datenkategorien in der P3P-Version 1.1 (in Anlehnung an [Cranor 2002])

10.5 Identitätsmanagement

Bei der Nutzung webbasierter Informationssysteme müssen den handelnden Personen eindeutige Identitäten zugeordnet werden können.

Definition Identität

Eine **Identität** bezeichnet die charakteristischen und personenbezogenen Merkmale eines Menschen, die ihn von anderen eindeutig unterscheiden.

Eine Person kann mehrere Identitäten besitzen (z.B. Kunde bei einer Bank mit Name, Kontonummer, Kontostand, Bonität oder Besitzer eines Führerscheins mit Name, Foto, Gültigkeit etc.); umgekehrt sollte eine Identität auf genau eine natürliche Person verweisen.

Beispiel E-Mail-Adresse

Individualisierte Dienste können im Internet nur durchgeführt werden, wenn die Personen über Identitäten verfügen. Beispielsweise hat ein Mitarbeiter eines Unternehmens ein *E-Mail-Konto*, das nur ihm selbst zugeordnet ist. Dazu benötigt er eine eindeutige E-Mail-Adresse z.B. in der Form Vorname.Nachname@Firmenname.com und ein entsprechendes Konto, das er mit seinem persönlichen Passwort sichert.

Aufgaben des Identitätsmanagements

Identitäten müssen beim Gebrauch in webbasierten Informationssystemen verwaltet werden. Das Identitätsmanagement umfasst alle Prozesse und Datenbestände zur Benutzerverwaltung und unterstützt die folgenden drei Aufgaben:

Identifikation: Erkennung von Benutzern

1. **Identifikation:**
   Hier geht es um die eindeutige Erkennung der Benutzer bzw. der Vertragspartner in einem elektronischen Austauschprozess. Das Feststellen der Identität kann über eindeutige Namen, künstliche Identifikationsschlüssel oder eindeutige Merkmalskombinationen erfolgen.

Authentifikation: Überprüfung der Echtheit

2. **Authentifikation:**
   Diese Aufgabe umfasst die Überprüfung der Echtheit der Anwender bzw. Vertragspartner. Es geht darum, festzustellen, ob der Benutzer derjenige ist, für den er sich ausgibt. Bei der Anwendung von Informations- und Kommunikationssystemen ist die Vergabe eines Passwortes üblich. Beim elektronischen Verhandlungsprozess und für den Erhalt rechtsgültiger Verträge genügen diese Passwörter nicht mehr. Vielmehr muss eine digitale Signatur (vgl. [Meier 2009]), anschaulich oft als persönliches Siegel oder digitaler Fingerabdruck dargestellt, verwendet werden. Alternativ dazu gelangen biometrische Verfahren zur Verwendung der persönlichen Regenbogenhaut der Augen (Iris), des Fingerabdrucks oder der Gesichtsgeometrie zum Einsatz, eventuell sogar in Kombination.

3. **Autorisation:**
   Das Identitätsmanagement verlangt neben der Identifikation und Authentifikation die Vergabe von Rechten und Pflichten, die ein Benutzer oder Vertragspartner zugesprochen erhält. Zur Autorisation bzw. Autorisierung gehören Zugriffsfunktionen abhängig vom Zugriffsrecht sowie das Recht, bestimmte Datenbestände bearbeiten zu können (Veränderungsrecht).

Autorisation: Vergabe von Rechten

Der gläserne Kunde

Das Verwenden von eindeutigen Benutzeridentifikationen kann im WWW zu Problemen bezüglich des Schutzes der Privatsphäre führen. Dies ist vor allem dann der Fall, wenn ein Benutzer immer dieselbe Benutzeridentifikation gebraucht, z.B. die Identifikationsnummer seines Führerscheins oder seines elektronischen Passes oder eine von ihm gewählte künstliche Benutzeridentifikation. Dank der eindeutigen Identifikationsnummer kann nämlich im Laufe der Zeit ein Personaldossier aufgebaut werden, indem die unterschiedlichen Webdaten dank eindeutiger Zuordnung kombiniert werden. Man spricht in diesem Zusammenhang vom *gläsernen Kunden*; mit personenbezogenen Daten kann ein umfassendes Persönlichkeitsprofil mit den Hobbys, Lesegewohnheiten, Interessen etc. entstehen.

Computerprogramme zum Schutz der Privatsphäre

Um den Schutz der Privatsphäre zu sichern, sind in der Forschung verschiedene Vorschläge gemacht und teilweise in Prototypen realisiert worden. David Chaum bezeichnet die Problematik in einem Forschungspapier als *Dossier Society* [Chaum 1985, S. 1030]: Im Cyberspace hinterlässt jeder Bürger eine Spur, indem er Dossiers und Teildossiers in Servern ablegt, die von Computerprogrammen automatisiert zu einem Gesamtdossier vereinigt werden können. Umgekehrt möchten Benutzer elektronische Dienste nutzen und müssen sich gegenüber Unternehmen oder Organisationen ausweisen. Um dieses Dilemma zu beheben, schlägt Chaum *digitale Pseudonyme* vor. Jede Person kann durch ein Zufallsverfahren solche Pseudonyme generieren und für seine Geschäftstransaktionen nutzen. Aufbauend auf den digitalen Pseudonymen zeigt Chaum, wie sich die Benutzer gegenüber den Institutionen authentifizieren, d.h. die Echtheit ihrer Identität beweisen und damit elektronische Geschäfte inklusive Zahlungsmodalitäten etc. abwickeln können.

Forschungsprojekt Privacy and Identity Management

Das *Forschungsprojekt Privacy and Identity Management for Europe* (PRIME, siehe [PRIME 2011; PRIME Whitepaper 2008; PRIME Architecture 2007]) wurde im Rahmen des 6. EU-Rahmenprogramms vorangetrieben. Es basiert auf dem skizzierten Lösungsansatz mit digitalen Pseudonymen und betrifft den Aufbau einer entsprechenden Infrastruktur für sichere Transaktionen und gleichzeitigen Schutz der Privatsphäre. Da bei vielen elektronischen Diensten im eBusiness wie im eGovernment sensible und personenbezogene Daten wie Kreditinformationen oder Patientendaten ausgetauscht werden, dürfen keine digitalen Dossiers im großen Stil entstehen. Nur so bleibt die Privatsphäre der Internetnutzer geschützt.

10.6 Zertifizierungsprozess und Gütesiegel

Zertifikate zur Erhöhung der Transparenz

Eine Möglichkeit zur Erhöhung der Transparenz besteht in der Gründung einer staatlich überwachten *Zertifizierungsstelle*. Diese hat zur Aufgabe, die Deklaration auf der Website mit den verwendeten Prozessen zur Datenerhebung und Datenverwendung zu überprüfen [Zumstein et al. 2011a]. Bei Einhaltung der vorgegebenen Richtlinien, die durch das Datenschutzgesetz spezifiziert werden, wird der Website ein entsprechendes *Zertifikat* verliehen. Die Website-Betreiber erhalten dadurch einen positiven Anreiz, ihre Datenerhebungsverfahren offen nach außen hin zu deklarieren.

ISO als Grundlage der Zertifizierung

Grundlage von Zertifizierungsvorhaben bilden die internationale Norm ISO/IEC 27001 für IT-Verfahren sowie Managementsysteme zur Informationssicherheit. Wichtige Elemente sind das kosteneffiziente Management von Sicherheitsrisiken der IT sowie die Sicherstellung der Konformität mit den Gesetzen. Dazu wird ein Managementsystem mit entsprechenden Prozessen vorgeschlagen, um die Ziele der Informationssicherheit zu erreichen.

Einführung eines einheitlichen Standards

Mit der Überwachung und Festlegung der Standards der Zertifizierungsstelle durch die entsprechenden staatlichen Organe wird ein *einheitlicher Transparenzstandard* eingeführt. Bestimmungen, die über die gesetzlich vorgeschriebenen Mindeststandards hinausgehen, können zusätzlich festgelegt werden. Dadurch ließe sich nebst einem Zertifikat auch ein Rating einführen. Website-Betreiber, deren Deklaration bereits über dem Mindeststandards liegen, können dadurch belohnt werden. Extrinsische Anreize sollen dazu genutzt werden, das Deklarationsniveau anzuheben. Die verwendete Skala zur Bestimmung des Ratings wird anhand eines vordefinierten Kriterienkataloges erstellt. Solch ein Katalog könnte aus den sieben Kriterien der Tabelle 10–1 zusammengesetzt sein. Beim Erfüllen sämtlicher Kriterien würde dem Website-Betreiber die Höchstnote verliehen.

Vorgehensprozess der Zertifizierung

Das Vorgehen zur Zertifizierung kann von der jeweiligen Zertifizierungsstelle spezifiziert werden. Ein möglicher Prozess der Zertifizierung ist in Tabelle 10–3 dargestellt.

Tab. 10–3 *Zertifizierungsprozess für den Datenschutz bei Web Analytics*

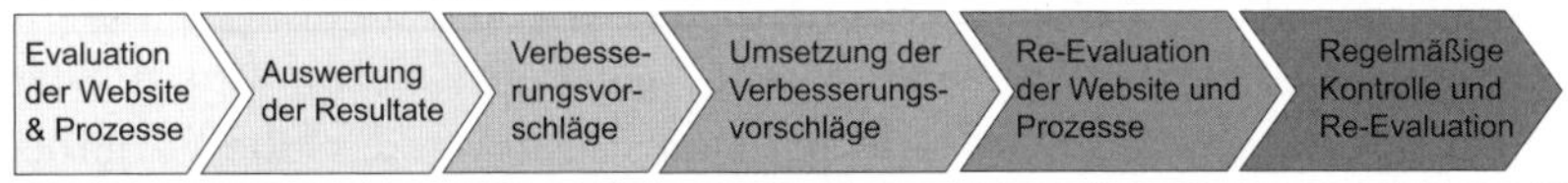

Schritte im Prozess	Beschreibung
Evaluation der Website & Prozesse	▪ Analyse der bestehenden Deklaration ▪ Analyse der Datenerhebungsmethoden/Prozesse ▪ Vergleich der Deklaration mit den verwendeten Methoden und Prozessen ▪ Auswertung der Deklarationspraxis anhand eines Rating-Schemas
Auswertung der Resultate	▪ Erstellen eines Rapports ▪ Analyse der Problemstellen ▪ Bestimmung des momentanen Ratings
Verbesserungs-vorschläge	▪ Ausarbeiten von Vorschlägen zur Rating-Erhöhung ▪ Gespräch mit dem Website-Betreiber ▪ Aufzeigen von Vorteilen optimaler Deklaration
Umsetzung der Verbesserungs-vorschläge	▪ Frist zur Umsetzung der Verbesserungsvorschläge ▪ Unterstützung des Website-Betreibers bei der Umsetzung
Re-Evaluation der Website & Prozesse	▪ Re-Evaluation der Website ▪ Erneute Bestimmung des Ratings ▪ Vergabe von Zertifikaten/Ratings an Betreiber
Regelmäßige Kontrolle & Re-Evaluation	▪ Kontrolle und Re-Evaluation der Website ▪ Information Zertifizierungsstelle bei Änderungen

Entscheidend ist die Aufteilung des Zertifizierungsprozesses in die drei folgenden Phasen:

- In einer *ersten Phase* wird der Deklarationsgrad mit den Datenerhebungsmethoden und Prozessen verglichen. Abweichungen und Verbesserungsvorschläge werden in Gutachten festgehalten.
- In der *zweiten Phase* erhält der Website-Betreiber die Möglichkeit, Verbesserungen vorzunehmen, um ein besseres Rating zu erzielen.
- Die *dritte und letzte Phase* ist der definitiven Bestimmung des Ratings und der Nachkontrolle gewidmet.

Das Interesse zahlreicher beteiligter Parteien am datenschutzkonformen Zertifizierungsprozess lässt darauf schließen, dass die Zertifizierung ein wichtiges Instrument darstellt und zur Erhöhung der Transparenz beitragen kann.

European Privacy Seal (EuroPriSe)

Verschiedene Initiativen auf der europäischen Ebene versuchen, die Mängel bezüglich Transparenz und Datenschutz im Web Analytics zu beheben. So werden Werkzeuge empfohlen, die die Datenschutzbestimmungen des Landes erfüllen. Beispielsweise sind Zertifikate durch den TÜV [TÜV 2011] oder das Gütesiegel *European Privacy Seal*

[EuroPriSe 2011] entwickelt worden, das von unabhängigen Zertifizierungsstellen verliehen wird. Diese Siegel attestieren einem Softwareprodukt oder einer IT-basierten Dienstleistung, dass die Vorgaben der europäischen Datenschutzrichtlinien erfüllt werden. Das Gütesiegel EuroPriSe könnte sich im IT-Bereich als neuer Standard durchsetzen, da es die Einhaltung europäischer Datenschutzrichtlinien bzw. die Rechtskonformität von IT-Produkten und Dienstleistungen garantiert. Zudem verspricht das Siegel den Firmen Wettbewerbsvorteile, da sie die Datensammlung und -verarbeitung im Griff haben und Verantwortungsbewusstsein zeigen. Als moderner, proaktiver Datenschutz erhöht EuroPriSe nicht nur die Transparenz und Prüfbarkeit der Datensammlung, sondern stärkt die Glaubwürdigkeit und das Vertrauen der Benutzer [EuroPrise 2011].

Piwik datenschutzkonform

Zurzeit (Stand Juni 2012) ist Piwik als einziges Web-Analytics-Tool mit dem EuroPriSe-Siegel zertifiziert.

10.7 Empfehlungen für Besucher und Betreiber

Deklaration von Web Analytics

Die Nutzung von Web-Analytics-Software im betriebswirtschaftlichen Kontext ist notwendig und legitim. Schließlich helfen solche Tools bei der Optimierung der Website und des Onlinemarketings, was auch den Besuchern zugutekommt. Aus Gründen des Datenschutzes, der Transparenz und des Vertrauens ist es jedoch notwendig, dass Firmen bzw. Organisationen die Datensammlungen gegenüber ihren Websitebenutzern offen und ehrlich kommunizieren.

Fehlende Deklaration untergräbt Vertrauen.

Es gibt viele Website-Betreiber, die auf ihren Websites gar nicht oder nur ungenügend über die Datensammlungen unterrichten, keine Widerspruchsmöglichkeit einräumen und den Datenschutz dadurch nicht einhalten. Mit diesem Verhalten laufen sie nicht nur Gefahr, von Datenschutzverantwortlichen angemahnt zu werden, sondern das Vertrauen und die Nutzungsbereitschaft der Website-Besucher zu untergraben.

Opt-in-Verfahren

Das sogenannte Opt-in-Verfahren stammt aus dem Permission Marketing, bei dem die Nutzer Werbekontakte (z.B. via E-Mail, Telefon oder SMS) explizit bestätigen müssen. Übertragen auf das Web Analytics bedeutet dies, dass beim Sammeln personenbezogener Daten der Benutzer explizit danach gefragt wird, ob seine Informationen und Interessen gespeichert werden dürfen. Dies ist beispielsweise dann der Fall, wenn der Internetnutzer ein Kontaktformular mit seinen Präferenzen ausfüllt, einen Dienst beansprucht oder sich in einen personenbezogenen Bereich auf der Website einloggen will. Dies geschieht am besten mit einer Opt-in-Checkbox.

Eine Verschärfung des Opt-in-Verfahrens ist das sogenannte *Closed Loop Opt-in* (vgl. Abb. 10–5).

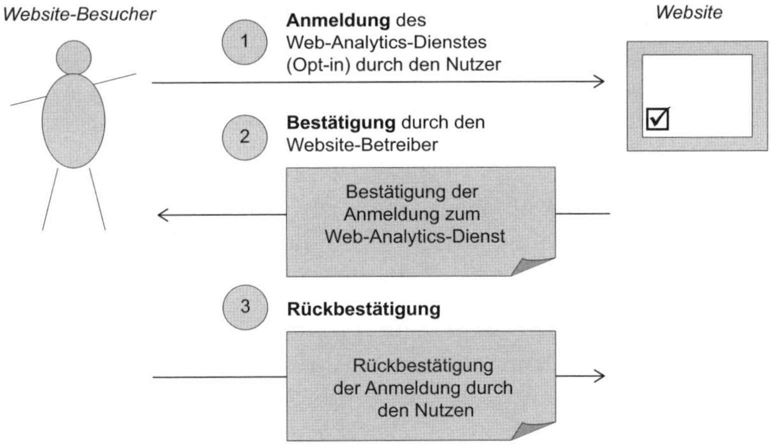

Abb. 10–5 *Closed-Loop-Opt-in-Verfahren beim Web Analytics*

Dabei muss der Eintrag in der Checkbox in einem zweiten Schritt bestätigt werden. Oft wird dazu eine E-Mail vom Website-Betreiber an den Internetnutzer geschickt, die aus Gründen der Sicherheit nochmals bestätigt werden muss. Erfolgt nämlich ein missbräuchlicher Eintrag in der Checkbox des Website-Betreibers, so könnte dieser rückgängig gemacht werden. Bei der Registrierung mittels Closed Loop wird hingegen eine Einwilligung des Nutzers erst wirksam, wenn er seinen Eintrag auch bestätigt.

Opt-out-Verfahren

Einen Schutz der Internetnutzer bietet ebenfalls das *Opt-out-Verfahren*, bei dem der Nutzer bei Bedarf sich aus dem Web-Analytics-Dienst des Website-Betreibers abmelden kann. Hier sollte man darauf verzichten, eine Abmeldung nochmals durch den User zu bestätigen.

Empfehlungen für Website-Besucher

Als Empfehlungen für die Website-Besucher zum Schutz ihrer Persönlichkeit dienen die folgenden Punkte [Zumstein et al. 2011a]:

- Seien Sie sich bewusst, dass auf den meisten Websites jeder Klick von Ihnen anhand von server- oder clientseitigen Datensammlungsmethoden aufgezeichnet, gespeichert und analysiert wird.
- Installieren Sie das *Deaktivierungs-Add-on* von *Google Analytics* auf Ihren Rechner [GADAO 2011], wenn Sie nicht wollen, dass Google Ihre Besuche aufzeichnet.
- Installieren Sie den *Web Analytics Solution Profiler* [WASP 2011] in Ihrem Mozilla Firefox Browser, um zu erkennen, welches clientseitige Datensammlungstool Ihren Besuch durch den Cyberspace gerade trackt.

- Sollen Besuche von keinem clientseitigen Tool aufgezeichnet werden, kann das Ausführen von *JavaScript* im Browser deaktiviert werden. Die Deaktivierung der JavaScript-Funktion kann jedoch zur eingeschränkten Nutzung von Websites führen.
- Die meisten Websites setzen *Cookies* ein, um Ihren Rechner bei einem Besuch zu identifizieren. Löschen Sie regelmäßig Cookies oder deaktivieren Sie diese, falls Sie nicht wollen, dass Sie als wiederkehrender Besucher identifiziert werden.

Empfehlungen für Website-Betreiber

Auch für die Website-Betreiber gibt es eine Reihe von Empfehlungen, die das Unternehmen als fortschrittlich im Umgang mit dem Datenschutz erscheinen lassen (vgl. [Zumstein et al. 2011a]):

- Deklarieren Sie die Datensammlung auf Websites transparent, ehrlich und offen. Damit stärken Sie Ihre Glaubwürdigkeit und das Vertrauen der Besucher in Ihre Website und Organisation.
- Wenn Sie Cookies einsetzen oder IP-Adressen aufzeichnen, sollten Sie darüber in den Datenschutzbestimmungen klar und leicht verständlich informieren.
- Verknüpfen Sie Daten des Web Analytics nicht mit den personenbezogenen oder sensiblen Daten wie z.B. Benutzeridentifikation, Namen, Adressen oder Zahlungsinformationen.
- Schenken Sie dem Datenschutz und der Datensicherheit hohe Beachtung und tun Sie das Bestmögliche, um die Daten des Web Analytics sicher und privat zu halten.
- Vergewissern Sie sich, dass Ihre Datenschutzbestimmungen und entsprechenden Richtlinien aktuell und konform zu den Datenschutzgesetzen sind.
- Erhöhen Sie die Glaubwürdigkeit und das Vertrauen Ihrer Besucher, indem Sie Ihre Webdienste zertifizieren lassen (vgl. Abschnitt 10.6).

Ziel informationelle Selbstbestimmung

Auf dem Weg zur informellen Selbstbestimmung im Internet ist es noch ein weiter Weg. Die hier aufgezeigten Lösungsansätze und Empfehlungen bilden einen ersten Schritt einer offenen und auf Schutz der Privatsphäre bedachten Wissensgesellschaft.

11 Marktstudie zu Web Analytics & Web Controlling

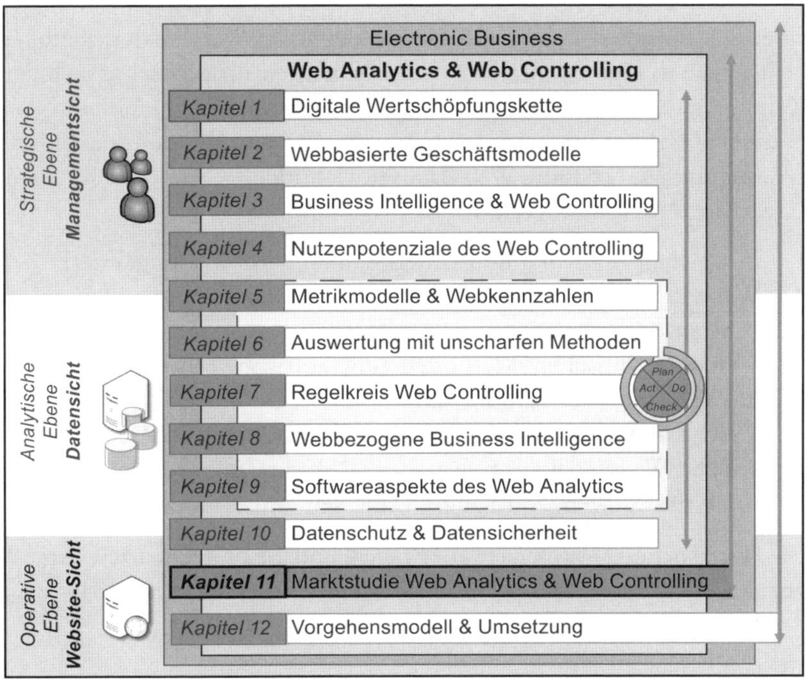

Abb. 11–1
Marktstudie zu Web Analytics & Web Controlling

Dieses Kapitel behandelt eine empirische Studie, die von der Universität Fribourg (Schweiz) unter 740 deutschsprachigen Web-Analytics-Experten durchgeführt wurde. Abschnitt 11.1 erläutert die Problemstellung und die Forschungsfragen. In Abschnitt 11.2 wird die Methode und das Sample zur Erhebung vorgestellt. Abschnitt 11.3 widmet sich mit den 16 Unterkapiteln den Erkenntnissen der empirischen Studie, indem die Resultate der Befragung erläutert werden. Dazu gehören die Antworten zu den Fragen, wie erfahren Unternehmen mit Web Analytics sind (Abschnitt 11.3.4), wie das Web Analytics organisatorisch in Unternehmen angesiedelt ist (Abschnitt 11.3.5), wie viele Stellenprozente in die Web-

analyse investiert werden (Abschnitt 11.3.6) und, welche Softwareprodukte wie oft in Einsatz gelangen (Abschnitt 11.3.9). Der Hauptfokus liegt auf den Nutzenvorteilen (Abschnitt 11.3.12) und Problemen (Abschnitt 11.3.13) des Web Analytics für Unternehmen. Zudem wird erläutert, welche Metriken und Website-Ziele im Web Analytics & Web Controlling gemessen werden können (Abschnitte 11.3.14 – 11.3.16). Abschnitt 11.4 rundet die Marktstudie ab mit einer Zusammenfassung, einer kritischen Würdigung und mit einem Ausblick.

11.1 Problemstellung und Forschungsfragen

Forschungslücke Web Analytics

Über den Einsatz, Nutzen und die Probleme des Web Analytics gibt es bisher nur wenige empirische Untersuchungen im deutschsprachigen Raum. Deshalb untersuchten [Zumstein et al. 2011b] anhand der Onlinebefragung, wie und wozu Firmen Web-Analytics-Tools einsetzen. Bei der Marktstudie Web Analytics standen folgende *Forschungsfragen* im Mittelpunkt (vgl. Tab. 11–1):

Forschungsfragen der Onlineumfrage

1. In welchen Branchen und Unternehmen wird WA eingesetzt?
2. Wie wird Web Analytics und Web Controlling in Unternehmen organisatorisch angesiedelt und umgesetzt?
3. Welche technischen Methoden und Software-Produkte kommen im Web Analytics zum Einsatz?
4. Welche Nutzenvorteile und Probleme birgt das Web Analytics?
5. Welche Webmetriken und welche Website-Ziele werden mit Web Analytics & Web Controlling gemessen und evaluiert?

Die Untersuchung fokussierte auf Frage 4 und die Nutzenvorteile, sprich auf den Wertbeitrag des Web Analytics für Website-Betreiber und für das Informationsmanagement.

Forschungsfrage	Frage im Online-Fragebogen	Abschnitt
1. In welchen Branchen und Unternehmen wird Web Analytics eingesetzt?	**Branche** der Befragten	11.3.1
	Unternehmensgröße der Befragten	11.3.2
	Anteil des Online-Umsatzes am Gesamtumsatz	11.3.3
2. Wie wird Web Analytics in Unternehmen organisiert und umgesetzt?	**Erfahrung** im Web Analytics	11.3.4
	Abteilung, in der Web Analytics angesiedelt ist	11.3.5
	Stellenprozente, die ins WA investiert werden	11.3.6
	Beratung zu Web Analytics	11.3.7
3. Welche technischen Methoden und Systeme kommen im Web Analytics zum Einsatz?	**Datensammlungsmethoden** im Web Analytics	11.3.8
	Softwareprodukte im Web Analytics	11.3.9
	Zufriedenheit mit Web-Analytics-Software	11.3.10
	Individuelle Reports im Web Analytics	11.3.11
4. Welche Nutzen & Probleme hat das WA?	**Nutzen** des Web Analytics für Firmen	11.3.12
	Probleme im Web Analytics	11.3.13
5. Welche Metriken und Website-Ziele werden mit Web Analytics gemessen?	**Metriken** des Web Analytics	11.3.14
	Website-Ziele, die mit WA überprüft werden	11.3.15
	Zielerreichung durch Web Analytics	11.3.16

Tab. 11–1 *Überblick zu den Forschungsfragen der Studie (nach [Zumstein et al. 2011b, S. 2])*

11.2 Methode

Methode der Untersuchung

Zur Beantwortung der Forschungsfragen wurde von Februar bis Mai 2011 eine Befragung unter Fachleuten durchgeführt, die sich in ihrer täglichen Arbeit professionell mit Web Analytics beschäftigen.

Primärzielgruppe: Webanalysten

Primärzielgruppe waren Webanalysten und Onlinemarketing-Experten von Unternehmen, die beruflich mit Web Analytics und Web Controlling zu tun haben. Zur Sekundärzielgruppe gehörten Berater und Softwarehersteller im Bereich Web Analytics (vgl. Tab. 11–2).

Tab. 11–2 Angaben zur Datenerhebung (nach [Zumstein et al. 2011b, S. 3])

Art	Expertenbefragung
Methode	Online-Umfrage mit 16 Fragen (insgesamt 55 Teilfragen)
Software	Onlineumfragen.com GmbH
Link	*http://www.onlineumfragen.com/login.cfm?umfrage=23375*
Zeitraum	11. Februar 2011 bis 31. Mai 2011
Ansprache	Mitglieder der Web-Analytics-Fachgruppen auf XING (vgl. Tab. 11–3)
Grundgesamheit	Alle Personen im deutschsprachigen Raum, die beruflich mit Web Analytics und Web Controlling zu tun haben ▪ Primärzielgruppe: Webanalysten und eMarketing-Spezialisten ▪ Sekundärzielgruppe: Web-Analytics-Berater & Softwarehersteller
Abbruchquoten	1846 Kontakte (Personen, die den Fragebogen öffneten) 1048 Personen mit Antworten (mind. eine Frage beantwortet; 57%) 1043 Personen, die die erste Frage beantworteten (56%) 745 Personen, die die letzte Frage beantworteten (40,4%) 740 Personen mit vollständig ausgefülltem Fragebogen (40,1%)
Stichprobe	**740 Web-Analytics-Experten (n=740)**

Die Fachleute wurden über das professionelle Netzwerk XING angesprochen (vgl. Tab. 11–3): Dazu wurde ein Link zur Umfrage in den Foren von 16 XING-Gruppen platziert, die mit Web Analytics thematisch in Zusammenhang stehen. Da der Rücklauf in Foren gering ist, wurden alle Mitglieder der *XING-Gruppen Web Analytics Switzerland* und *Web Analytics Deutschland* persönlich angeschrieben, die in ihrem Profil unter »Ich biete« oder »Interessen« Web Analytics oder Web Controlling aufführten. Zusätzlich wurde in der XING-Gruppe Webanalyse & Webcontrolling und E-Marketing ein Newsletter zur Umfrage an alle Mitglieder versandt. Soziale Netzwerke wie Facebook, Twitter und Blogs wurden ebenfalls genutzt, um die Befragung in der Web-Analytics-Szene bekannt zu machen.

Die Abbruchquote der Untersuchung war mit 60 % relativ hoch: Von den 1846 Personen, die den Link zur Online-Umfrage aufriefen, haben 1048 Personen die erste Frage ausgefüllt.

XING-Gruppe	URL	Anzahl Mitglieder	Form der Ansprache
Web Analytics Switzerland	*https://www.xing.com/net/prifc641fx/webanalyticsch*	47	Persönliche Anfrage Forum-Eintrag
Web Analytics Deutschland	*https://www.xing.com/net/pri780d13x/wad*	725	Persönliche Anfrage Forum-Eintrag
Webanalyse & Webcontrolling	*https://www.xing.com/net/pri780d13x/webanalysegruppe/*	3.404	Newsletterversand Forum-Eintrag
E-Marketing	*https://www.xing.com/net/pri780d13x/e-marketing/*	15.515	Newsletterversand Forum-Eintrag
Weitere XING-Gruppen	Web Intelligence, Conversion Optimization, Google Analytics, Google Applications & Services, Nedstat Anwenderforum, MeasureCamp München, Online-Marketing & SEO, Online Marketing Netzwerk, Marktforschung, e-Commerce Lounge, SEOMarketing, Web Design & Usability		Forum-Eintrag
Weitere soziale Netzwerke	WAA D-A-CH Facebook Fanpage, e-Commerce Lounge Facebook, E-Marketing Twitter, Blog smartmetrics.de, webanalyticsblog.de		Facebook-Eintrag Tweet Blog-Eintrag

Tab. 11–3
Ansprache über XING (nach [Zumstein et al. 2011b, S. 4])

Ansprache der Experten über XING

Relative viele Personen haben die Umfrage abgebrochen: Lediglich 745 von 1846 Kontakten haben die letzte Frage beantwortet, 740 Personen (40,1 %) haben den Fragenbogen vollständig ausgefüllt. Die *Stichprobengröße* (n) der Studie beträgt somit 740.

Nachfolgend werden die Ergebnisse der Studie diskutiert, so wie sie in den Beiträgen von [Zumstein et al. 2011b/2012; Zumstein 2012] publiziert worden sind.

11.3 Resultate der Web-Analytics-Studie

11.3.1 Branchen

Branchen der Befragten

Im Vorfeld der Befragung wurde angenommen, dass Web Analytics in den verschiedenen Branchen (Industriezweigen) unterschiedlich oft eingesetzt wird, da die strategische und operative Bedeutung der Website und deren Erfolgskontrolle von der Natur des Geschäfts und von der Branche abhängig sind. Weil die Websites hinsichtlich ihrer Art und Funktionalität, den Geschäftsmodellen (vgl. Kap. 2) und in Bezug auf die angebotenen Produkte und Dienstleistungen von Branche zu

Branche variieren, wurde davon ausgegangen, dass sich der Einsatz unterscheidet. Die Vermutung, dass die Einsatzhäufigkeit in verschiedenen Branchen variiert, wurde bestätigt (vgl. Abb. 11–2).

Abb. 11–2
Branche der Befragten (nach [Zumstein et al. 2011b, S. 5] (n=740))

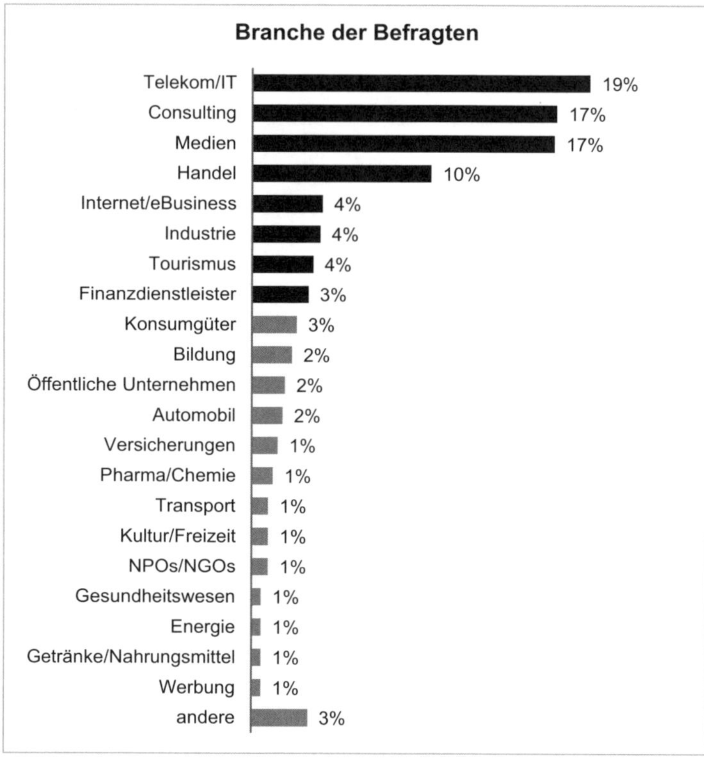

- **ICT:**
  Ein Fünftel der befragten Web-Analytics-Spezialisten arbeitet im Bereich Informations- und Kommunikationstechnologie.
- **Medien:**
  An zweiter Stelle folgt mit 17% die Medienbranche. Die Analyse der Inhaltsnutzung auf den Newsportalen der großen Medienhäuser wurde meist eine Pflichtaufgabe: Bei vielen Internetauftritten der Zeitungs- und Zeitschriftenverlage werden Web-Analytics-Systeme eingesetzt, oft sogar verschiedene gleichzeitig.
- **Beratung:**
  Mit 17% ist die Beratungsbranche ebenfalls stark vertreten. Dieser hohe Wert kommt u.a. daher, weil Web Analytics beratungsintensiv ist (vgl. Abschnitt 11.3.7) und Berater auf XING überdurchschnittlich präsent bzw. aktiv sind.

- **Handel:**
  Der Onlinehandel ist mit 10 % der Antworten ebenfalls eine wichtige Branche des Web Analytics. Die hohe Bedeutung ist keine Zufall: Webshops sind direkt von einer hohen Websitenutzung abhängig, entsprechend wichtig ist im eCommerce das Web Controlling. Welling und White zeigten in ihrer Studie [Welling & White 2006], dass Web Analytics im Einzelhandel und im B2B-Bereich stärker eingesetzt wird als in anderen Branchen. Die vorliegende Untersuchung bestätigt dies.
- **Weitere:**
  In weiteren informations-, wissens- und dienstleistungsintensiven Branchen wie Banken, Versicherungen oder Internetagenturen wird Web Analytics überdurchschnittlich oft eingesetzt. Im Tourismus ist Web Analytics ebenfalls omnipräsent.

> **Fazit zur Branche:** Web Analytics wird häufiger eingesetzt von Firmen im Medien-, Informations- und Dienstleistungsbereich sowie im Onlinehandel. Da die Branchen nicht repräsentativ erhoben wurden, sind die Ergebnisse jedoch nicht in jedem Falle übertragbar.

Web Analytics im Medien-, Informations- und Dienstleistungsbereich

11.3.2 Unternehmensgröße

Web Analytics und Unternehmensgröße

Da Großunternehmen in der Regel über mehr Ressourcen in Form von höheren Marketing- bzw. IT-Budgets und Mitarbeitern verfügen, kann davon ausgegangen werden, dass sie verhältnismäßig mehr Geld in den Internetauftritt und in Web-Analytics-Lösungen investieren als kleine und mittelgroße Unternehmen (KMU). Zwar ist Web Analytics bei 76 % der Großunternehmen eine Pflichtaufgabe geworden, wie eine Studie von [Forrester 2009] nachweist. Doch die Resultate der vorliegenden Studie zeigen, dass drei Viertel der Web-Analytics-Betreibenden den KMU zugeordnet werden können (vgl. Abb. 11–3).

½ Kleinunternehmen
¼ Mittelgroße Unternehmen
¼ Großunternehmen

Fast die Hälfte der Stichprobe beinhaltet Kleinst- bzw. Kleinunternehmen mit weniger als 51 Mitarbeitern. Ein Viertel gaben an, für ein mittelgroßes Unternehmen mit 51 bis 500 Mitarbeitenden zu arbeiten. Das restliche Viertel arbeitet für Großunternehmen mit mehr als 500 Mitarbeitenden.

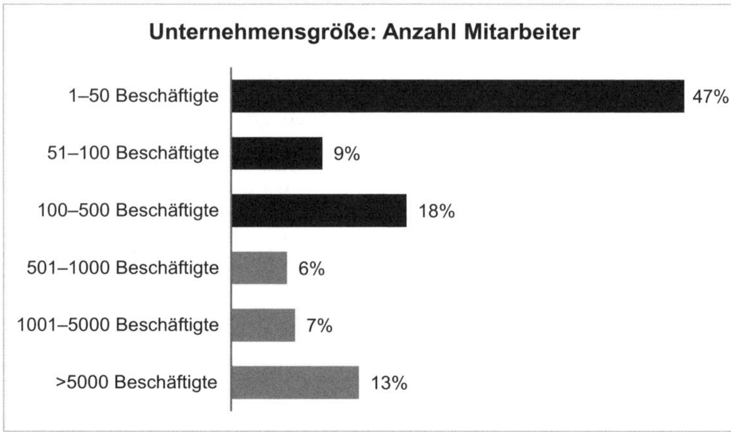

Abb. 11–3
Unternehmensgröße (nach [Zumstein et al. 2011b, S. 6] (n=740))

Hohes Nutzungspotenzial von Web Analytics bei KMU

Fazit zur Unternehmensgröße: Drei Viertel der befragten Web-Analytics-Nutzer sind kleine und mittelgroße Unternehmen. Web Analytics ist somit nicht nur Angelegenheit von Großunternehmen, sondern auch von kleineren Firmen und Websites. Da viele KMU noch kein Web Analytics betreiben, aber einen Großteil der Volkwirtschaft ausmachen, hat die Webanalyse in diesem Bereich großes Zukunftspotenzial.

11.3.3 Anteil des Online-Umsatzes am Gesamtumsatz

Anteil online generierter Umsatz

Bei der dritten Frage wurden die Experten befragt, welchen Anteil der Online-Umsatz am Gesamtumsatz des Unternehmens hat, für das sie arbeiten. Die Resultate zeigen ein uneinheitliches Bild (vgl. Abb. 11–4):

Kein Online-Umsatz (Brick-and-Mortar-Unternehmen)

- Ein Fünftel der Firmen, die Web Analytics betreiben, hat keinen Umsatz, der online generiert wurde. Das heißt, dass die Website für diese Firmen keinen Absatzkanal darstellt und der Umsatz ausschließlich offline generiert wird.

Eher geringer Anteil an Online-Umsatz

- Bei 46 % der Befragten verfügt das Unternehmen über einen (eher) geringen Anteil zwischen 1 und 49 % Online-Umsatz am Gesamtumsatz. Das Internet dient bei diesen Firmen nicht als primärer Absatzkanal.

Hoher Anteil Online-Umsatz (Internetfirmen)

- 9 % der betroffenen Unternehmen verfügen über einen eher großen Anteil an Online-Umsatz und für 26 % stellt das Internet die Haupteinnahmequelle dar. Bei diesen Firmen handelt es sich um eBusiness-Unternehmen, bei denen die Website von strategischer Bedeutung für die Wertschöpfungskette ist.

Theoretisch ließe sich vermuten, dass Firmen mit einem hohen Anteil Online-Umsatz am Gesamtumsatz Web Analytics häufiger einsetzen als jene mit einem geringen Anteil. Denn je größer der online generierte

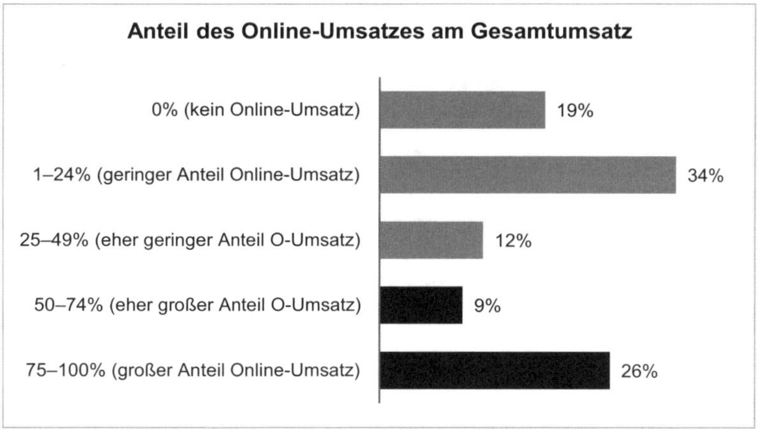

Abb. 11–4
Anteil des Online-Umsatzes am Gesamtumsatz (nach [Zumstein et al. 2011b, S. 7] (n=740))

Umsatz-Anteil, desto stärker ist ein Unternehmen von der Website als Verkaufs- und Distributionskanal abhängig und umso stärker schlagen sich Veränderungen des Traffics direkt im Onlineverkauf nieder. In dieser Studie konnte dieser Zusammenhang nicht bestätigt werden: Es bestehen keine Korrelationen zwischen Web-Analytics-Einsatz und der Höhe des Online-Umsatzes.

Web Analytics: Nicht nur für Internetfirmen Pflicht

Fazit zum Online-Umsatz: Für eCommerce-Unternehmen mit einem hohen Anteil Online-Umsatz ist Web Analytics eine Pflichtaufgabe geworden. Der Umkehrschluss, je geringer der Online-Umsatz, desto unwichtiger die Webanalyse, gilt aber nicht: Web Analytics wird bei der Mehrheit der Befragten auch von jenen Firmen eingesetzt, die keinen oder nur geringen Anteil über die Website erwirtschaften.

11.3.4 Erfahrung im Web Analytics

Die vierte Frage eruierte, wie erfahren Unternehmen im Bereich Web Analytics sind. Dabei zeichnete sich folgendes Bild ab (vgl. Abb. 11–5):

Viele Firmen Web Analytics unerfahren

- Rund ein Sechstel der Befragten sind »Newbies« bzw. »Laggards« mit weniger als einem Jahr Erfahrung im Web Analytics.
- Die Hälfte aller Befragten hat weniger als drei Jahre Web-Analytics-Erfahrung. Der Reifegrad von Web Analytics ist in vielen deutschsprachigen Unternehmen noch gering.
- Die Mehrheit der Befragten betreibt Web Analytics zwischen zwei und sechs Jahren, begann also seit 2005 mit dessen Implementierung. 2005 bis 2008 ist jener Zeitraum, in dem sich die fachlichen Bemühungen im Web Analytics verstärkten. Davon zeugt die Literatur (z.B. [Kaushik 2007; Reese 2009; Hassler 2012; Aden 2012]) und das Release von Google Analytics (2006) und Piwik (2008).

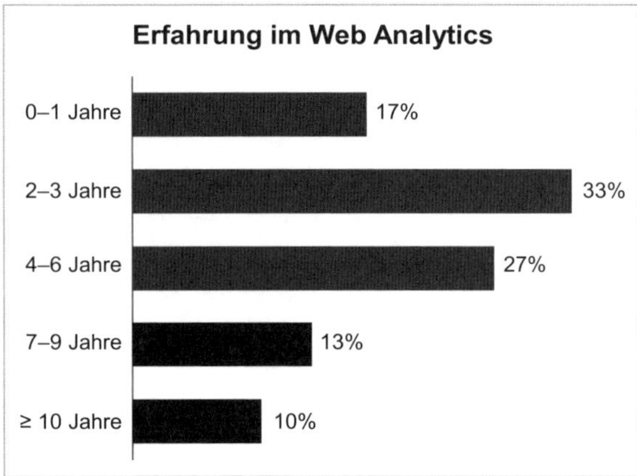

Abb. 11–5
Erfahrung im Web Analytics (nach [Zumstein et al. 2011b, S. 8] (n=740))

Ein Viertel der Firmen sehr erfahren

- Ein Viertel ist mit mehr als sieben Jahren sehr erfahren im Web Analytics. Diese Unternehmen bzw. Experten können als »Innovators« oder »Early Adopters« bezeichnet werden, da sie sich schon früh mit dem Thema auseinandersetzten.

Steigende Erfahrung mit Web Analytics

Fazit zur Erfahrung: Das Web Analytics steckt nach wie vor in den Kinderschuhen und die Berufserfahrung in diesem Fachbereich ist im Jahre 2012 noch eher gering. Aber das Verständnis und die Aufmerksamkeit steigen mit jedem Jahr: erstens weil sich das Geschäft zunehmend in das Internet verlagert, zweitens weil die Möglichkeiten und das Potenzial des Web Analytics vom Marketing und Management zunehmend erkannt werden.

11.3.5 Abteilung des Web Analytics

Bei der fünften Frage wurden die Experten gefragt, in welcher Abteilung das Web Analytics in ihrer Firma angesiedelt ist. Es resultierte folgendes Ergebnis (vgl. Abb. 11–6).

Web Analytics in der Marketing-, IT-, BI- oder Controlling-Abteilung

- Bei der Hälfte gehört das Web Analytics zur Marketingabteilung. Meist ist die Webanalyse also Aufgabe des (Online-)Marketings.
- In einigen Firmen ist Web Analytics technischer ausgerichtet und Angelegenheit der Business Intelligence (BI) bzw. Business Analytics (17 %) oder in der IT-Abteilung (15 %) angesiedelt.
- Seltener (8 %) untersteht Web Analytics dem Controlling, der Onlineabteilung (3 %), dem Vertrieb (2 %), der Geschäftsleitung (2 %) oder der Unternehmenskommunikation (1 %). In wenigen Fällen gibt es sogar eine eigene Web-Analytics-Abteilung.

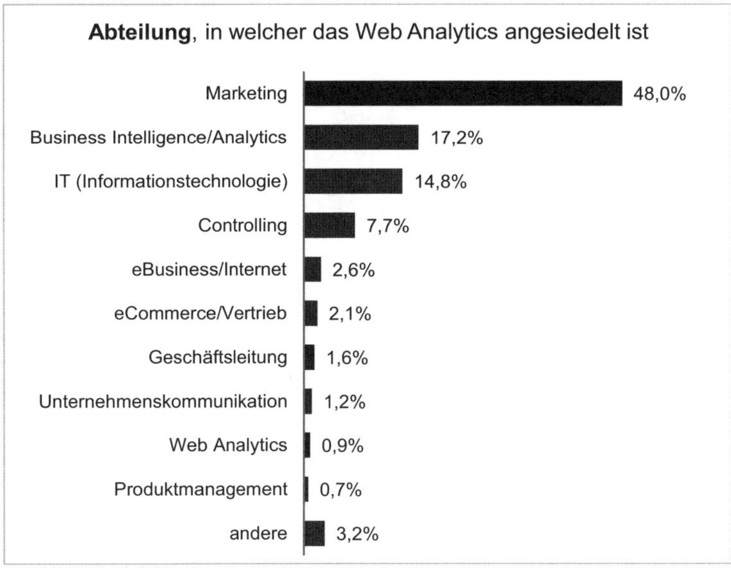

Abb. 11–6
Abteilung des Web Analytics (nach [Zumstein et al. 2011b, S. 9] (n=740; Mehrfachantworten möglich))

Web Analytics ist in jedem Fall interdisziplinär

Fazit zur betrieblichen Organisation des Web Analytics: Die Webanalyse ist meist eine Angelegenheit des (Online-)Marketings. In jedem Fall ist Web Analytics eine interdisziplinäre Aufgabe, die einen hohen Kommunikations- und Koordinationsaufwand erfordert. Zukünftig werden im Onlinebereich wohl Abteilungen verschmelzen und neue Abteilungen entstehen.

11.3.6 Stellenprozente im Web Analytics

Web Analytics ist (noch) nur eine Nebenaufgabe.

Bei der Frage, wie viele Stellenprozente (Manpower) in das Web Analytics investiert werden, zeigte sich ein klares Bild (vgl. Abb. 11–7): In vier von fünf Fällen werden weniger als 30 Stellenprozente in Web Analytics investiert und dieses somit *nur nebenbei betrieben*. Das heißt, dass Web Analytics meist kein Vollzeit-, sondern ein Nebenjob ist. Dadurch laufen Unternehmen Gefahr, die Aufgaben des Web Analytics nicht ernsthaft und systematisch, sondern nur halbherzig am Rande durchzuführen. Vollzeitstellen sind im Web Analytics eine Seltenheit, noch seltener werden gleich mehrere Personen für diese Aufgabe angestellt. Der Empfehlung von Avanish Kaushik, mehr in Human Resources zu investieren und weniger in Software, wird nicht gefolgt [Kaushik 2007].

In Menschen investieren, nicht (nur) in Software

Abb. 11-7
Stellenprozente im Web Analytics [Zumstein et al. 2011b, S. 10] (n=740)

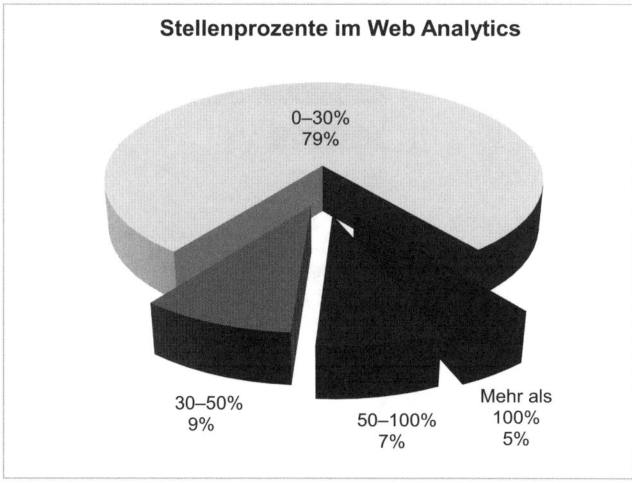

Vollzeitstellen sind im Web Analytics eher selten.

Fazit zu den Stellenprozenten: Zurzeit ist Web Analytics oft ein Nebenjob, der nur beiläufig und eher unprofessionell verrichtet wird. Mit steigendem Bewusstsein, Nutzennachweis und höheren Investitionen werden im Bereich Web Analytics neue Jobs geschaffen, wodurch die Anzahl Stellenprozente in Zukunft zunehmen.

11.3.7 Beratung zu Web Analytics

Web Analytics = beratungsintensiv

Web Analytics ist ein relativ junges und komplexes Fachgebiet der Wirtschaftsinformatik, zu dem Unternehmen intern oft das Know-how fehlt. Daher wurde die Vermutung aufgestellt, dass viele Firmen externe Beratung zu Web Analytics in Anspruch nehmen.

Beratung auf strategischer, konzeptioneller und operativer Ebene

Die vorliegenden Resultate bestätigen diese Mutmaßung: Fast jedes zweite Unternehmen ließ sich mehr oder weniger intensiv zu Web Analytics beraten. Die Beratung kann verschiedene Bereiche betreffen und liegt auf strategischer Ebene (z. B. Definition von Website-Zielen, Herleitung von Kennzahlensystemen), auf konzeptioneller Ebene (zum Beispiel die Auswahl von Softwareprodukten und die Erstellung von Tagging-Konzepten) oder auf operativer und analytischer Ebene (z. B. Implementierung, Analyse und Reporting).

Dass sich so viele Befragte extern beraten lassen, liegt am hohen Anteil an Beratern (17 %), der sich an der Umfrage beteiligte.

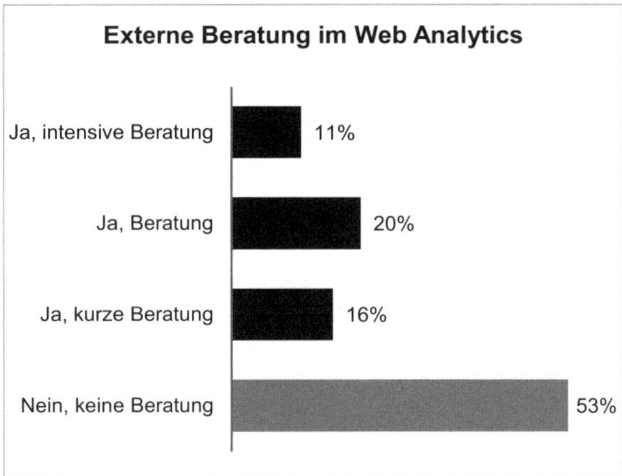

Abb. 11–8
Beratung im Web Analytics (nach [Zumstein et al. 2011b, S. 11] (n=740))

Fazit zur Beratung: Web Analytics ist ein beratungsintensives Fachgebiet, in dem verstärkt auf das Fachwissen von Experten zurückgegriffen wird. Da es sich um eine junge Branche handelt, scheint in der Web-Analytics-Beratung großes Potenzial zu stecken.

Web-Analytics-Beratung lohnt sich.

11.3.8 Datensammlungsmethoden im Web Analytics

Die Spezialisten wurden befragt, welche Datensammlungsmethoden sie im Web Analytics einsetzen. Hierzu lassen sich in Abbildung 11–9 folgende Punkte festhalten:

- **Clientseitige Datensammlungsmethode:**
  Diese hat sich im Web Analytics als Standard durchgesetzt und kommt bei drei Viertel der Befragten zum Einsatz. Bei dieser Methode, auch als Page Tagging bekannt, werden die Daten des Web Analytics aufseiten des Clients (Browsers) gesammelt, indem ein Stück JavaScript-Code in jede HTML-Seite oder in einen Teilbereich eingefügt wird. Bei einem Seitenzugriff bzw. bei der Durchführung eines Event, wird das JavaScript ausgeführt und eine Pixeldatei aufgerufen, wodurch verschiedene Informationen zur Websitenutzung und zum Besucher an den Tracking-Server übermittelt werden.

Drei Viertel nutzen die clientseitige Datensammlungsmethode.

- **Serverseitige Datensammlungsmethode:**
  Die Logfile-Analyse wird fast von der Hälfte der Befragten eingesetzt. Trotz gewichtiger Nachteile der serverseitigen Methode (vgl. Kap. 9) werden die Logfiles der Webservers nach wie vor häufig ausgewertet.

Die Hälfte nutzt serverseitige Methode.

- Weitere Datensammlungsmethoden des Web Analytics, etwa das Packet Sniffing (Analyse des Datenverkehrs) oder der Einsatz von Reverse Proxies (Zwischenschalten von Servern zwischen Client und Webserver), werden eher selten verwendet.

Abb. 11–9 *Datensammlungsmethoden (nach [Zumstein et al. 2011b, S. 12] (n=740))*

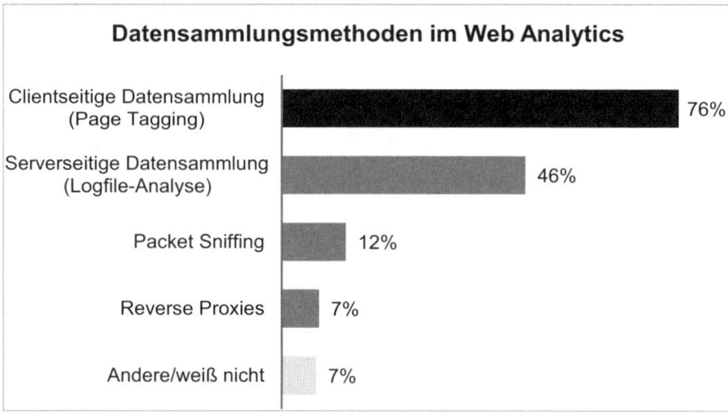

Page Tagging wurde zum Standard

Fazit zur Datensammlungsmethode: Heutzutage setzen fast alle Websites die clientseitige Datensammlungsmethode ein und nutzen deren zahlreiche Vorteile (vgl. Abschnitt 9.3.2). Nichtsdestotrotz kommt – meist parallel – in vielen Fällen auch noch die Logfile-Analyse zum Einsatz.

11.3.9 Web-Analytics-Tools

Google Analytics klarer Marktführer

In Frage 9 wurden die Spezialisten befragt, welche Software sie für das Web Analytics benutzen, wobei mehrere Systeme gleichzeitig eingesetzt werden können (vgl. Abb. 11–10b).

SiteCatalyst, Webtrends & eTracker ebenfalls führend

- Wie bei anderen Studien zeigt sich, dass Google Analytics mit 64 % das mit Abstand am meisten genutzte Tool ist (Abb. 11–10a).
- Dahinter folgt mit 18 % eTracker und mit (17 %) Omniture (Adobe SiteCatalyst), der Marktführer im High-End-Bereich.

Open-Source-Tool Piwik als gute Alternative

- Mit 12 % der Antworten folgt Webtrends und mit 10 % das Open-Source-Tool Piwik. Dahinter reihen sich Webtrekk (9 %), Econda (7 %), Google Urchin (6 %), Yahoo! Analytics und Nedstat (heute comScore 5 %), AT Internet und IBM Coremetrics (3 %) ein.
- Neben diesen clientseitigen Tools wurden die Logfile-Analyse-Tools AWStats (9 %), Webalizer (7 %) und Eigenentwicklungen (2 %) genannt sowie 52 weitere Web-Analytics-Systeme, die weniger als bei 3 % der Befragten zum Einsatz kommen.

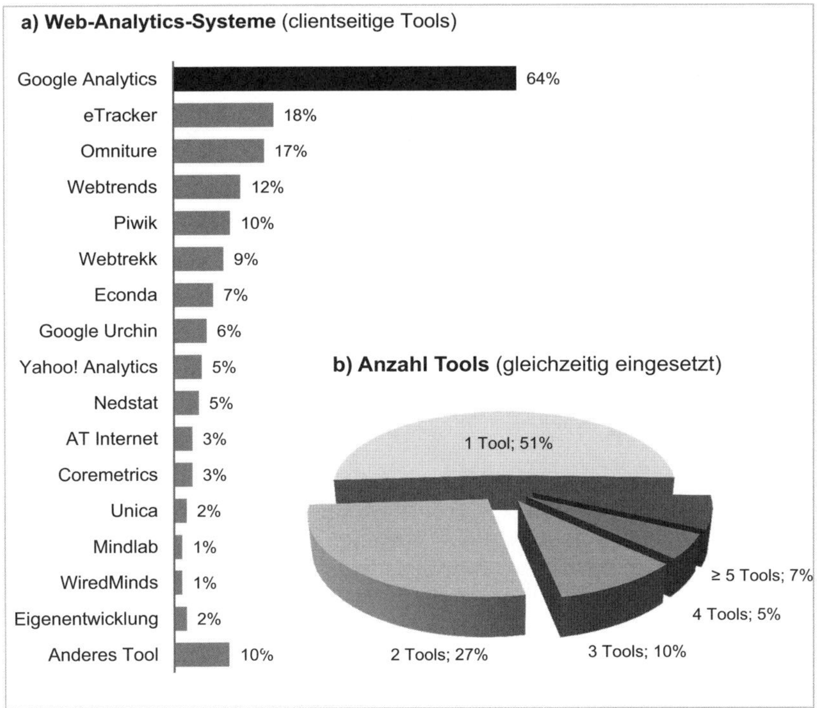

Abb. 11–10 a+b Web-Analytics-Systeme (nach [Zumstein et al. 2011b, S. 13] (n=740))

Dynamischer und kompetitiver Tool-Markt

Der Markt von Web-Analytics-Systemen ist ein junger, technisch versierter und kompetitiver Markt, in dem weltweit über 250 Softwareprodukte diverser Preissegmente um die Gunst der Anwender buhlen (vgl. Abschnitt 9.4). Der wachsende und dynamische Web-Analytics-Markt ist gekennzeichnet durch zahlreiche Konsolidierungen. Beispiele hierfür sind die Übernahmen von Urchin durch Google, Unica sowie Coremetrics durch IBM, Omniture durch Adobe und von Nedstat durch comScore.

Fazit zu den Web-Analytics-Tools: Google Analytics ist trotz Vorbehalte im Datenschutz mit Abstand die Nummer eins im dynamischen Web-Analytics-Software-Markt. Dahinter streiten die Tools im oberen (Adobe SiteCatalyst, Webtrends) und mittleren bzw. unteren Preissegment (z.B. eTracker, Webtrekk) um Marktanteile.

11.3.10 Zufriedenheit mit Web-Analytics-Tools

Mit ihren Tools sind fast alle zufrieden.

Bei der Frage, wie zufrieden die Anwender mit ihren Web-Analytics-Systemen sind, zeigten sich überraschende Resultate: Ganze 93 % sind (sehr) zufrieden mit den Tools. Gerade mal 6 % der Nutzer sind unzufrieden und nur 1 % sehr unzufrieden (vgl. Abb. 11–11).

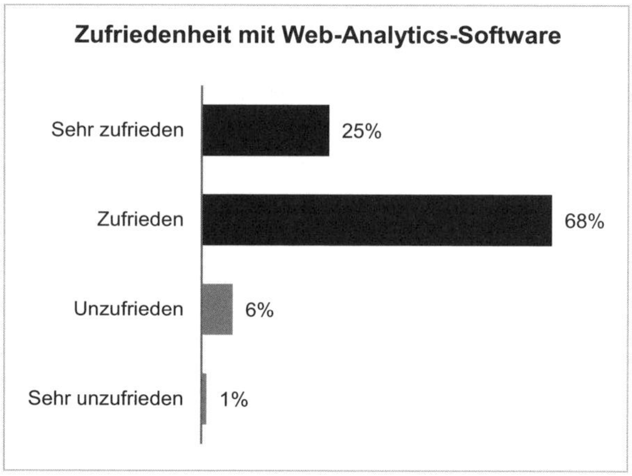

Abb. 11–11
Zufriedenheit mit Web-Analytics-Tools (nach [Zumstein et al. 2011b, S. 14] (n=740))

Warum sind Tool-Anwender (nicht) zufrieden?

Fazit zur Zufriedenheit mit Web-Analytics-Tools: So gut wie alle Web-Analytics-Software-Anwender sind zufrieden mit ihren Analysesystemen. Weiterführende, qualitative Untersuchungen sind notwendig, um genau herauszufinden, warum Webanalysten im Einzelfall (nicht) zufrieden sind mit den Tools.

11.3.11 Individuelle Reports im Web Analytics

Erstellung von ziel- und benutzerspezifischen Berichten

Um Kennzahlensysteme ziel- und benutzerspezifisch zur Verfügung zu stellen, ist es notwendig, dass Webanalysten individuelle Reports (adressatspezifische Berichte) erstellen. Daher wurden die Spezialisten befragt, ob und wie häufig in ihrem Falle ziel- oder benutzerspezifische Reports angefertigt werden.

Fast alle erstellen individuelle Reports

Bemerkenswerterweise erstellen fast alle Befragten (87 %) individuelle Reports, fast die Hälfte sehr häufig (vgl. Abb. 11–12).

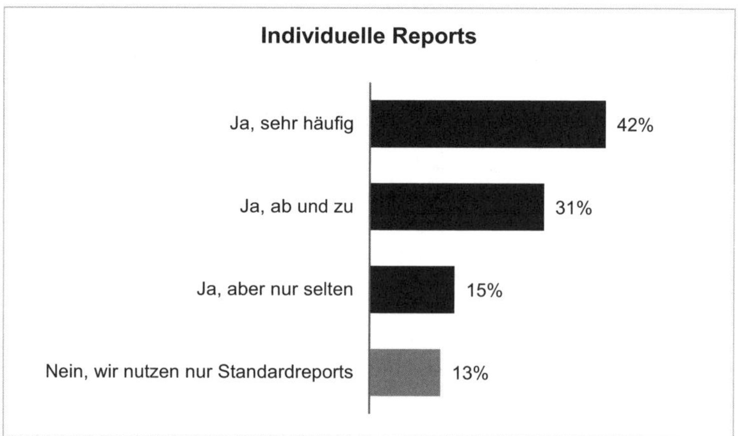

Abb. 11–12
Erstellung von individuellen Reports (nach [Zumstein et al. 2011b, S. 14] (n=740))

11.3.12 Nutzen von Web Analytics

Befragung von 16 Nutzenvorteile des Web Analytics

Die wohl interessanteste Frage der vorliegenden Studie ist, warum und wozu Website-Betreiber Web Analytics einsetzen. Jede Softwarelösung, unabhängig davon, in welchem Kontext sie genutzt wird, muss Anwendern einen Nutzen stiften, sprich einen betriebswirtschaftlichen Mehrwert generieren.

Dank Literaturstudium und Expertengesprächen wurden im Vorfeld der Befragung 16 zentrale Nutzenvorteile des Web Analytics identifiziert (vgl. Kap. 4). Die 740 Web-Analytics-Experten wurden in der Studie befragt, inwieweit sie zustimmen, dass ihnen die Nutzenpotenziale tatsächlich Vorteile generieren.

Überblick zu den wichtigsten Nutzen des Web Analytics

In den nachfolgenden Abschnitten werden die Ergebnisse diskutiert, inwiefern Web Analytics den Befragten im spezifischen Falle hilft, einen konkreten Nutzen für ihre Website und für das electronic Business zu erlangen (vgl. Abb. 11–13).

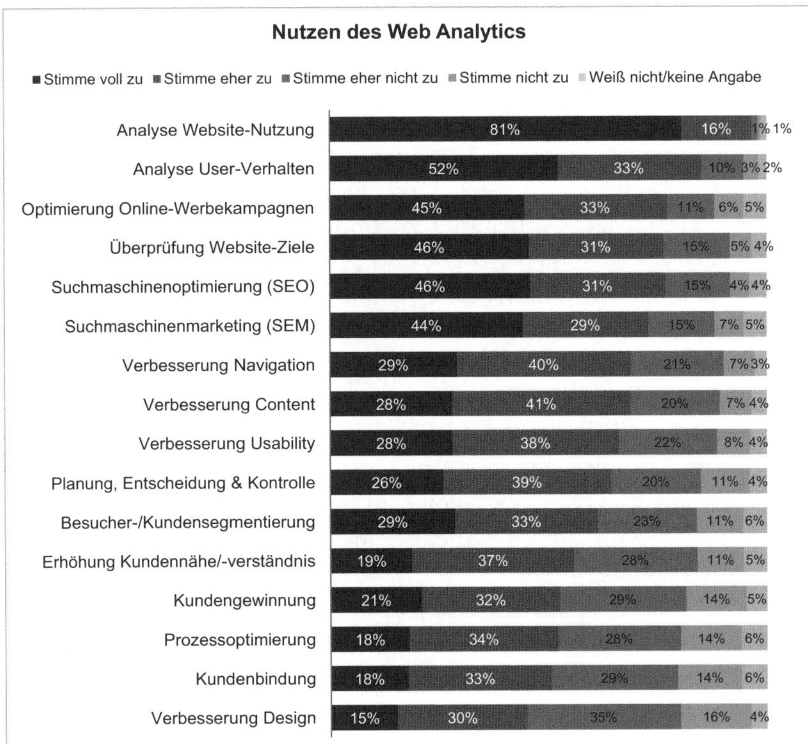

Abb. 11–13
Nutzen von Web Analytics (nach [Zumstein et al. 2011b, S. 15] (n=740))

- **Analyse der Websitenutzung:**

  Analyse der Websitenutzung

  Größter Nutzen des Web Analytics liegt per Definition in der Analyse der Websitenutzung (vgl. Abschnitte 7.1 und 7.2). 97 % aller

Befragten stimmte (voll) zu und lediglich 2 % stimmten (eher) nicht zu, Web Analytics zur Analyse der Websitenutzung einzusetzen. Somit wurde die Definition von oben bestätigt, dass Web Analytics und Web Controlling für die Analyse und Überprüfung der Inhaltsnutzung eingesetzt wird, zur stetigen Optimierung des Onlineangebots und der Website.

Analyse des User-Verhaltens

- **Analyse des User-Verhaltens:**
  Der Großteil der Befragten (85 %) stimmte ebenfalls zu, dass sie Web Analytics dazu nutzen, das Besucherverhalten auf der Website zu analysieren (Abschnitt 7.3). Nur 13 % setzen das Web Analytics nicht zur Analyse des User-Verhaltens ein. Dieses Resultat untermauert die oben festgehaltene, besucherbezogene Definition von Web Analytics, Web User Controlling.

Analyse und Optimierung von Onlinekampagnen

- **Optimierung von Onlinekampagnen:**
  Betreiber von Websites setzen unterschiedliche Instrumente des Onlinemarketings und verschiedene Formen der Internetwerbung ein, um zusätzlichen Website-Traffic zu generieren und den Onlineerfolg zu steigern (vgl. Abschnitt 4.2). Neben der Suchmaschinenwerbung sind bezahlte Links, Werbebanner, Newsletters, Corporate Blogs oder Facebook-Werbung Beispiele für Werbekampagnen im Internet. Bei 78 % der Befragten hilft Web Analytics, den Erfolg der eingesetzten Werbekampagnen zu überprüfen und den Einsatz der Werbemittel zu optimieren. Web Analytics hilft Internetexperten, die Effizienz und Effektivität der durchgeführten Maßnahmen im Onlinebereich anhand von verschiedenen Metriken zu messen. Da es durch das Page Tagging technisch kein Problem ist, die Link-Ausführung jedes Online-Werbemittels zu erfassen, kann der Erfolg einer Kampagne, z.B. gemessen anhand der Anzahl Ad-Clicks oder der Werbekonversionsrate, genau evaluiert werden. Kommen diverse Kampagnen und Werbeformen zum Einsatz, kann die Wirkung dieser Maßnahmen verglichen und ein optimaler Mix an Onlinemarketing-Instrumenten zusammengestellt werden.

  17 % der Befragten stimmten (eher) nicht zu, dass ihnen Web Analytics hilft, Online-Werbekampagnen zu optimieren. Mögliche Erklärung ist, dass gar keine Kampagnen durchgeführt werden oder dass deren Erfolg nur schwer einschätzbar ist, da gewisse Konversionsziele (z.B. eBranding) schwieriger zu messen sind als andere (z.B. eTransaction).

Überprüfung der Website-Ziele

- **Überprüfung der Website-Ziele:**
  Mit einer Website können verschiedene Ziele verknüpft sein, deren Erreichungsgrad mittels Web Analytics überprüft werden (vgl.

Abschnitte 7.4 und 11.3.15). Für sieben von neun befragten Experten ist die Überprüfung individuell definierter Website-Ziele ein wichtiger Nutzen des Web Analytics. Lediglich jeder Fünfte stimmte (eher) nicht zu, dass sie die Webanalyse zur Erreichung der Website-Ziele einsetzen. Dies liegt in vielen Fällen daran, dass diese Befragten wenig Erfahrung im Web Analytics haben, keine Website-Ziele definiert wurden oder die Ziele mit Web Analytics schwierig oder gar nicht überprüft werden können (vgl. Abschnitte 11.3.13 und 11.3.14).

- **Suchmaschinenoptimierung:**
  Eine hohe Sichtbarkeit und Auffindbarkeit von Webseiten in Suchmaschinen ist für die meisten Websites eine zentrale Herausforderung (vgl. Abschnitt 4.2.2). Website-Betreiber streben ein gutes Ranking in den Ergebnissen von Suchmaschinen an, wenn Benutzer unternehmens-, produkt- oder websitebezogene Suchwörter (engl. key words) eingeben. Dies generiert für die eigene Website zusätzlichen Traffic.

  Suchmaschinenoptimierung (SEO)

  In vier von fünf der Fällen hilft das Web Analytics bei der Suchmaschinenoptimierung. Das heißt, dass die meisten Befragten, mehrheitlich Onlinemarketing-Spezialisten, Web Analytics erfolgreich dazu nutzen, den Besucherfluss aus Suchmaschinen zu analysieren und anhand von verschiedenen SEO-Maßnahmen zu erhöhen. Da der Anteil des suchmaschinengenerierten Traffics bei den meisten Websites die Mehrheit des Gesamttraffics ausmacht, ist dessen Analyse und Steuerung eine wichtige Aufgabe.

- **Suchmaschinenmarketing:**
  Neben der Suchmaschinenoptimierung wird Web Analytics auch dazu eingesetzt, den Erfolg des Suchmaschinenmarketings zu eruieren (vgl. Abschnitt 4.2.3). Das Suchmaschinenmarketing, meist spricht man von SEM/SEA bzw. Keyword Advertising, beinhaltet die Platzierung von Werbelinks oben und rechts in Suchmaschinen, die passend zu den eingegebenen Suchbegriffen geschaltet werden. Das prominenteste Beispiel für SEM ist Google AdWords und AdSense, die bei der Google-Suche bzw. auf Drittseiten platziert werden.

  Suchmaschinenmarketing (SEM)

  Bei drei Viertel der Befragten unterstützt das Web Analytics das Suchmaschinenmarketing, indem das Web-Analytics-System informiert, wie viele Besucher durch Suchmaschinenanzeigen auf die Website gekommen sind und eine Zielaktion durchgeführt haben. Bei 22 % der Probanden unterstützt das Web Analytics das Suchmaschinenmarketing nicht, unter anderem deshalb, weil sie gar kein Suchmaschinenmarketing betreiben.

Verbesserung der Navigation

- **Verbesserung der Navigation:**
In Web-Analytics-Systemen kann ermittelt werden, wie häufig die einzelnen Menüpunkte in der Navigationsleiste sowie die internen Links auf einer Webseite von den Besuchern angeklickt worden sind. Dies erlaubt Webanalysten auf aggregierter Ebene zu analysieren, wie sich die Besucher durch die Website geklickt haben. Die meisten Tools bieten zur Analyse des Navigationsverhaltens Pfadanalysen oder im Falle von Google Analytics ein Site-Overlay an, worin die relativen Klickanteile der einzelnen Links ersichtlich sind (vgl. Abschnitt 4.1.2). Diese und weitere Informationen des Besucherverhaltens erlauben den Website-Verantwortlichen, die Navigation entsprechend den Such-, Nutzungs- und Navigationsgewohnheiten der Besucher auszurichten.
Bei der Frage, ob Web Analytics den Webexperten hilft, die Navigation (Struktur) zu verbessern, stimmten 7 von 10 Befragten zu. Ein Viertel nutzt Web Analytics noch nicht in dieser Hinsicht.

Inhaltsverbesserung

- **Verbesserung des Contents:**
Wie oben gesehen, hilft das Web Analytics, die Websitenutzung zu analysieren. Metriken der Inhaltsnutzung (vgl. Abschnitt 5.3) erlauben den operativen Einheiten (wie Content Manager) einzuschätzen, welche Inhalte der Website besonders interessieren, und sie können das Informationsangebot entsprechend der Informationsnachfrage ausrichten. Beispielsweise können sie jene Inhalte, die besonders oft nachgefragt wurden, ausbauen oder ihnen besondere Aufmerksamkeit widmen, indem sie die Inhalte attraktiv gestalten oder aktuell halten (vgl. dazu Abschnitt 4.3.1).
Die große Mehrheit (69 %) der Befragten stimmte zu, dass ihnen Web Analytics hilft, den Content der Website zu verbessern. 27 % hingegen nutzen die Webanalyse nicht dazu, um inhaltliche Verbesserungen vorzunehmen.

Verbesserung der Benutzerfreundlichkeit

- **Verbesserung der Usability:**
Ziel der meisten Website-Betreiber ist es, möglichst benutzerfreundliche, intuitiv zu bedienende Websites zu gestalten (vgl. Abschnitt 4.1.4). Die Webanalyse kann Usability-Experten bei A/B- oder multivariaten Tests darin unterstützen, Auswirkungen von Website-Anpassungen zur Erhöhung der Benutzerfreundlichkeit auf das Klickverhalten von User detailliert zu untersuchen. Werden Website-Elemente wie zum Beispiel Buttons oder Eingabefelder angepasst, kann analysiert werden, ob und wie sich die Metrikwerte des Nutzungsverhaltens ändern. Zudem können auf der Website Schwachstellen entdeckt und ausgemerzt werden, indem z.B. die Absprungraten der einzelnen Seiten analysiert werden.

Zwei Drittel der Befragten stimmten (voll) zu, dass ihnen Web Analytics hilft, die Usability zu verbessern. Anderseits stimmten 30 % nicht zu, dass sie Web Analytics zu Usability-Zwecken einsetzen.

- **Managementunterstützung:**
Web Analytics unterstützt Unternehmen bei der geschäfts- und websitebezogenen Planung, Entscheidung und Kontrolle, indem es Web- und Marketingmanager als Informationsgrundlage dient (vgl. Abschnitt 4.5).

Unterstützung der Planung, Anordnung und Kontrolle

Auch diese Hypothese konnte bestätigt werden: Zwei Drittel stimmte (voll) zu, dass ihnen Web Analytics bei der geschäfts- oder websitebezogenen Planung, Entscheidung und Kontrolle hilft. Fast ein Drittel nutzt die Webanalyse nach eigenen Angaben jedoch (noch) nicht als strategisches Steuerungs-, Kommunikations- und Managementinstrument.

- **Besucher- und Kundensegmentierung:**
Web-Analytics-Systeme erlauben ihren Anwendern, die Website-Besucher und Onlinekunden anhand verschiedener Kriterien zu segmentieren (vgl. Abschnitt 4.3.4). Zum Beispiel können neue oder wiederkehrende Besucher identifiziert oder nach geografischer Herkunft (wie Land, Region oder Stadt/Ort) oder Traffic-Quelle (z.B. Verweise von Suchmaschinen, Facebook oder anderen externen Seiten) segmentiert werden. Insbesondere können jene Besucher segmentiert werden, die auf einer Website eine gewünschte Aktion durchgeführt haben und bezüglich eines vordefinierten Website-Zieles konvertiert sind. Für das Onlinemarketing sind nicht nur die Segmentierungen von Besuchern und Onlinekunden für zielgerichtete Maßnahmen wie Ansprachen oder Angebotserstellung interessant, sondern auch für weiterführende Analysen und Erkenntnisse, wie sich Besucher/Kunden auf der Website genau verhalten.

Segmentierung von Besucher und Kunden

Bei der Frage, ob ihnen Web Analytics auch tatsächlich hilft, Besucher und Kunden zu segmentieren, stimmten über 62 % der Befragten (voll) zu. Während die Mehrheit der Webexperten von Segmentierungen profitieren, nutzt ein Drittel die Möglichkeiten der Webanalyse nicht, um wertvolle Besucher oder Kunden zu identifizieren und gesondert zu behandeln.

- **Erhöhung der Kundennähe:**
Durch die Analyse der Websitenutzung und des Benutzer- bzw. Kaufverhaltens kann den (potenziellen) Onlinekunden beim Surfen durch die Website über die Schulter geschaut werden und es lassen sich typische Verhaltensmuster auswerten. Dank der Analyse des

Kundenorientierung

Benutzerverhaltens kann die Kundennähe bzw. die Kundenorientierung und das Verständnis für den Kunden erhöht werden (vgl. Abschnitt 4.3.1), indem Metriken der Besuchereigenschaften, des Besucher- und Kaufverhaltens analysiert werden (vgl. Abschnitt 5.4).

Die Mehrheit (56 %) der Befragten stimmte zu, dass sie dank Web Analytics die Kundennähe und das Kundenverständnis erhöhen. Andererseits stimmten 37 % nicht zu, dass ihnen Web Analytics beim Kundenverständnis hilft.

Kundengewinnung

- **Kundengewinnung:**
  Die Generierung von Leads und Neukunden ist ein häufiges Ziel von Websites (vgl. Abschnitt 7.4 und 4.3.2).

  Daher wurden die Webexperten befragt, ob ihnen Web Analytics bei der Kundengewinnung hilft. Über die Hälfte (53 %) bejahten und 43 % verneinten diese Frage. Es kann also nicht verallgemeinert werden, dass Web Analytics in jeden Fall hilft, neue Kunden zu gewinnen, dennoch unterstützt es einige Firmen dabei.

Prozessoptimierung

- **Prozessoptimierung:**
  Web Analytics kann dazu dienen, website- und orgsanisationsbezogene Geschäftsprozesse zu analysieren (vgl. Abschnitt 4.4). Beispiel dazu ist die Analyse und Gestaltung elektronischer Registrierungs-, Bestell- und Zahlungsprozesse.

  In der Umfrage stimmten 52 % der Befragten zu, dass ihnen Web Analytics hilft, geschäfts- oder websitebezogene Prozesse zu optimieren. Ein Drittel stimmte (eher) nicht zu, dass ihnen die Webanalyse bei der Prozessoptimierung etwas nützt.

Kundenbindung

- **Kundenbindung:**
  Neben der Kundengewinnung ist die Kundenbindung die wichtigste Aufgabe des eCRM (vgl. Abschnitt 4.3.3). Ebenfalls der Hälfte aller Befragten hilft das Web Analytics bei der Kundenbindung. Ein Drittel hingegen nutzt die Webanalyse nicht dazu, die Kundenbindung zu messen und zu erhöhen.

Fazit zum eCustomer Relationship Management: Offensichtlich haben viele Unternehmen noch nicht den Schritt vollzogen, wichtige Geschäftsprozesse und Ziele entlang des Kundenkaufzyklus (Vorkaufphase, Kaufphase und Nachkaufphase) und des Kundenlebenszyklus (Kundenaquisition, -bindung und -rückgewinnung) abzubilden und anhand von verschiedenen Webkennzahlen und Key Performance Indicators (KPIs) zu überprüfen. Nur die Hälfte der Befragten nutzt die Webanalyse für das eCRM.

- **Optimierung des Designs:**
  Theoretisch kann die Webanalyse Website-Entwicklern dabei helfen, das Design zu verbessern, sprich das optische Layout zu gestalten (vgl. Abschnitt 4.1.3). Wie die Website grafisch aufgebaut und strukturiert ist, hat einen entscheidenden Einfluss auf das Klick-, Navigations- und Leseverhalten von Besuchern.

  Optimierung des Designs

  Es stimmten 46 % der Befragten zu, dass ihnen Web Analytics hilft, das Design (Layout) der Website zu verbessern. Die Mehrheit der Befragten nutzt die Webanalyse hingegen nicht dazu, Anpassungen am Website-Design vorzunehmen.

Fazit zum Nutzen: Verschiedene Nutzenpotenziale des Web Analytics konnten anhand der Expertenbefragung empirisch untermauert werden. So konnten die Definitionen bestätigt werden, dass Web Analytics zur Analyse der Websitenutzung (Web Content Controlling) sowie zur Analyse des Besucherverhaltens (Web User Controlling) eingesetzt wird. Insbesondere wurde bekräftigt, dass Web Analytics hilft:

- die Website-Ziele zu messen und zu erreichen,
- das Onlinemarketing zu optimieren, sprich den Erfolg von Marketingkampagnen, der Suchmaschinenoptimierung (SEO) und des Suchmaschinenmarketings zu analysieren und zu steuern, und
- die Website zu verbessern durch die Optimierung des Inhalts, der Navigation und der Benutzerfreundlichkeit von Internetauftritten.

11.3.13 Probleme im Web Analytics

Neben den Vorteilen sind mit Web Analytics auch gewisse Probleme verbunden. Um die Komplexität niedrig zu halten, wurden zur Befragung 11 Probleme ausgewählt, die im Kontext des Web Analytics auftreten. Es zeigten sich folgende Resultate (vgl. Abb. 11–14), die in den folgenden Abschnitten besprochen werden.

- **Interdisziplinäre Zusammenarbeit:**
  Die Webanalyse ist ein fachübergreifender Aufgabenbereich, in dem verschiedene Mitarbeiter unterschiedlicher Abteilungen wie zum Beispiel Marketing, Internet, IT oder Controlling zusammenarbeiten. Bei der interdisziplinären Zusammenarbeit und Kommunikation können leicht Missverständnisse und Konflikte auftreten, da die Beteiligten meist einen unterschiedlichen fachlichen Hintergrund haben und verschiedene unternehmenspolitische Interessen verfolgen. Für 61 % der Befragten ist die interdisziplinäre Zusammenarbeit und Kommunikation im Web Analytics eine Herausforderung. Dieser hohe Wert überrascht: Soft Skills bzw. menschliche

  Interdisziplinäre Zusammenarbeit

Abb. 11–14
Probleme im Web Analytics (nach [Zumstein et al. 2011b, S. 23] (n=740))

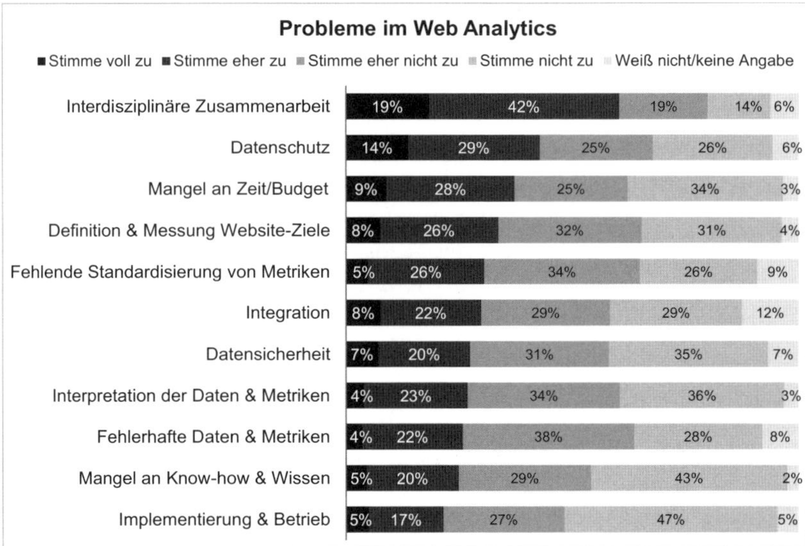

Komponenten scheinen im eher technischen und zahlengetriebenen Web Analytics eine wichtigere Rolle zu spielen als bisher angenommen. Lediglich ein Drittel stimmte nicht zu, dass ihnen die Interdisziplinarität Mühe bereitet.

Datenschutz

- **Datenschutz:**
  Die kritischste Problematik im Web Analytics ist der Datenschutz. In der Wissenschaft, in der Öffentlichkeit und in den Medien geriet das Web Analytics vermehrt negativ in die Schlagzeilen (vgl. Kap. 10). Datenschützer weisen auf datenschutzrechtliche Probleme hin, da persönliche Benutzerdaten wie z. B. IP-Adresse, User-ID oder Cookie-Daten gespeichert und weiterverarbeitet werden. 43 % der Befragten bestätigte, dass es im Web Analytics Probleme und Unsicherheiten gibt bezüglich des Datenschutzes. Die andere Hälfte sieht darin jedoch keine großen Probleme. Die kontroverse Diskussion um den Datenschutz im Web Analytics beschäftigt die Mehrheit der Anwender und Experten, wie auch die Resultate dieser Studie zeigen.

Fehlende Ressourcen wie Zeit und Budget

- **Mangel an Zeit und Budget:**
  Der Nutzen und Mehrwert von Web Analytics für das Marketing und das Website-Management werden von vielen Führungskräften (noch) nicht oder zu wenig erkannt. Dies ist ein Grund dafür, dass für das Web Analytics oft nur wenig Mittel zur Verfügung gestellt werden. Neben dem Budget fehlt es oft an Personal und Zeit, Web Analytics professionell und ernsthaft zu betreiben. Die Resultate bekräftigen diese Einschätzung: 37 % der Befragten stimmten (voll) zu, dass ihnen die Zeit und/oder das Budget für Web Analytics

fehlt. In zahlreichen Unternehmen fehlt die Bereitschaft, Zeit und Geld in das Online Performance Measurement zu investieren. Die Studie von [Bauer et al. 2011], die sich an die Problembefragung anlehnt, zeigte ähnliche Resultate: 55 % sehen in der fehlenden Zeit und 30 % im fehlenden Budget das größte Problem des Web Controlling. Nach Einschätzung von Experten werden in Zukunft jedoch mehr Ressourcen investiert, je größer das Bewusstsein und das Verständnis für die Wichtigkeit und den Nutzen von Web Analytics werden.

- **Definition und Messung von Zielen:**
  Fehlende Definition von Website-Zielen
  Ziele einer Website zu formulieren und anhand von KPIs und Kennzahlen herunterzubrechen, um deren Erreichungsgrad zu überprüfen, kann Website-Betreibern und Unternehmen eine gewisse Mühe bereiten. Für ein Drittel der Befragten – meist in WA unerfahren – fällt es schwer, die Ziele der Website(s) zu definieren und mit Metriken zu messen. Gerade wenn kein eCommerce betrieben wird und die Website lediglich zu Informations- und Kommunikationszwecken dient, ist die websitebezogene Erfolgsmessung schwieriger [Stolz 2007]. Für zwei Drittel der Befragten scheinen die Website-Ziele und die damit verbundenen Kennzahlen klar definiert zu sein. Auf jeden Fall verneint die Mehrheit, bei der Definition und Messung von Zielen auf Probleme zu stoßen.
- **Fehlende Standardisierung von Metriken:**
  Fehlende Standardisierung von Metriken
  Web Analytics steht vor dem technischen Problem, dass Metriken und Kennzahlen nicht einheitlich definiert bzw. standardisiert sind und, abhängig von der Datensammlungsmethode, von Software zu Software anders gemessen werden. Da proprietäre Softwarehersteller den Code nicht offenlegen, weiß der Anwender schlussendlich nicht, mit welchen Algorithmen oder Formeln eine Webkennzahl berechnet oder aggregiert wird. Werden gleichzeitig verschiedene Webanalysesysteme installiert, dann fällt auf, dass sich die Datenwerte, z.B. die Anzahl Seitenzugriffe, Besuche oder Besucher, so gut wie immer unterscheiden. Gerade wenn unterschiedliche Datensammlungsmethoden wie etwa die Logfile-Analyse zum Einsatz kommen, können die Messunterschiede markant sein. Etwa ein Drittel der Befragten stimmte (voll) zu, dass die Daten und Metriken im Web Analytics nicht definiert und nicht standardisiert sind. 60 % sind (eher) nicht der Meinung, dass die Daten und Metriken unzureichend definiert sind.
- **Datenintegration:**
  Integration von Daten
  Wie bei anderen Informationssystemen auch gibt es im Web Analytics das Problem, dass geschäftsrelevante Daten und Metriken

isoliert erhoben, gespeichert und ausgewertet werden. Nicht selten verkommt das Web-Analytics-System zu einer Insellösung, deren Informationen die Abteilung allenfalls in Form einer Excel-, PDF- oder Powerpoint-Datei verlassen. Die Integration der Daten des Web Analytics in andere Informationssysteme stellt dann für 31 % der Befragten ein Problem dar. Die Mehrheit stimmte aber (eher) nicht zu, dass im Web Analytics Integrationsprobleme vorliegen.

Datensicherheit

- **Datensicherheit:**
  Hand in Hand mit dem Problem des Datenschutzes geht die Problematik der Datensicherheit. Gerade wenn in der Webanalyse personenbezogene Daten gespeichert werden, muss die Datensicherheit, d.h. der Schutz der Daten vor Verlust, Manipulation oder Diebstahl, jederzeit gewährleistet sein. Das Thema Datensicherheit bereitet einigen Unternehmen auch im Bereich Web Analytics Sorgen: Rund 30 % stimmten zu, dass es im Web Analytics Probleme oder Unsicherheiten bezüglich der Datensicherheit gibt. Für 66 % der Befragten bestehen in Bezug auf die Datensicherheit keine Probleme.

Interpretation von Daten

- **Dateninterpretation:**
  Ein von Webanalysten häufig genanntes Problem ist die Interpretation der Daten und Metriken. Bei Werten von Hunderten von Webmetriken ist es nicht immer einfach, den Überblick zu bewahren, und manchmal sieht man vor lauter Bäumen (nackten Zahlen) den Wald (aussagekräftige Muster) nicht mehr. Logische und geschäftsrelevante Aussagen, Schlussfolgerungen oder Empfehlungen aus großen Datenmengen der Websitenutzung abzuleiten, kann Analysten gewisse Schwierigkeiten bereiten. Erstaunlicherweise stimmten nur ein Viertel der Befragten zu, dass ihnen die Interpretation der Daten und Metriken im Web Analytics schwerfällt. Andererseits stimmten 70 % nicht zu, Probleme mit der Dateninterpretation zu haben.

Datenqualität

- **Datenqualität:**
  Wie in Kapitel 9 angeschnitten, können die Daten und Kennzahlen im Web Analytics zum Teil ungenau, fehlerhaft oder sogar falsch sein und die tatsächliche Websitenutzung nicht eins zu eins widerspiegeln. Da server- und clientseitige Datensammlungsmethoden spezifische Nachteile haben, sind Webstatistiken mit gewissen Ungenauigkeiten und Verzerrungen behaftet. Quellen für mögliche Ungenauigkeiten sind z.B. die Deaktivierung von JavaScript und Cookies in Webbrowsern oder der Einsatz von Deaktivierungs-Add-ons, Ad-Blockern und Antispy-Software. In der Umfrage bestätigte ein Viertel der Experten, dass die Daten und Metriken

des Web Analytics ungenau oder fehlerhaft sind, zwei Drittel stimmten (eher) nicht zu.

- **Mangel an Know-how und Wissen:**
Personalverantwortliche von Unternehmen berichten, dass es schwierig ist, Fachkräfte im Bereich Web Analytics zu finden. Auch zahlreiche Stelleninserate zeugen davon, dass im Arbeitsmarkt die Nachfrage nach Webanalysten das Angebot deutlich übersteigt. Es fehlt in Firmen oft an entsprechenden Fachkräften, die im Bereich Web Analytics über ein profundes Wissen und Know-how verfügen. Dies stellt einige Firmen vor Probleme: Ein Viertel der Befragten stimmte zu, dass ihnen intern das Wissen bzw. Know-how zu Web Analytics fehlt. Für die Mehrheit (72 %) stellt der Zugriff auf Web-Analytics-Know-how kein großes Problem dar.

Mangel an Wissen und Know-how

- **Implementierung und Betrieb:**
Ein technisches Problem, von dem in der Fachliteratur berichtet wird, ist das Auftreten von Schwierigkeiten bei der Implementierung und beim Betrieb von Web Analytics. Mögliche Beispiele hierzu sind beim Page Tagging das Erstellen und die Implementierung von Tagging-Konzepten, das Einfügen des JavaScript-Codes in den HTML-Code aller Webseiten oder Performance-Probleme beim Laden von Webseiten, die Tracking-Code enthalten. Lediglich ein Viertel stimmte in der Umfrage zu, dass sie im Bereich Web Analytics Probleme bei der Implementierung und beim Betrieb hatten. Drei Viertel der Befragten berichtete, bei der Umsetzung keinerlei Schwierigkeiten gehabt zu haben.

Implementierung und Betrieb von Web Analytics

Fazit zu den Problemen im Web Analytics: Am meisten Mühe bereitet die interdisziplinäre Zusammenarbeit. Der Bereich des Datenschutzes bleibt ein großes Problemfeld. Zudem fehlt es im Web Analytics oft an Ressourcen, gerade was die Zeit und das Budget und das Know-how anbelangt.

11.3.14 Metriken des Web Analytics

Analyse der Traffic-Quellen

Die Erfassung, Speicherung und Analyse von Metriken ist der Kern des Web Analytics (vgl. Kap. 5). Dabei zeigte sich bei der Umfrage, dass die Daten bezüglich der *Traffic-Quellen* wichtig sind (vgl. Abb. 11–15). Zu den Daten der Traffic-Quellen gehören die Anzahl Besuche und Besucher, die direkt auf die Website zugreifen, die von Suchmaschinen bzw. Drittseiten verwiesen werden oder mittels Werbekampagnen auf die Website akquiriert wurden (vgl. Abschnitt 7.2).

Metriken zur Inhaltsnutzung

Für 91% der Befragten sind die *Metriken zur Inhaltsnutzung* ebenfalls wichtig. Zu diesen Metriken gehören u.a. die meistgenutzten Inhalte, die häufigsten Ein- und Ausstiegsseiten, die Verweildauer und die Absprungrate (vgl. Abschnitt 5.3).

Standardmetriken und Metriken zum Besucherverhalten

Die *Standardmetriken* des WA, die Anzahl Seitenzugriffe, Besuche und Besucher, und die *Metriken zum Besucherverhalten* sind je für 9 von 10 Analysten wichtig. Beim Besucherverhalten werden z.B. die Besuchsdauer, Besuchstiefe und die Suchnutzung analysiert.

Metriken zu den Besuchereigenschaften und zum Kaufverhalten

Für 76% der Fachleute sind die *Metriken zu den Besuchereigenschaften* ebenfalls zentral (vgl. Abschnitt 5.6): die Anzahl neuer und wiederkehrender Besucher, Besuchsfrequenz, geografische Herkunft der Besucher sowie die technischen Eigenschaften. Besitzt eine Website einen Shop (s. Abschnitt 5.4), so sind die *Metriken des Kaufverhaltens sehr wichtig*. Metriken des Web 2.0 sind eher unwichtig.

Abb. 11–15 *Metriken des Web Analytics (nach [Zumstein et al. 2011b, S. 27] (n=740))*

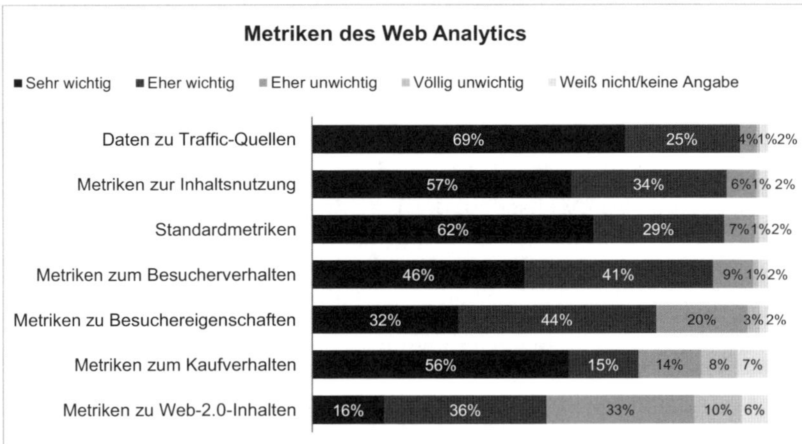

Fazit zu den Metriken im Web Analytics: Für die meisten Webanalysten sind nahezu alle websitebezogenen Daten und Metriken wichtig. Wichtigste Kategorie an Metriken sind Daten zur Traffic-Quelle, gefolgt von Metriken der Inhaltsnutzung, Standardmetriken und den Metriken zu Besucherverhalten und -eigenschaften. Für das eCommerce sind die Kennzahlen des Kaufverhaltens, z.B. Konversionsraten, Bestellraten, Online-Umsatz, sehr wichtig.

11.3.15 Überprüfung von Website-Zielen

Zur Bedeutung von Website-Zielen

Mit einer Website können verschiedene Ziele verbunden sein, deren Erreichung mittels Web Analytics überprüft werden kann. In der Expertenbefragung wurde die Bedeutung von neun verschiedenen Zielen erhoben (vgl. Abschnitt 7.4 und Abb. 11–16).

- Das wichtigste Website-Ziel ist für 79 % der Befragten die *Generierung von Leads*, d.h. Kontaktdaten und die Kontaktanbahnung von interessierten Besuchern, und die Gewinnung von Kunden.
- Die *Bindung und Entwicklung von Onlinekunden* ist für 7 von 10 der Befragten ebenfalls wichtig.
- Das *Bereitstellen von Informationen* zum Unternehmen und seinen Produkten bzw. Dienstleistungen wird oft als wichtigstes Ziel von Corporate Websites genannt (vgl. [Welling & White 2006]). Die vorliegenden Resultate bestätigen diese Einschätzung: 68 % überprüfen anhand Web Analytics die Informationsnachfrage.
- Die *Kommunikation*, d.h. die elektronische Interaktion mit den Usern z.B. über Formulare, E-Mail, Blog oder Forum, ist für die große Mehrheit ebenfalls wichtig.
- Im eCommerce ist die *Transaktion*, sprich der Abverkauf von Produkten oder Dienstleistungen, für die Hälfte ein sehr wichtiges Ziel, das mit Web Analytics überprüft wird.
- Das *eBranding*, der Aufbau von Markenimage und die Verbesserung der Markenwahrnehmung über das Internet, ist für 62 % ein wichtiges Ziel.
- Eine *hohe Nutzungsintensität* der Website ist für 59 % ein wichtiges Ziel z.B. zur Steigerung der Einnahmen durch Werbung.
- *Self Service* bzw. die Reduktion von Administrationskosten (z.B. Support oder FAQ) und die Rekrutierung von neuen Mitarbeitern scheinen eher untergeordnete Website-Ziele zu sein.

Fazit zu Website-Zielen: Die Gewinnung, Entwicklung und Bindung von Kunden über den Onlinekanal sind die wichtigsten Ziele von Websites, die mit Web Analytics überprüft werden, gefolgt von der Information, Kommunikation und Transaktion.

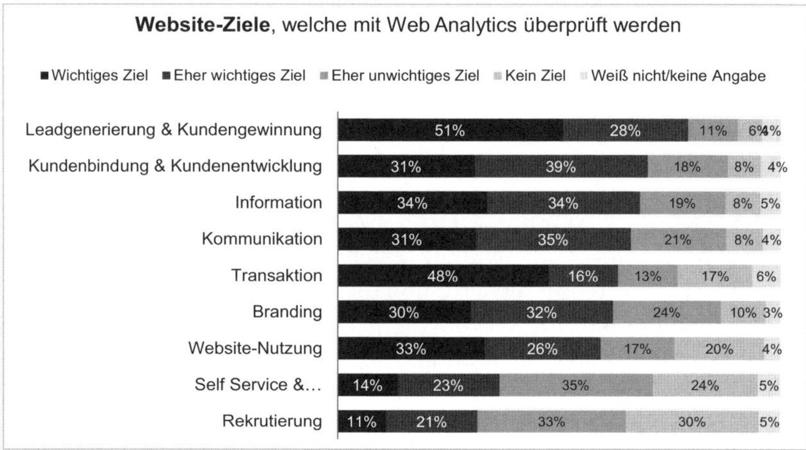

Abb. 11–16
Messung von Website-Zielen (nach [Zumstein et al. 2011b, S. 28] (n=740))

11.3.16 Erreichung von Website-Zielen

Web Analytics hilft in 10 von 11 Fällen, Ziele zu erreichen.

Als Letztes wurden die Experten befragt, ob ihnen das Web Analytics ebenfalls dabei hilft, die Website-Ziele zu erreichen (vgl. Abb. 11–17). Die Antworten waren überraschend: Bei 91 % hilft das Web Analytics, die Website-Ziele zu erreichen. Nur 8 % bzw. 1 % der Befragten hilft das Web Analytics wenig bzw. gar nicht, Website-Ziele zu erreichen. Es kann die Schlussfolgerung gezogen werden, dass Web Analytics ein strategisches Steuerungs- und Managementinstrument ist, das hilft, die Ziele der Website und des eBusiness zu erreichen. Es kann für Firmen ein strategischer Informations-/Wettbewerbsvorteil sein.

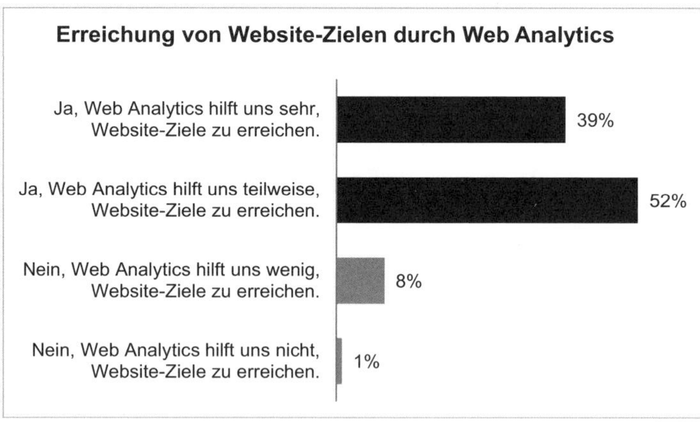

Abb. 11–17
Erreichung von Website-Zielen [Zumstein et al. 2011b, S. 29] (n=740)

Fazit zur Zielerreichung: In 10 von 11 Fällen hilft WA, websitebezogene Ziele zu erreichen. WA ist ein strategisches Controlling- und Managementinstrument, das hilft, Ziele der Website und des eBusiness zu erreichen.

11.4 Schlussbemerkungen

11.4.1 Zusammenfassung

Die vorliegende Untersuchung behandelte verschiedene Fragen über den Einsatz, Nutzen und Probleme von Web Analytics. Tabelle 11–4 zeigt sämtliche Forschungsresultate im Überblick.

Tab. 11–4
Überblick zu den Forschungsresultaten [Zumstein et al. 2011b, S. 31]

Forschungsfrage	Forschungsresultate
1. In welchen Branchen und Unternehmen wird Web Analytics eingesetzt?	WA wird in folgenden **Branchen** häufiger eingesetzt: Telekom, IT, Medien, Consulting und Handel sowie in weiteren informations- und dienstleistungsintensiven Firmen.
	Bei der Befragung zur Unternehmensgröße zeigte sich, dass ¾ der Experten in **KMU** tätig sind. WA ist nicht nur Angelegenheit von Großunternehmen und hat gerade bei KMU Potenzial.
	WA wird nicht nur von Internetfirmen eingesetzt, sondern auch von jenen mit keinem/geringem **Online-Umsatz-Anteil**.
2. Wie wird Web Analytics in Unternehmen organisiert und umgesetzt?	Ein Fünftel der Befragten hat nur **wenig Erfahrung** im WA. Seit 2005 stieg die Erfahrung an. Ein Viertel ist mit mehr als 7 Jahren sehr erfahren.
	In der Hälfte der Fälle ist WA dem **Marketing** zugeordnet.
	In 9 von 10 Fällen ist WA kein Fulltime-, sondern **Nebenjob**.
	Rund die Hälfte der Befragten, d.h. ein relativ hoher Anteil, ließ sich mehr oder weniger intensiv zu Web Analytics **beraten**.
3. Welche technischen Methoden & Systeme kommen im Web Analytics zum Einsatz?	Die **clientseitige Datensammlungsmethode** hat sich im WA als Standard durchgesetzt. Die serverseitige Methode (Logfile-Analyse) kommt in jedem zweiten Fall ebenfalls zum Einsatz.
	Google Analytics ist im WA die klare #1, gefolgt von Omniture, Webtrends, eTracker und dem Open-Source-Tool Piwik.
	Die **Zufriedenheit** der Befragten mit WA-Software ist erstaunlich hoch: 93% sind mit ihren Analysesystemen zufrieden.
	Die Erstellung von **individuellen Reports** ist heute die Regel.

→

Forschungsfrage	Forschungsresultate
4. Welche Nutzen und Probleme hat das Web Analytics?	Das WA hilft Firmen u. a. bei der Analyse der **Website-nutzung**, Optimierung des **Onlinemarketings** (SEO, Bannerwerbung) und Optimierung der **Website** (Content, Navigation, Usability)
	Die größten **Probleme** des Web Analytics liegen in der interdisziplinären Zusammenarbeit, im Datenschutz und in den fehlenden Ressourcen (wie Zeit, Budget & Know-how).
5. Welche Metriken & Website-Ziele werden im Web Analytics gemessen?	Sind im Web Analytics allesamt wichtig: Daten zu den Traffic-Quellen, **Metriken** zu der Inhaltsnutzung, zum Besucher-/ Kaufverhalten und zu den Besuchereigenschaften.
	WA hilft in 10 von 11 Fällen, **Website-Ziele** wie Lead-/Kunden-akquisition, Kundenbindung, Information, Transaktion und Kommunikation zu überprüfen und eher zu erreichen.

11.4.2 Kritische Würdigung

Explorationscharakter der Studie

Bisher gibt es kaum akademische Untersuchungen zu Web Analytics und deshalb hat die vorliegende Studie Explorationscharakter. Es resultierte eine im deutschsprachigen Raum einmalige Stichprobe von 740 Spezialisten, die sich für die Umfrage interessierten.

Repräsentativität der Studie

Das Sample der Untersuchung kam zustande, indem Web-Analytics-Experten von verschiedenen XING-Gruppen angeschrieben wurden. Zudem wurde der Link zur Umfrage in diversen Fachforen und Blogs gestreut, wobei nicht auf die Größe der Grundgesamtheit geschlossen werden kann. Beim Sample der Umfrage handelt es sich also weder um eine Quoten- noch um eine Zufallsstichprobe. Die Repräsentativität dieser Studie ist somit eingeschränkt, auch wenn eine große absolute Anzahl an Experten gewonnen werden konnte.

11.4.3 Ausblick

Qualitative Forschung wie Fallstudien und Interviews notwendig

Diese Untersuchung war quantitativer Natur. Mithilfe qualitativer Forschung kann ein vertiefendes Verständnis in speziellen Fragestellungen gewonnen werden. Insbesondere die Fallstudienforschung brächte detaillierte Resultate zu Nutzen und Probleme des Web Analytics im spezifischen Falle eines Unternehmens. Weitere Forschungsprojekte sind notwendig, da es sich beim Web Analytics um ein praxisrelevantes Fachgebiet handelt, das sich rasant entwickelt.

12 Vorgehensmodell & Umsetzung

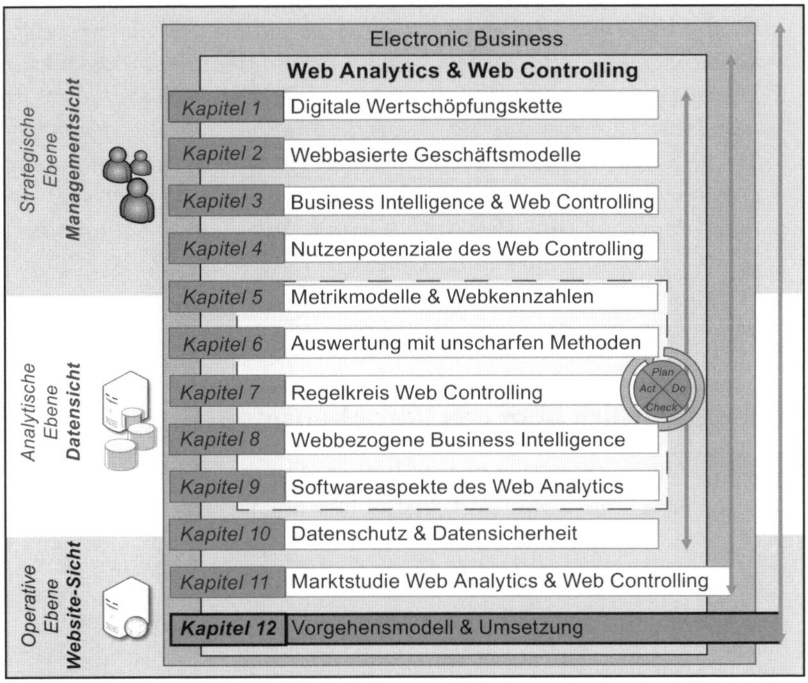

Abb. 12–1
Vorgehensmodell & Umsetzung

Das Kapitel widmet sich dem Vorgehensmodell zur Umsetzung einer webbasierten Business Intelligence. Im ersten Abschnitt 12.1 wird die Vorgehensmethodik in die Teilphasen strategische Analyse, Entwicklung des webbasierten Geschäftsmodells, strategische Maßnahmenplanung, Implementierung und Wirkungskreislauf verfeinert. Bei der strategischen Analyse wird in Abschnitt 12.2.1 die Organisationsanalyse vorgestellt, um Stärken und Schwächen des eigenen Unternehmens aufdecken zu können. Anhand der Erfolgsfaktorenanalyse nach Rockart werden Verfügbarkeit, Usability, Ergebnisqualität, Datenmanagement, Anwendungsfunktionen, Sicherheit und Change Management beispiel-

haft bewertet. Die Markt- und Bedarfsgruppenanalyse erfolgt nach dem Modell der Wettbewerbskräfte angelehnt an Porter. In Abschnitt 12.2.2 werden deshalb die fünf Wettbewerbskräfte diskutiert, nämlich Bedrohung durch neue Konkurrenten, Bedrohung durch Ersatzdienstleistungen, Verhandlungsstärke der Kunden, Verhandlungsstärke der Lieferanten und Rivalität unter den bestehenden Unternehmen. Die Technologieanalyse (Abschnitt 12.2.3) orientiert sich an der Webevolution von Spivack, der die Webgenerationen in Jahrzehnte einteilt. In Abschnitt 12.3 werden neben der Diskussion der Anspruchs- und Zielgruppen wichtige Erfolgsfaktoren pro Glied der digitalen Wertschöpfungskette aufgelistet. Die strategische Maßnahmenplanung fürs Webmanagement (Abschnitt 12.4) umfasst ein Webleitbild und ein Architekturmanagement mit System- und Kommunikationsinfrastruktur, Daten- und Servicearchitektur sowie Betrieb und Support. In Abschnitt 12.5 werden die Webziele, Maßnahmen und Kennzahlen auf Organisationseinheiten heruntergebrochen und verfeinert. Der Implementierungsschritt in Abschnitt 12.6 widmet sich der Frage Make or Buy, der Aufbau- und Ablauforganisation sowie dem Change Management. Schließlich wird in Abschnitt 12.7 der Wirkungskreislauf der Business Intelligence zusammengestellt und kommentiert.

12.1 Überblick über das Vorgehensmodell

Prozessorientierte Vorgehensweise

Die Vorgehensmethodik ist prozessbasiert [Grünig & Kühn 2001], sie wurde in Abschnitt 2.7 grob vorgestellt und soll nun verfeinert werden.

Definition Vorgehensmodell

Das **Vorgehensmodell** für Web Analytics & Web Controlling unterstützt die webbasierte Business Intelligence und setzt sich aus den sechs Teilphasen der strategischen Analyse, Entwicklung des webbasierten Geschäftsmodells, Zielhierarchie, strategischen Maßnahmenplanung, Implementierung und Controlling zusammen.

Abbildung 12–2 zeigt das Vorgehensmodell zur webbasierten BI.

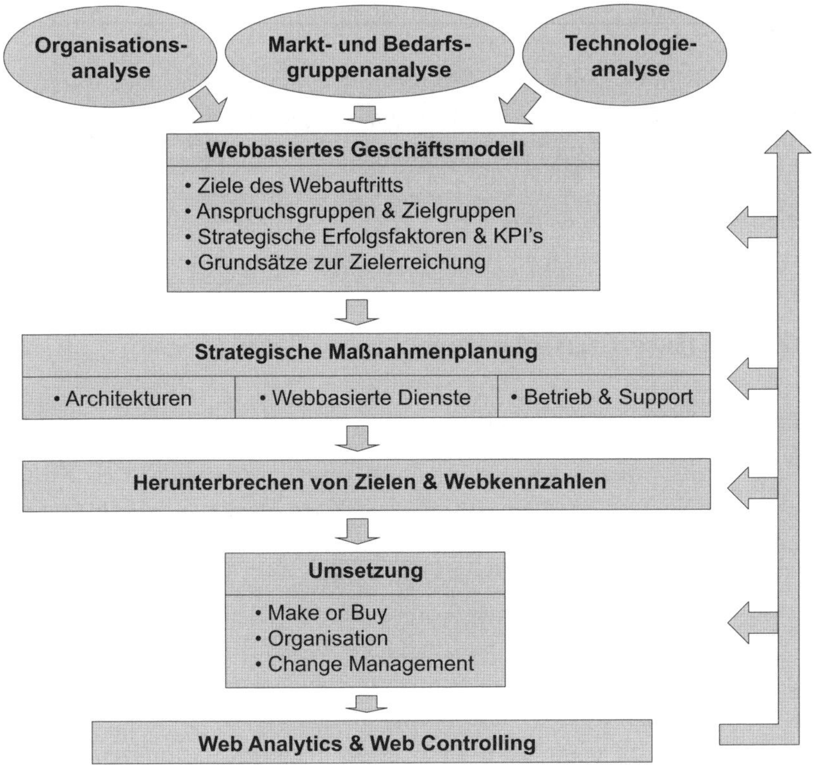

Abb. 12–2
Die sechs Schritte des Vorgehensmodells

Organisations-, Markt- & Bedarfsanalyse und Technologieanalyse

Zur strategischen Analyse zählen die Organisationsanalyse (Abschnitt 12.2.1), die Markt- & Bedarfsanalyse (Abschnitt 12.2.2) und die Technologieanalyse (Abschnitt 12.2.3).

Basierend auf den Analysearbeiten wird das webbasierte Geschäftsmodell entwickelt, wie es in Kapitel 2 im Detail besprochen wurde. Insbesondere muss festgelegt werden, welche Teile der digitalen Wertschöpfungskette wie ausgestaltet werden (Abschnitt 12.3). Neben dem Ziel der Webplattform müssen die Anspruchsgruppen und Zielgruppen (Abschnitt 3.5) festgelegt, strategische Erfolgsfaktoren und Kennzahlen (KPIs) abgeleitet und weitere Grundsätze zur Zielerreichung dokumentiert werden.

Kennzahlen zur Messung der Geschäftsmodelle

Für die Messung der webbasierten Geschäftsziele sowie für die Aufgaben des Architekturmanagements müssen geeignete Kennzahlen festgelegt werden (Abschnitt 12.5). Eine Zielhierarchie erlaubt, die unternehmensspezifischen Erfolgsfaktoren wie die Erfolgspositionen der Infrastruktur zu überwachen und bei Bedarf anzupassen.

Strategische Maßnahmenplanung

Die strategische Maßnahmenplanung (Abschnitt 12.4) umfasst das webbasierte Leitbild, das Architekturmanagement, die System- und Kommunikationsarchitektur, die Daten- und Anwendungsarchitektur sowie die Prozesse der Unterstützung und des Betriebs der Webplattform [Brenner et al. 2003].

Implementierung und Web Controlling

Bei der Implementierung müssen Outsourcing-Optionen geprüft und organisatorische Veränderungen vorgenommen werden (Abschnitt 12.6).

Der Kreislauf für die webbasierte Business Intelligence muss geschlossen werden (Abschnitt 12.7), um durch stetige Verbesserungen die Website und die webbasierten Prozesse, das Web- und Kundenkapital (Abschnitt 3.6) zu halten bzw. zu verbessern.

12.2 Strategische Analysen

12.2.1 Organisationsanalyse

Wettbewerbsfähigkeit von Websites

Die Organisationsanalyse evaluiert die wettbewerbsrelevanten Fähigkeiten des Webauftritts. Sie soll aufzeigen, wo Stärken und Schwächen der Informationsversorgung liegen.

Analyse von Erfolgsfaktoren

Die Analyse der webbasierten Leistung kann mithilfe einer Erfolgsfaktorenanalyse durchgeführt werden. Aufgrund empirischer Forschung schlägt Rockart vier Bereiche für den Erfolg des Informationsmanagements vor, nämlich Servicedienstleistung, Kommunikation, Human Resources und Positionierung [Rockart 1982].

Servicedienstleistungen

Unter Service werden die Leistungen der Informationsversorgung für den Webnutzer verstanden. Eine Auswahl von Erfolgsfaktoren sieht wie folgt aus:

Verfügbarkeit von Websites

- **Verfügbarkeit** (S1):
  Mit dem Erfolgsfaktor S1 aus dem Servicebereich wird die Verfügbarkeit der Webplattform wie der webbasierten Dienste erfasst. Insbesondere müssen Ausfallzeiten der Webinfrastruktur, Softwareprobleme und Unterbrechungen der Kommunikationsinfrastruktur beurteilt werden.

Web Content Accessibility Guidelines

- **Usability** (S2):
  Mit Usability oder Benutzbarkeit wird die Benutzerschnittstelle bezüglich einfacher und verständlicher Handhabung untersucht. Neben der Benutzeroberfläche geht es um die Dialogführung, Benutzerdokumentation und weitere Hilfestellungen. Insbesondere müssen die Web Content Accessibility Guidelines (vgl. [WCAG 2011]) kontrolliert werden, um die Barrierefreiheit für Webbenutzer mit Bewegungs-, Sprach- oder Sehschwierigkeiten zu garantieren.

Servicequalität

- **Ergebnisqualität** (S3):
  Dieser Erfolgsfaktor misst die Qualität und die Vollständigkeit der webbasierten Dienstleistungen.

- **Datenmanagement** (S4):
  Hier wird der Zugang zu Daten und Informationen sowie die Integrität der Daten beurteilt. Es geht um Vollständigkeit und Konsistenz der Daten, Pflege der Datenarchitektur wie der Bestände sowie um die Verfügbarkeit leistungsfähiger Suchmaschinen.

Vollständigkeit und Konsistenz der Daten

- **Anwendungsfunktion** (S5):
  Unabhängig davon, ob Individualsoftware oder Standardsoftware eingesetzt wird, muss der Funktionsumfang bewertet werden. Es muss geklärt werden, ob und in welcher Qualität operative wie dispositive Aufgaben mit webbasierten Angeboten abgedeckt sind.

Bewertung des Funktionsumfangs

- **Sicherheit** (S6):
  Dieser Erfolgsfaktor bezweckt, die Sicherheitsvorkehrungen und den Datenschutz der Webplattform zu evaluieren. Es muss geprüft werden, ob differenzierte Benutzerrechte zur Verfügung stehen und die Privatsphäre der Internetnutzer geschützt bleibt.

Sicherheitsmanagement

- **Change Management** (S7):
  Der Änderungsdienst der Webplattform muss auf Reaktionszeit und Qualität hin untersucht werden. So stellt sich die Frage, ob begründete Benutzeranforderungen regelmäßig priorisiert und umgesetzt werden.

Change Management

Für die Analyse der Erfolgsfaktoren werden die Priorität der Informationsfunktion und die Qualität der Leistungen bei verschiedenen Anspruchsgruppen erhoben. Als Anspruchsgruppen gelten Anwender, Management, Mitarbeitende, Lieferanten und Kunden. Je nach Bedarf kann die Gesamtheit der Erfolgsfaktoren oder eine geeignete Untermenge in die Analyse einfließen.

Skala zur Priorität von Erfolgsfaktoren

Bewertungen von Priorität und Leistung eines Erfolgfaktors (EF) erfolgen mit einfachen Formeln. Für die Erhebung der Priorität werden Skalen verwendet, wobei nur ganzzahlige Werte zugelassen sind:

- Priorität EF = 1 bedeutet vernachlässigbare Informationsfunktion.
- Priorität EF = 3 bedeutet nützliche Informationsfunktion.
- Priorität EF = 5 bedeutet wichtige Informationsfunktion.
- Priorität EF = 7 bedeutet lebensnotwendige Informationsfunktion.

Skala zur Leistung von Erfolgsfaktoren

Analog wird die Leistung eines Erfolgfaktors mit derselben Skala ganzzahliger Werte erhoben:

- Leistung EF = 1 bedeutet schlechte Qualität.
- Leistung EF = 3 bedeutet unzureichende Qualität.
- Leistung EF = 5 bedeutet gute Qualität.
- Leistung EF = 7 bedeutet herausragende Qualität.

Portfolio zur Prorität und Leistung von Dienstleistungen

Jeder Teilnehmer (T) einer vorgesehenen Anspruchsgruppe wird aufgefordert, die Liste vorgesehener Erfolgsfaktoren bezüglich Priorität und Leistung zu bewerten. Mithilfe einfacher Summenformeln lässt sich ein Portfolio der Priorität und Leistung einer oder aller Anspruchsgruppen berechnen (siehe Abb. 12–3).

Abb. 12–3 *Priorität und Leistung für den Servicebereich S1 bis S7 (angelehnt an [Rockart 1982])*

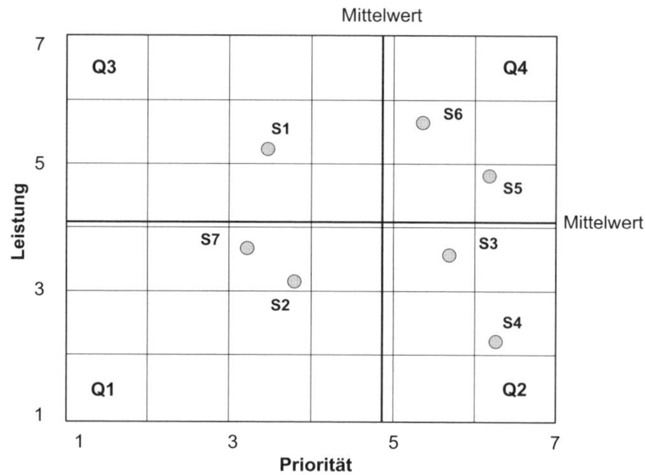

Berechnung der Prioritätswerte

Werden auf der x-Achse die Prioritäten aufgetragen, so ergibt sich der x-Wert eines Erfolgsfaktors wie folgt:

$$x := 1/n\ \Sigma\ \text{Priorität (EF,T) mit der Summation von } T=1 \text{ bis } T=n$$

Berechnung der Leistungswerte

Analog entsteht für die Berechnung der Leistung bzw. der y-Werte die folgende Summation:

$$y := 1/n\ \Sigma\ \text{Leistung (EF,T) mit der Summation von } T=1 \text{ bis } T=n$$

Mittelwerte der Erfolgsfaktoren

Für den Servicebereich der besprochenen Erfolgsfaktoren S1 bis S7 ist in Abbildung 12–3 ein Beispiel gegeben, wobei sich die Mittelwerte für Priorität und Leistung durch horizontale und vertikale Zusatzachsen hervorheben. Die Achsen der Mittelwerte für Priorität und Leistung zerlegen den Erhebungsraum in vier Quadranten.

Quadrant 1 des Portfolios

Beim Quadranten Q1 sind sowohl Priorität als auch Leistung des Erfolgsfaktors weniger bedeutend, d.h., mit den Erfolgsfaktoren Usability (S2) und Change Management (S7) besteht wenig Handlungsbedarf.

Quadrant 2 des Portfolios

Im Quadranten Q2 liegen zwei Erfolgsfaktoren, die hohe Priorität genießen, in der Leistung hingegen nicht überzeugen. Hier besteht Handlungsbedarf: Die Ergebnisqualität (S3) und vor allem das Datenmanagement (S4) müssen leistungsmäßig gesteigert werden. Eventuell hängt die unbefriedigende Ergebnisleistung damit zusammen, dass in den Datenbeständen Doppelspurigkeiten oder gar Inkonsistenzen vorliegen.

Quadrant 3 des Portfolios

Der Quadrant Q3 zeichnet sich durch Erfolgsfaktoren mit hoher Leistung und niedriger Priorität aus. In diesem Zusammenhang werden Ressourcen verschwendet, da niedrig priorisierte Informationsfunktionen leistungs- und qualitätsmäßig gut abschließen. Beim Erfolgsfaktor Verfügbarkeit (S1) sollte man allerdings vorsichtig bleiben, da ein Rückgang der Verfügbarkeit sich negativ auf Effizienz und Effektivität der Informationsversorgung auswirkt.

Quadrant 4 des Portfolios

Im Quadranten Q4 liegen Erfolgsfaktoren mit hoher Priorität und hoher Leistung. Im Beispiel handelt es sich um die Sicherheit (S6) und den Funktionsumfang der Anwendungssysteme (S5). Die Erfolgsfaktoren dieses Quadranten müssen die Positionierung für die Zukunft sichern und die Leistung auf gutem Qualitätsniveau halten.

Leistungsdifferenzen

Der Ansatz der Erfolgsfaktoren erlaubt, weitere Berechnungen für den Erfolg eines einzelnen Erfolgsfaktors bzw. den Erfolg für einen bestimmten Teilnehmer oder eine Teilnehmergruppe zu ermitteln. In einem Prioritätenkatalog können einzelne Leistungsverbesserungen aufgeführt werden, indem eine Formel für die Leistungsdifferenz benutzt wird. Leistungsdifferenzen lassen sich nach Anspruchsgruppen aufschlüsseln und einander gegenüberstellen. Beispielsweise ist aufschlussreich, wie die Leistungsdifferenz der Anwender sich zur Leistungsdifferenz des Managements verhält.

Erkennung und Verbesserung von Defiziten

Die Erfolgsfaktorenanalyse erlaubt, den Erfolg des Webauftritts mehrdimensional zu untersuchen und Defizite aufzudecken. Aufgrund der Erhebung bei unterschiedlichen Anspruchsgruppen und diverser Auswertungen und Gegenüberstellungen lässt sich eine fundierte Diskussion über Verbesserungspotenziale führen. Zudem können von entsprechenden Auswertungen Prioritäten für Verbesserungen abgeleitet werden. Als Controlling-Instrument erlaubt die Erfolgsfaktorenanalyse zudem, in regelmäßigen Abständen die Wirksamkeit der Maßnahmenumsetzung zu messen (vgl. Abschnitt 12.7).

12.2.2 Markt- und Bedarfsgruppenanalyse

Chancen und Risiken im Unternehmensumfeld

Die Marktanalyse bezweckt, das Umfeld des Unternehmens hinsichtlich der Informationsversorgung zu studieren und auf potenzielle Chancen und Risiken hinzuweisen. Im Kern ermittelt sie den Zustand der Branche, in der das eigene Unternehmen tätig ist. Sie versucht Entwicklungstendenzen aufzuzeigen, damit notwendige Schlüsse für den eigenen Webauftritt gezogen werden können.

Attraktivität einer Branche

Die Branchenattraktivität ist eine wesentliche Bestimmungsgröße für die Beurteilung des Webmanagements. Werden bei der Organisationsanalyse (Abschnitt 12.2.1) die Erfolgsfaktoren der eigenen Informationsversorgung diskutiert, zielt die Markt- und Branchenanalyse auf die Beurteilung der Mitbewerber bezüglich ihrer Informationsfunktion ab. Unter einer Branche versteht man die Gesamtheit der Unternehmen, die dieselben Dienstleistungen anbieten und dieselben Kunden- und Zielgruppen bewerben.

Abb. 12–4
Das Modell der Wettbewerbskräfte (angelehnt an [Porter 1992]

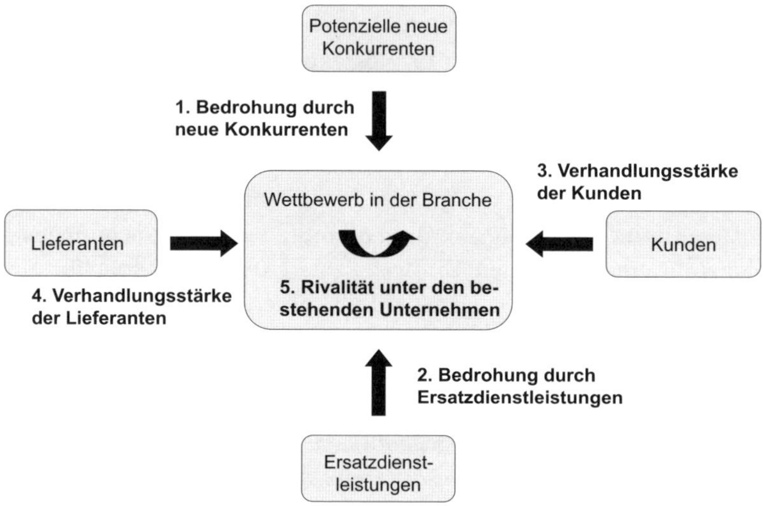

In Abbildung 12–4 ist ein Modell für die Markt- und Branchenanalyse illustriert, das auf den Arbeiten von Porter basiert. Dabei müssen fünf Wettbewerbskräfte untersucht werden:

Analyse der Wettbewerber

- **Bedrohung durch neue Konkurrenten:**
  Je höher die Eintrittsbarrieren sind und je reifer die Informationsversorgung der eigenen Organisation ist, desto geringer ist die Gefahr eines Eintritts bzw. einer Bedrohung durch einen neuen Wettbewerber. Die Höhe der Eintrittsbarriere kann durch Organisationsgröße (z.B. Anzahl Kunden bzw. Webnutzer), Differenzierung der Dienstleistungen, Marketingkonzeption, Kapitalbedarf oder durch Nutzung von Webtechnologien beeinflusst werden. So kann eine attraktive Website mit einem leistungsfähigen Kommunikationskanal mögliche Mitkonkurrenten von einem Einstieg abschrecken.

Analyse von Substitutionsprodukten

- **Bedrohung durch Ersatzdienstleistungen:**
  Ersatzdienstleistungen erfüllen dieselben oder ähnliche Funktionen wie die Angebote der eigenen Branche. Als beeinflussende Fakto-

ren gelten attraktive Preis-Leistungs-Verhältnisse, technologische Innovationen, Risikoneigung der Kunden, Kundenbindungsmaßnahmen, mögliche Umstellungskosten sowie das Erfolgspotenzial der Anbieter solcher Dienstleistungen.

- **Verhandlungsstärke der Kunden:**
  Die Webnutzer können Einfluss nehmen, indem sie höhere Qualität, besseren Service oder weitere Leistungen fordern. Hier spielen der Informationsstand der Webnutzer und die Vernetzung untereinander eine wichtige Rolle (Community-Bildung, siehe Abschnitt 2.5).

Analyse der Kunden

- **Verhandlungsstärke der Lieferanten:**
  Unternehmen beziehen Leistungen von Lieferanten. Die Lieferanten können ihre Macht ausüben, indem sie Preiserhöhungen durchsetzen oder Qualitäts- und Leistungseinbußen verursachen. Ein Lieferantenwechsel führt zu Umstellungskosten, die die eigene Organisation zu tragen hat. Die Informationsversorgung der Lieferanten und die Abstimmung zur eigenen Infrastruktur und zu den eigenen Informationssystemen kann die Lieferantenbeziehung positiv oder negativ beeinflussen.

Analyse der Lieferanten

- **Rivalität unter den bestehenden Unternehmen:**
  Erhöhte Werbemaßnahmen, neue Dienstleistungen oder verbesserte Kundenbetreuung können die Nachfrage einer Branche ausweiten. Wird der Konkurrenzkampf zu heftig, leidet die ganze Branche. Aus diesem Grunde muss die Rivalität in der Branche analysiert werden, um Abwehrmaßnahmen treffen zu können. Eventuell können innovative Webtechnologien die eigene Position stärken.

Analyse der Branchenwettbewerber

Neben diesen fünf Wettbewerbskräften müssen in einer Marktanalyse die gesetzlichen Bedingungen sowie die Verhandlungsstärke der eigenen Belegschaft untersucht werden, um die Branchenanalyse zu vervollständigen.

Analyse der rechtlichen Rahmenbedingungen

Die Bedarfsgruppenanalyse erfolgt nach den Grundsätzen, wie sie in Abschnitt 3.5 erläutert wurden. Neben den Anspruchsgruppen müssen die Zielgruppen des Webauftritts analysiert und bewertet werden.

12.2.3 Analyse der Webtechnologien

Technologieanalyse

Das World Wide Web bildet die Basistechnologie für das eBusiness, um den Austauschprozess lokal, regional oder sogar global unter den Marktteilnehmern realisieren zu können. Jeder Nutzer kann zeit- und ortsunabhängig Dienste beanspruchen oder elektronische Geschäfte tätigen, sofern er über ein mobiles Gerät mit Internetzugang verfügt. Bei der Technologieanalyse (vgl. [Tschirky et al. 1990]) geht es deshalb darum, Webtechnologien hinsichtlich Leistungsumfang, Benutzerakzeptanz und Wirtschaftlichkeit zu untersuchen und zu bewerten.

Abb. 12–5
Entwicklung des Web (nach [Spivack 2007])

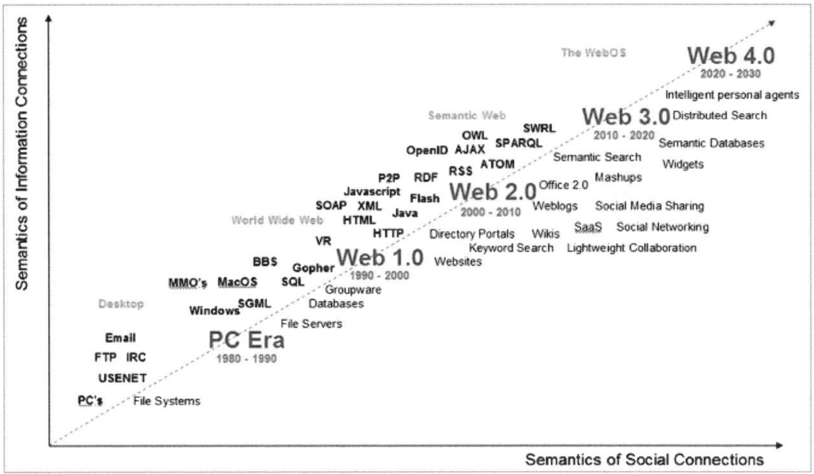

Entwicklung des WWW

In Abbildung 12–5 ist die Entwicklung des Web nach Nova Spivack aufgezeigt. Dabei werden unterschiedliche Webgenerationen unterschieden, die einzelnen Jahrzehnten zugeordnet werden können.

Web 1.0

Das Web 1.0 bildet den Ausgangspunkt für die Webnutzung der Jahre 1990 bis 2000, indem *Protokolle* (z.B. HTTP – Hypertext Transfer Protocol), *Hypertext-Dokumente* (Objekte mit Text-, Grafik-, Audio- und Videoelementen) sowie *Auszeichnungssprachen* (vor allem HTML – Hypertext Markup Language) festgelegt wurden. In diesem Jahrzehnt war die Gestaltung und Anpassung von Webplattformen und Webinhalten weitgehend Spezialisten aus dem Informatikbereich vorbehalten.

Web 2.0

Die zweite Generation Web 2.0, dem Jahrzehnt 2000 bis 2010 zugeordnet, wird als *soziales Web* gekennzeichnet [Alby 2007]. Mit dem Sammelbegriff Web 2.0 werden erweiterte Internettechnologien und soziale Zusammenarbeitsformen im Web subsumiert. Soziale Software bedeutet, dass die Internetnutzer sich selbst und vernetzt mit anderen im Web einbringen können und nicht länger auf die Hilfe von Spezialisten angewiesen sind. Man spricht in diesem Zusammenhang von der Demokratisierung des Web.

Zu den wichtigsten Elementen des sozialen Web zählen:

- **Private und Coporate Blogs:**
  Weblogs oder Blogs sind Tagebücher oder Journale, die chronologisch Inhalte verwalten. Die Leser solcher Blogs können Inhalte kommentieren oder ergänzen, damit die Teilnehmer von Diskussionen und Hinweisen profitieren. Blogs werden oft von Privatpersonen ohne kommerziellen Hintergrund betrieben; sie sind subjektiv und geben individuelle Meinungen und Einschätzungen wieder. Corporate Blogs dienen den Kommunikationsbedürfnissen von Unternehmen und können von den Anspruchsgruppen abonniert werden. *Blogs*
- **Social Bookmarks und Ontologien:**
  Social Bookmarks sind persönliche Linksammlungen, die veröffentlicht und von weiteren Teilnehmern indexiert werden. Teilnehmer sozialer Netze entwickeln damit Taxonomien oder Ontologien für die Allgemeinheit. Solche wissensbasierten Begriffssammlungen dienen dazu, relevante Informationen im Web zu finden und bei Bedarf zu ergänzen. *Social Bookmarks*
- **Nutzung von Wikis:**
  Wiki-Werkzeuge ermöglichen, Einträge zu einem Thema oder Projekt einfach und rasch vorzunehmen. Solche Werkzeuge stellen zudem Suchfunktionen, Editiermöglichkeiten und Protokollfunktionen zur Verfügung, damit unterschiedliche Autoren an ein und demselben Dokument arbeiten können. *Wikis*
- **Social Networking:**
  Soziale Netze dienen der Bildung von Gemeinschaften im Web und können unterschiedlich klassifiziert werden (vgl. Abschnitt 2.5). Sie widmen sich einem Interessengebiet oder beackern gesellschaftsrelevante Themen und liefern einen Wertbeitrag zum sozialen Kapital (siehe Abschnitt 2.6). *Soziale Netzwerke*

Web 3.0

Die dritte Generation des Web, oft als *Semantic Web oder Social Semantic Web* bezeichnet, legt die Bedeutung der Beziehungen unter Informationsobjekten und/oder Internetnutzern frei [Hengartner & Meier 2010]. Mit der Hilfe geeigneter Technologien (z.B. RDS – Resource Description Framework) und Sprachen (z.B. OWL – Web Ontology Language) lassen sich damit relevante und verwandte Sachverhalte besser aufdecken und bearbeiten. Entsprechende Suchmaschinen liefern Ergebnisse nach Relevanz und semantischen Bezügen.

Web 4.0

Bei der vierten Generation des Web geht man davon aus, dass das Web selbst alle Dienste für den Informations- und Wissensraum bündelt und jedermann orts- und zeitunabhängig zur Verfügung stellt.

12.3 Erfolgsfaktoren webbasierter Geschäftsmodelle

Erfolgsfaktoren des eBusiness

Sind die Fakten der strategischen Analyse (Organisation, Markt, Technologie) gemacht, wird das webbasierte Geschäftsmodell (vgl. Kap. 2) durch die Führungskräfte des Unternehmens erarbeitet. Dieses orientiert sich an der digitalen Wertschöpfungskette, das diesem Fachbuch zugrunde liegt.

Produkte und Dienstleistungen

Als Erstes müssen die Grobziele des Webauftritts diskutiert und formuliert werden: Welche Produkte und Dienstleistungen sollen angeboten werden (Product Offering)? Welches ist das geeignete Business Web oder drängt sich eine Kombination von Business Webs auf (vgl. Abschnitt 2.2)? Sollen Communitys im Web gefördert werden und wenn ja, mit welchen sozialen Netztypen (vgl. Abschnitt 2.5)? Welche Komponenten des sozialen (Abschnitt 2.6) und des intellektuellen Kapitals (Abschnitt 3.6) werden ausgeschöpft?

Festlegung von Anspruchs- und Zielgruppen

In einem zweiten Schritt werden Anspruchgruppen und Zielgruppen diskutiert und festgelegt. Dabei muss geklärt werden, welche Dienstleistungen zur Befriedigung der Bedarfsgruppen auf der Webplattform notwendig sind (vgl. Abschnitt 3.5). Neben der Berichterstattung und dem Controlling (vgl. Abschnitt 12.7) erhalten ausgewählte Kundengruppen und Anspruchsgruppen eventuell besondere Privilegien, die Entwicklung des Geschäfts bzw. der entsprechenden Webkennzahlen jederzeit konsultieren zu können. Hier drängt sich eventuell ein Community Reporting auf, d.h. die Unterrichtung ausgewiesener Kunden und weiterer Anspruchsgruppen mit der Hilfe sozialer Netze. Ein solcher Lösungsansatz bedient sich webbasierter Medien und Werkzeuge, um die Bedarfsgruppen zielgenau und zeitgerecht über die Entwicklung des Geschäftsgangs zu informieren. Mithilfe sozialer Interaktionen und kollaborativer Arbeitsformen soll die klassische Kommunikation (one to many) durch vernetzte Dialoge und Zusammenarbeitsformen (many to many) ergänzt werden.

Erfolgsfaktoren einzelner Elemente der digitalen Wertschöpfungskettte

Im dritten Schritt werden die Erfolgsfaktoren (vgl. [Pümpin 1989]) des webbasierten Geschäftsmodells abgeleitet. Die Abbildung 12–6 zeigt dazu exemplarisch einige Erfolgsfaktoren für die einzelnen Elemente der digitalen Wertschöpfungskette. Diese Erfolgsfaktoren müssen mit konkreten Webkennzahlen hinterlegt und auf die operativen Geschäftsbereiche heruntergebrochen werden (vgl. Abschnitt 12.5). Nach diesem Verfeinerungsschritt erfolgt die strategische Maßnahmeplanung.

Abb. 12–6 *Erfolgsfaktoren der digitalen Wertschöpfungskette*

12.4 Schnittstellen im Architekturmanagement

Die strategische Maßnahmeplanung widmet sich dem Webleitbild und dem davon abgeleiteten Architekturmanagement [Van Bon et al. 2002], um die Webziele realisieren zu können.

Definition Webleitbild

> Im **Webleitbild** werden die strategischen Webziele prägnant formuliert, Grundsätze und verbindliche Standards festgelegt, um das Webleitbild intern und extern ausgewählten Anspruchs- und Kundengruppen zu kommunizieren.

Architekturmanagement

Abgeleitet vom Webleitbild wird das Architekturmanagement mit den in Abbildung 12–7 aufgezeigten Komponenten entwickelt.

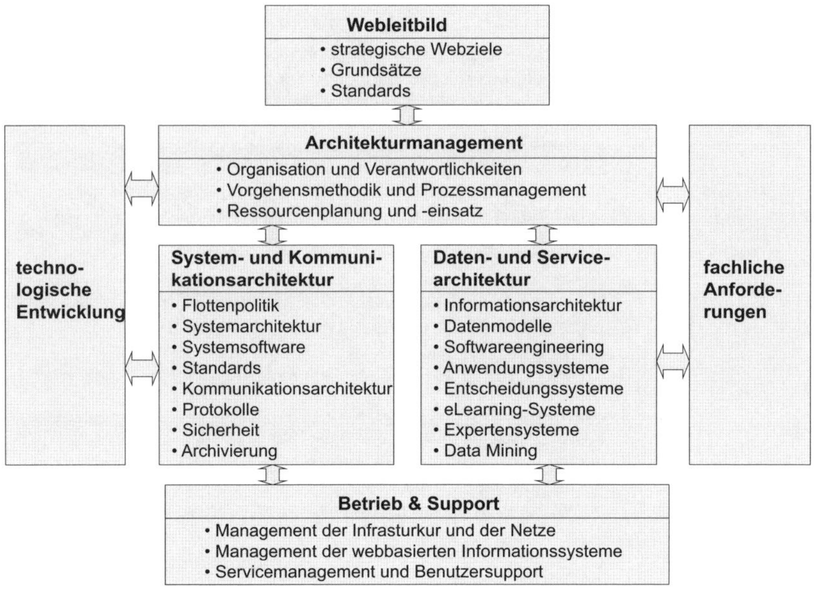

Abb. 12–7 *Aufgabenspektrum und Schnittstellen des Architekturmanagements*

Architekturplanung

Eine Architektur bezweckt, gegenwärtige und künftige Anforderungen an ein System zu erfüllen und gleichzeitig flexibel und robust zu bleiben. Auf das Webmanagement übertragen bedeutet dies, dass sowohl die Architektur der Webinfrastruktur (System- und Kommunikationsarchitektur) als auch die Architektur der Daten und Anwendungssysteme den Grundprinzipien eines Architekturplans genügen müssen. Ein solcher Architekturplan gibt eine Grundstruktur vor und ist in Hardware- und Softwareschichten aufgebaut, um flexibel auf veränderte System- und Anwendungsfunktionen reagieren zu können [Heinrich & Lehner 2005].

Organisation des Architekturmanagements

Das Architekturmanagement wird vom analytischen Webkernteam (vgl. Abschnitt 3.3) grob festgelegt und in weiteren Organisationseinheiten (Webmaster, Webspezialisten, Informatik- und Kommunikationsexperten) im Detail ausgearbeitet und implementiert. Wichtig ist, dass die Spezialisten langjährige Erfahrung in der technischen System- und Netzwerkplanung sowie auf dem Gebiet der Daten- und Anwendungsmodelle mit sich bringen. Sie müssen die Vorgehensmethodik und die Inhalte des Architekturmanagements beherrschen und über Know-how und Praxiserfahrung verfügen.

Teilfragen des Architekturmanagements

Beim Architekturmanagement müssen neben organisatorischen und personellen Fragen die folgenden Teilfragen gelöst werden:

- **System- und Kommunikationsinfrastruktur:**
  Wie wird das Internet als Kommunikationsinfrastruktur genutzt und ist der Aufbau eines Intranets vonnöten? Bestehen neben der Nutzung von Internetdiensten weitere lokale oder großräumige Kommunikationsnetze? Wird das Netzwerkmanagement intern betrieben oder ausgelagert? Welche Werkzeuge des Web Analytics und des Web Controlling werden eingesetzt?

  Netzwerkmanagement

- **Datenarchitektur:**
  Wie sieht die Datenarchitektur für das eigene Unternehmen aus? Welche Datenaustauschformate werden mit weiteren Unternehmen geteilt? Soll eine Datenarchitektur gepflegt werden, die die gesamte Organisation umfasst, oder werden käufliche Branchenmodelle verwendet?

  Pflege einer Datenarchitektur

- **Anwendungsarchitektur:**
  Wie sieht die Anwendungsarchitektur im Detail aus, welche Dienste werden durch Standardsoftware abgedeckt, welche durch Individualsoftware? Sollen für entscheidungsunterstützende Systeme und für BI Data-Warehouse-Technologien (vgl. Kap. 8) eingesetzt werden und wenn ja, welche Anspruchsgruppen haben Zugriff auf den mehrdimensionalen Datenwürfel? Welche Werkzeuge für Web Analytics und Web Controlling sollen eingesetzt werden (vgl. Kap. 9)?

  Standard- vs. Individualsoftware

- **Betrieb und Support:**
  Wie können Betrieb und Support via Webplattform realisiert werden? Welche Kommunikationskanäle stehen den einzelnen Anspruchs- und Kundengruppen zur Verfügung? Sollen eLearning-Systeme bzw. Expertensysteme zur Förderung der Usability eingesetzt werden?

  Websitebezogener Betrieb & Support

Die Wirtschaftlichkeit langfristiger Architekturen ist teilweise schwierig zu belegen. Deshalb sollten die Architekten des Webmanagements eng mit Spezialisten des Finanz- und Risikomanagements des Unternehmens zusammenarbeiten und Entscheidungen durch eine Risiko- und Chancenabwägung vornehmen.

Wirtschaftlichkeit von Architekturen

12.5 Verfeinern von Zielen, Maßnahmen und Kennzahlen

Herunterbrechen von Website-Zielen

Sind die Erfolgsfaktoren des webbasierten Geschäftsmodells formuliert (vgl. [Heinrich & Pomberger 2001]) und die Architektur für das Webmanagement festgelegt, so müssen die Webziele auf die Organisationseinheiten heruntergebrochen und verfeinert werden. In Workshops mit dem analytischen Webkernteam und weiteren Führungskräften operativer Geschäftseinheiten werden die Ziele verfeinert, geeignete Maßnahmen festgelegt und zur Messung des Erfolgs Key Performance Indicators definiert (vgl. Kap. 5).

Knüpfung von Metriken an Ziele und Maßnahmen

In Abbildung 12–8 sind drei Beispiele möglicher Webziele mit entsprechenden Maßnahmen aufgelistet, wobei pro Maßnahme eine oder mehrere Kennzahlen festgelegt werden können. Gemäß Kapitel 5 müssen zu den Webdaten konkrete Webmetriken, Webkennzahlen und Key Performance Indicators festgelegt werden. Die KPIs beziehen sich auf das webbasierte Geschäftsmodell oder werden dazu benötigt, die strategischen Erfolgsfaktoren zu messen und zu bewerten. Wie in Abschnitt 12.3 aufgezeigt, betreffen sie alle Glieder der digitalen Wertschöpfungskette und sollten gemäß Abschnitt 3.6 monetäre und nicht monetäre Vermögenswerte abdecken. Am einfachsten werden die entsprechenden KPIs in einem hierarchischen Controlling-Baum zusammengefasst (vgl. Abb. 3–5 in Abschnitt 3.6.1), um mit geeigneten Werkzeugen Drill-down- und Roll-up-Funktionen zu Analysezwecken vornehmen zu können.

Zielpersonen für periodische Auszüge über KPIs

Neben dem Herunterbrechen von Zielen, Maßnahmen und Kennzahlen muss auch festgelegt werden, welche Führungsverantwortlichen, Eigentümer oder Schlüsselpersonen weiterer Bedarfs- und Kundengruppen welche periodischen Auszüge über die Entwicklung der KPIs erhalten. Vergleiche zu früheren Auswertungen müssen angestellt und kommentiert werden. Bei Bedarf erhalten ausgewählte Personen direkt Zugang zum Data Warehouse, um selbst weitere Abklärungen vornehmen zu können.

Prozesse im Reporting

Ein stufengerechtes periodisches Reporting [Lombriser & Abplanalp 1997] verlangt, dass zum Zeitpunkt der Verfeinerung von Webzielen und KPIs entsprechende Auswertungen diskutiert und ebenfalls dokumentiert werden. Damit die Berichterstattung in guter Qualität periodisch erfolgen kann, lohnt es sich, entsprechende Regeln für Benutzerrechte sowie Breite und Tiefe des Berichtswesens mit Werkzeugen der Business Intelligence umzusetzen. Automatisierte Prozesse im Berichtswesen sollen ermöglichen, wichtige Reports stufengerecht mit vertretbarem Aufwand generieren zu können.

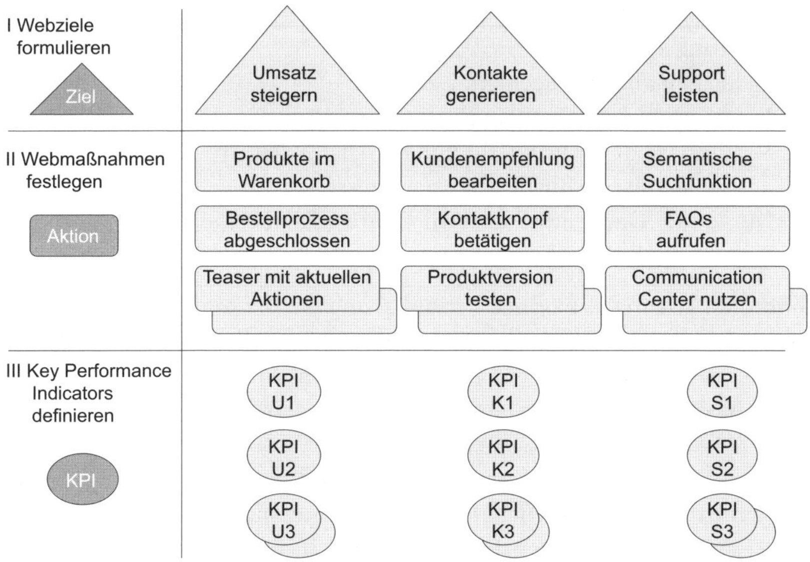

Abb. 12–8
Webziele mit Maßnahmen und KPIs (angelehnt an [Hassler 2012, S. 336])

12.6 Implementierung

Make or Buy
Web Analytics

Die Planung zur Umsetzung des webbasierten Geschäftsmodells muss die Frage des *Make or Buy*, der Aufbau- und Ablauforganisation sowie des Change Management umfassen.

Für die Implementierung des Geschäftsmodells geht es um die Frage, welche Teile selbst realisiert und welche von Dritten bezogen werden [Hermes & Schwarz 2005; Strahringer 2005]. Diese wichtige Entscheidungsfindung für Make or Buy verlangt, die in der Organisations- und Marktanalyse erkannten Stärken des Unternehmens beizubehalten bzw. auszubauen und die Schwächen zu entschärfen oder mittelfristig zu beseitigen.

Definition Outsourcing des Webmanagements

Unter dem **Outsourcing des Webmanagements** versteht man die Auslagerung oder Teilauslagerung der Beschaffung von Infrastruktur-, Anwendungs- und Serviceleistungen der anzustrebenden Webplattform durch einen oder mehrere Drittdienstleister. Die Auslagerungsoptionen werden mit Service Level Agreements (SLAs) vereinbart und überwacht.

Service Level Agreement

Leistungsverträge ohne Service Level Agreements sind für das Webmanagement nicht denkbar, da die gesetzlichen Regelungen für fristgerechte Leistungserbringung nicht ausreichen. Als Vorgabe für die Definition von SLAs dienen folgende Indikatoren:

- Leistungsumfang bzw. -kapazität
- Leistungsqualität
- Sicherheitsniveau (Security Level)
- Reaktionszeit für Leistungserstellung
- Verfügbarkeit inklusive maximale Ausfallzeit pro Ausfall
- Transaktionszeit für Geschäftsprozesse
- Maximale Dauer für Standard Change Requests
- Kosten für Leistungsangebot

Service Level Management

Sind die Leistungen in einer Vereinbarung erfasst und mit qualitativen und quantitativen Schwellenwerten versehen, sollte das Unternehmen mit dem Leistungserbringer ein Service Level Management etablieren. Gemäß der Information Technology Infrastructure Library (ITIL, siehe [Meier & Myrach 2004; Van Bon et al. 2002]) stellt dieses sicher, dass die SLAs dokumentiert, überwacht und regelmäßig auf Verbesserungen bzw. Kostenbeschränkungen hin untersucht werden.

Organisation des Webmanagements

Die organisatorischen Fragen wurden in Abschnitt 3.3 aufgeworfen und sollen hier nochmals kurz kommentiert werden. Im Rahmen des Vorgehensmodells muss nach der Klärung des webbasierten Geschäftsmodells und des Entscheids möglicher Outsourcing-Optionen die Organisation im Hause angepasst und auf die Webziele ausgerichtet werden. Es stellt sich die Frage, ob ein Chief Web Officer auf oberster Führungsstufe eingesetzt werden soll. Ein entsprechendes Stellenprofil ist in der Tabelle 3–2 in Kapitel 3 gegeben. Des Weiteren muss geklärt werden, ob zur Umsetzung des webbasierten Geschäftsmodells ein analytisches Webkernteam aufgebaut und mit Kompetenzen versehen wird. Da ein solches Kernteam bereichsübergreifend wirkt, müssen Verantwortlichkeiten und Kompetenzen klar geregelt sein. Webanalysten, Web Controller, Experten der Business Intelligence und Webmaster ergänzen das Kernteam bzw. die operativen Organisationseinheiten mit spezifischem Know-how.

Evolutions- und Revolutionsphasen

Unternehmen durchlaufen unterschiedliche Entwicklungsstufen (Evolutionsphasen), die manchmal durch einschneidende Veränderungen (Revolutionsphasen) durchbrochen werden. Für viele Organisationen sind strategische Veränderungen echte Herausforderungen und beanspruchen oft mehrere Jahre bis zur erfolgreichen Umsetzung. Dies ist beim Aufbau und der Realisierung eines zukunftsgerichteten Webmanagements nicht anders.

Risiken im Webmanagement

Bei hoher Abhängigkeit des Unternehmens von der Webplattform kommt erschwerend hinzu, dass bei Anpassungen der Infrastruktur oder des Webmanagements Risiken eingegangen werden. Diese Risiken sind besonders hoch, wenn das Unternehmen das Webmanagement als Durchbruch (Turnaround) oder als strategische Waffe (Strategic Weapon) betrachtet (vgl. [Krcmar 2003]). Zudem wird vorausgesetzt, dass die Verantwortlichen des Unternehmens, der Chief Web Officer, die Web- und Informatikspezialisten sowie die Anwender fähig sind, größere Umstellungen im Webmanagement zu tragen und mögliche Ausfälle der Informationsversorgung mit Alternativlösungen zu überbrücken.

12.7 Wirkungskreislauf Business Intelligence

Planung, Überwachung und Steuerung der Website

Die Business Intelligence bezweckt, bessere strategische und operative Entscheide für den Unternehmenserfolg zu treffen. Bei einem Unternehmen mit einem webbasierten Geschäftsmodell kann dies nur realisiert werden, wenn das Web Analytics und das Web Controlling den Führungskreislauf schließen. Das Webmanagement muss deshalb den Führungskräften des Unternehmens und weiteren Schlüsselpersonen anderer Anspruchsgruppen Informationen zur Planung, Überwachung und Steuerung der Webplattform liefern.

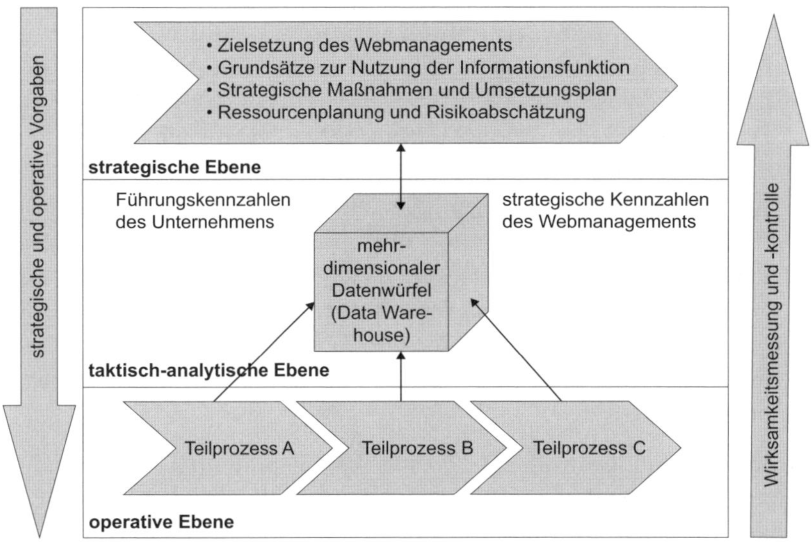

Abb. 12–9 *Kreislauf der webbezogenen Business Intelligence*

Das strategische Controlling der webbezogenen Business Intelligence unterliegt einem geschlossenen Wirkungskreislauf, wie er in Abbildung 12–9 illustriert ist:

- **Strategische Ebene:**
  Auf der strategischen Ebene werden die strategischen Zielsetzungen und Maßnahmen für das Webmanagement festgelegt und Risikoabschätzungen, Nutzenbetrachtungen und die Ressourcen-

Strategische Ebene webbezogener BI

planung mit eingeschlossen. Nach der Verabschiedung des Webleitbildes, der Webstrategie und der Maßnahmenpläne werden die Ziele in der Mittelfristplanung konkretisiert und auf die operative Ebene heruntergebrochen (vgl. Abschnitt 12.5).

Taktisch-analytische Ebene webbezogener BI

- **Taktisch-analytische Ebene:**
  Wichtig im Strategieentwicklungsprozess ist das Festlegen von geeigneten Führungskennzahlen (KPIs) für das Webmanagement. Diese Kennzahlen bilden die Grundlage eines Führungsinformationssystems (Performance Measurement System), realisiert als mehrdimensionaler Datenwürfel im Data Warehouse (siehe dazu Kapitel 8 über Business Intelligence, Data Warehouse und Data Mining). Mit anderen Worten wird das strategische Web Controlling mithilfe eines webbasierten Informationssystems auf der taktisch-analytischen Ebene unterstützt.

Operative Ebene webbezogener BI

- **Operative Ebene:**
  Auf der operativen Ebene werden unter Berücksichtigung der Abhängigkeiten zwischen einzelnen Projekten die strategischen Vorhaben umgesetzt. Die vorgesehenen Kennzahlen werden periodisch von den einzelnen Teilprojekten bzw. Teilprozessen direkt ins Data Warehouse eingegeben als Teil der Berichterstattung für Projektleiter bzw. Prozessverantwortliche. Der mehrdimensionale Datenwürfel bildet für die Führungskräfte wie für die Mitarbeitenden ein wichtiges Instrument, um die Umsetzung der Webziele zu steuern und zu überwachen. Die Wirksamkeitsmessung und -kontrolle erfolgt von unten nach oben, indem die in den operativen Projekten und Prozessen erfassten Kennzahlen verdichtet und ausgewertet werden. Bei größeren Abweichungen von den Zielgrößen oder bei Trendänderungen haben die Verantwortlichen des Webmanagements die Möglichkeit, korrigierend in die Umsetzungsarbeiten einzugreifen.

Controlling-Objekte und Aggregationsstufen von Kennzahlen

Ordnungs- und Kennzahlensysteme aus Forschung und Praxis sind in Kapitel 5 vorgestellt worden. Zur Übersicht über die konkreten Kennzahlen werden diese meistens einzelnen Controlling-Objekten und Aggregationsstufen zugeordnet. Auf der obersten Gliederungsstufe findet man als Controlling-Objekte organisatorische Einheiten des Webmanagements, Architekturen, Anwendungsgebiete, Betriebsmittel, Projektportfolios und Prozesslandschaften.

Glossar

Eine aktuelle Version des Glossars ist zu finden unter:
www.WebAnalyticsWebControlling.org

A

Abbruchrate (*abandonment rate*). Der Anteil der Besucher, die eine Handlung oder einen Prozess auf einer Website beginnen und abbrechen. Dies kann einen Transaktionsprozess (z.B. das Ausfüllen eines Formulars oder das Abwickeln einer Zahlungsmodalität) oder eine andere Aktivität betreffen, die zu einer Konversion führt.

Absprung (*bounce*). Ein Absprung (Ausstieg) ist der Abbruch des Besuchs auf der Website auf der Ausstiegsseite. Ein Absprung ist gekennzeichnet durch das Schließen des Browserfensters bzw. eine Inaktivität des Besuchers innerhalb eines bestimmten Zeitraumes (i.d.R. definiert bei 30 Minuten, gemessen anhand eines Session Cookies).

Absprungrate (*bounce rate*). Die Absprungrate ist der Anteil an Seitenzugriffen einer Webseite, bei denen die Besucher die Website danach wieder verlassen haben, sprich nachfolgend keine weitere Webseite mehr aufriefen (d.h. während 30 Minuten inaktiv blieben oder den Browser schlossen). Es wird unterschieden zwischen der Absprungrate für eine einzelne Webseite (Anzahl Einzelzugriffe auf eine Webseite geteilt durch die Anzahl der Einstiege auf dieser Seite) und der Absprungrate der ganzen Website, sprich der Anteil an Besuchen, die nur eine einzige Webseite aufriefen (Single Page Visit). In diesem Fall handelt es sich bei der Einstiegsseite auch um die Ausstiegsseite eines Besuchs.

Ad-Blocker (*ad blocker*). Ad-Blocker sind Softwareprogramme, die das Anzeigen von Internetwerbung wie Banner und bezahlte Links auf Drittseiten im Browser unterdrücken. Ad-Blocker erlauben den Nutzern, von Bannerwerbung ungestört durch das Internet zu surfen. Werbeblocker wie z.B. der Adblock Plus von Mozilla Firefox oder der AdBlocker von Opera stehen als Plug-in kostenlos zur Verfügung.

Ad-Click (*ad click*). Ein Ad-Click ist ein aktiver Klick eines Besuchers auf eine Einblendung einer Internetwerbung (z.B. in Form eines Banners oder eines Links). Die Anzahl Ad-Clicks geteilt durch die Ad Impressions ergibt die Ad-Click-Rate.

Ad-Click-Rate (***ad click rate***)**.** Die Ad-Click-Rate ist der Anteil an Besuchern, die eine Einblendung einer Internetwerbung in Form eines Banners oder eines Links zu Gesicht bekommen (Ad Impression) und darauf klicken.

Add-on-Selling. Add-on-Selling steht für Quer- bzw. Zusatzverkäufe, d.h. der Abverkauf von zusätzlichen Produkten oder Dienstleistungen zu einem oder mehreren verkauften Produkten. Im Add-on-Selling wird zwischen Cross-, Down- und Up-Selling unterschieden.

Ad Impression (***ad impression, ad view***)**.** Eine Ad Impression ist die Einblendung einer Werbebotschaft der Internetwerbung auf einer Webseite, z.B. in Form eines Banners, Links oder einer Videodatei.

Ad Server (***ad server***)**.** Der Ad Server ist ein zentraler Server (meistens von einem Drittanbieter), der die Einblendung von Internetwerbung wie Banner oder Links auf einer Website erfasst und z.B. die Anzahl Ad-Clicks auf diese Werbemittel auswertet.

AdWords. AdWords (abgeleitet von den Begriffen Adverts und Words) ist das Keyword-Advertising des Suchmaschinenbetreibers Google. AdWord ist eine weitverbreitete Form der Internetwerbung.

AIDA. AIDA ist ein Werbewirkungsprinzip, das aus vier Phasen besteht:

- Attention (Aufmerksamkeit): Hier wird versucht, die Aufmerksamkeit eines Besuchers für ein Onlineangebot zu erregen.
- Interest (Interesse): Der Besucher interessiert sich für das Onlineangebot.
- Desire (Verlangen): Der Wunsch nach dem Angebot wird geweckt.
- Action (Handlung): Der Besucher kauft und wird zum Onlinekunden.

Ajax. Ajax steht für Asynchronous JavaScript and XML und ist eine Webanwendung, bei der spezifische Inhalte einer Webseite angezeigt werden, ohne dass die ganze Seite neu vom Server geladen werden muss. Die Datenübertragung zwischen Webserver und Browser erfolgt asynchron.

Akquisition. Die Akquisition ist die Gewinnung eines Leads bzw. eines Onlinekunden über das Internet (z.B. durch den Einsatz von Instrumenten des Onlinemarketings).

Akquisitionskosten (***acquisition costs***)**.** Die Akquisitionskosten sind diejenigen Kosten, die anfallen, um Besucher auf die Website zu bringen oder diese im electronic Commere zu Onlinekunden zu konvertieren. Die Akquisitionskosten können als Summe berechnet werden oder pro Besucher bzw. Onlinekunde (Cost-per-Acquisition).

Aktiver Nutzer (***active user***)**.** Ein aktiver Nutzer ist ein Nutzer bzw. ein wiederkehrender Besucher einer Website, der in einer bestimmten Zeitperiode regelmäßig oder zumindest hin und wieder Seitenzugriffe durchführt. Aktive Nutzer werden z.B. anhand von Cookies oder des Logins identifiziert.

Application Programming Interface (API). Das Application Programming Interface (API) ist eine Programmierschnittstelle, die von einem Softwareprogramm (wie z.B. ein Web-Analytics-System) zur Anbindung einer anderen Anwendung genutzt wird.

Application Service Provider (ASP). Ein Application Service Provider (ASP) ist ein Dienstleister, der auf seinem Server Softwareprogramme (wie z. B. ein Web-Analytics-System) betreibt und seinen Kunden die Nutzung dieser Software über das Internet anbietet. Die Nutzung der Software erfolgt üblicherweise gegen eine zeit- oder datenvolumenabhängige Gebühr.

Ausstiegsseite (*exit page*). Die Ausstiegsseite ist diejenige Webseite, auf der ein Besucher den Besuch beendet, d. h. das Browserfenster schließt oder durch einen Link auf eine externe Seite gelangt.

Authentifizierter Nutzer (*authenticated user*). Ein authentifizierter Nutzer ist ein registrierter Besucher einer Website, der sich durch ein Login (d. h. durch die Eingabe des Benutzernamens und eines Passwortes) authentifiziert hat, um z. B. Zugang zu spezifischen Inhalten oder Benutzerrechte auf der Website zu erhalten.

Authentifizierung (*authentification*). Die Authentifizierung ist der Prozess der Identifizierung eines Besuchers anhand eines Logins (d. h. durch die Eingabe des Benutzernamens und eines Passwortes).

B

Banner (*banner*). Ein Banner bzw. Werbebanner als eine Form der Internetwerbung ist eine grafisch gestaltete Anzeige (z. B. eine Grafik oder eine Flash-Datei), die auf einer Webseite eingebunden wird. Ein Banner beinhaltet einen Link auf eine externe Webseite. Je nach Abrechnungsmodell wird ein fixer Preis für die Zeitdauer der Einblendung oder ein variabler Preis für Anzahl der Einblendungen (Cost-per-View) oder Klicks (Cost-per-Click) bezahlt. In gewissen Fällen wird nur dann ein bestimmter Betrag bezahlt, wenn der Besucher nach dem Klick auf das Banner eine bestimmte Aktion auf der Zielseite durchgeführt hat, z. B. seine Kontaktdaten hinterlegt (Pay-per-Lead) oder etwas eingekauft hat (Pay-per-Sale).

Basket-to-Buy. Die Kennzahl Basket-to-Buy misst den Vorgang des electronic Payment, bei dem ein Besucher ein Produkt des Warenkorbs online bestellt und bezahlt.

Basket-to-Buy-Rate. Die Basket-to-Buy-Rate ist der Anteil der Produkte im Warenkorb, die die Besucher online bestellt und bezahlt haben.

Beitrag (*contribution*). Ein Beitrag ist eine Leistung, d. h. ein Mehrwert eines Online-Prosumers auf einer Website in Form von User Generated Content oder eine andere Form eines Beitrages zur digitalen Wertschöpfungskette.

Benchmark. Ein Benchmark ist eine Vergleichsgröße, mit der der Wert einer Webkennzahl verglichen wird. Die Vergleichsgröße kann intern (z. B. Zeit- oder Soll-Ist-Vergleich) oder extern sein (z. B. von einem Partner, Konkurrenten oder einer ähnlichen Website).

Bericht (*report*). Ein Bericht ist eine gezielte, adressatenspezifische Zusammenstellung und Analyse von verschiedenen Webkennzahlen oder Key Performance Indicators. Berichte können in unterschiedlicher Form vorliegen (z. B. als Text- oder Excel-Datei) und von unterschiedlichem Typ sein (z. B. themen- oder zielspezifisch).

Bestellrate (*order rate*). Die Bestellrate ist der Anteil der auf einer Produktseite angeschauten Produkte, die von Besuchern bestellt und bezahlt worden sind.

Bestellung (***order***)**.** Eine Bestellung ist die Aufforderung eines Onlinekunden an den Betreiber eines Onlineshops zur Bereitstellung eines Produktes oder einer Dienstleistung.

Bestellwert (***order value***)**.** Der Bestellwert ist der monetäre Wert einer Bestellung, üblicherweise gemessen in der Höhe des Umsatzes (Verkauferlöses) ohne Versandkosten. Es kann sich lohnen, den Bestellwert von Neukunden, wiederkehrenden Kunden oder von Stammkunden speziell zu analysieren.

Besuch (***visit***)**.** Ein Besuch ist ein Seitenzugriff bzw. eine Abfolge von Seitenzugriffen auf eine Website durch einen menschlichen Besucher ohne größere zeitliche Unterbrechung (i.d.R. definiert bei 30 Minuten, gemessen anhand eines Session Cookies). Der Besuch ist somit eine Interaktion eines Besuchers mit der Website, die eine oder mehrere Anfragen von Inhalten betrifft. Ein Besuch beginnt auf der Einstiegsseite und endet auf der Ausstiegsseite, indem der Besucher das Browserfenster schließt oder durch einen Link auf externe Seiten gelangt.

Besucher (***visitor***)**.** Ein Besucher ist ein eindeutig identifizierter menschlicher Nutzer einer Webseite (i.d.R. identifiziert anhand eines persistenten Cookies). Automatisierte Besucher wie Roboter, Spiders oder Sonden gelten in der Regel nicht als Besucher und werden im Falle der Logfile-Analyse herausgefiltert. Die Anzahl Besucher werden über eine bestimmte Zeitperiode berechnet (z.B. Stunden, Tage, Wochen, Monate und Quartale).

Besuchertreue (***visitors loyalty***)**.** Viele Web-Analytics-Systeme messen die Besuchertreue (Besucherloyalität) anhand der Besuchshäufigkeit, sprich die Anzahl der Besuche innerhalb eines bestimmten Zeitraumes.

Besucherverhalten (***user behavior***)**.** Unter dem Besucherverhalten ist im Rahmen des Web Analytics das Verhalten eines Besuchers auf der Website zu verstehen. Darunter fallen alle technischen und persönlichen Interaktivitäten eines Besuchers mit der Website, d.h. alle Seitenzugriffe, alle durchgeführten Klicks auf Links in der Navigation oder im Inhalt einer Webseite, die Eingaben von Suchbegriffen sowie das Erstellen von User Generated Content in Blogs, Foren oder Wikis.

Besuchsaktualität (***visit recency***)**.** Die Besuchsaktualität definiert in der Regel die durchschnittliche Anzahl Tage, die seit dem letzten Besuch eines Besuchers auf der Website verstrichen sind.

Besuchsdauer (***lenght of visit, duration***)**.** Die Besuchsdauer ist die zeitliche Dauer eines Besuchs, die der Besucher auf einer Website verbringt. Sie ist jene Zeit, die zwischen dem ersten Seitenzugriff auf der Einstiegseite und dem letzten Zugriff auf der Ausstiegsseite verstreicht. Es kann unterschieden werden zwischen der Besuchsdauer über die gesamte Website oder der Verweildauer auf einer einzelnen Webseite (z.B. in Google Analytics als »Durchschnittliche Besuchszeit auf der Seite« bezeichnet).

Besuchsfrequenz (***visit frequency***)**.** Ähnlich wie die Besuchshäufigkeit gibt die Besuchsfrequenz an, wie oft die Besucher die Website in einer bestimmten Periode besuchten. Sie drückt die Frequenz der Besuche in einem bestimmten Rhythmus bzw. Intervall aus (z.B. 10 % der Besucher besucht die Website alle 7 Tage einmal).

Besuchshäufigkeit (*visit loyalty*). Die Besuchshäufigkeit (oft auch als Besuchstreue bezeichnet) misst die Anzahl an Besuchen, die der Nutzer der Website in einer bestimmten Periode durchführte.

Besuchstiefe (*depth of visit*). Die Besuchstiefe definiert die durchschnittliche Anzahl an Webseiten, die die Besucher bei einem Besuch betrachtet haben. Berechnet wird die Besuchstiefe anhand der Summe der Seitenzugriffe innerhalb eines Zeitraumes geteilt durch die Summe der Besuche.

Besuchszeit (auf einer einzelnen Webseite; *time on page*). Die Besuchszeit (Verweildauer) auf der Seite ist die Zeit, die die Besucher auf einer einzelnen Webseite einer Website verbringen (i.d.R. berechnet als Durchschnitt).

Blog. Ein Blog oder Weblog (eine Zusammensetzung der Begriffe Web und Logbuch) ist ein häufig nachgeführtes Journal, dessen Einträge in chronologisch absteigender Form angezeigt werden. Ein Blog kann als Tagebuch verstanden werden, das durch Subjektivität und Individualität geprägt ist.

Bookmark. Ein Bookmark (Lesezeichen) ist ein Link in der Symbolleiste oder in den Favoriten des Browsers, der direkt auf eine Webseite verweist. Üblicherweise sind Bookmarks häufig besuchte Webseiten des Besuchers.

Breadcrumb. Bei Breadcrumbs (Brotkrümelnavigation) handelt es sich um eine Navigationsform, die dem Besucher einer Website zur Orientierungshilfe die Pfadhierarchie zur aktuell aufgerufenen Webseite anzeigt (d.h. die übergeordneten Webseiten einer Navigations- bzw. Menüleiste).

Browser. Ein (Web-)Browser ist ein Softwareprogramm zur Darstellung von Inhalten einer Webseite im Internet. Weitverbreitete Browser sind aktuell zum Beispiel der Mozilla Firefox, Internet Explorer, Safari, Google Chrome, Opera und der Konqueror.

Browser-Overlay. Ein Browser-Overlay ist ein Plug-in eines Browsers in einem Web-Analytics-System, mit dem das Klickverhalten bzw. der Klickstrom der Besucher durch die Website dargestellt wird.

Business Intelligence. Unter Business Intelligence (kurz BI) wird die systematische Analyse von Daten in Unternehmen zur Entscheidungsunterstützung verstanden. Die Auswertung der Daten erfolgt mittels Datenbanksystemen.

Button. Ein (Web-)Button ist eine kleine grafische Schaltfläche, um Links (z.B. bei Formularen) grafisch attraktiv zu gestalten. Im Bereich der Internetwerbung sind unter Buttons Werbeflächen zu verstehen, die kleiner (z.B. 80x15 Pixel) gestaltet sind als Banner.

C

Cache. Der Cache ist der Zwischenspeicher (Pufferspeicher) eines Browsers, der Inhalte einer Webseite zwischenspeichert.

Caching. Das Caching ist der Vorgang des Speicherns oder Abrufens von Daten im Cache. Dadurch können Zugriffs- und Ladezeiten von Webseiten deutlich reduziert werden.

Clickmap. Eine Clickmap ist ein Softwareprogramm, mit dem die Klicks oder Klickraten der Besucher einer einzelnen Webseite grafisch visualisiert werden. Click Maps werden üblicherweise grafisch über eine Webseite gelegt (vgl. Site-Overlay) und dienen u.a. zur Analyse und Optimierung der Navigation, Inhalte und Usability der Website.

Click-to-Basket. Der Click-to-Basket ist der Klick, mit dem der Besucher einer Produktseite ein Produkt des Onlineshops in den elektronischen Warenkorb legt.

Click-to-Basket-Rate. Die Click-to-Basket-Rate ist der Anteil der Besucher einer Produktseite, die mindestens ein Produkt des Onlineshops in den Warenkorb gelegt haben.

Click-to-Open-Rate. Die Click-to-Open-Rate (CTOR) ist der Anteil an Abonnenten eines Newsletters, der einen Newsletter erhalten und geöffnet (d.h. zumindest flüchtig angesehen) hat.

Client. Ein Client ist ein Softwareprogramm, das Kontakt zu einem Server aufnimmt. Im Bereich Web Analytics wird unter einem Client in der Regel der Browser eines Internetbenutzers verstanden, der die Inhalte einer Webseite lädt und anzeigt.

Clientseitige Datensammlung (*clientside data collection*). Die clientseitige Datensammlung ist eine technische Datensammlungsmethode des Web Analytics, bei der die Webdaten bezüglich der Websitenutzung auf der Seite des Clients (Browsers) erfasst werden. Daten werden an einen Tracking-Server übermittelt, wo die Daten in einem Web-Analytics-System aufbereitet und in einem Dashboard grafisch dargestellt werden.

Content Management. Unter Content Management wird hier der Prozess verstanden, in dem der Inhalt einer Website erfasst, strukturiert, verwaltet, gespeichert, verfügbar gemacht, genutzt und archiviert wird.

Content-Management-System (CMS). Ein CMS ist ein Softwareprogramm zur Erstellung, Strukturierung, Verwaltung, Speicherung, zum Verfügbarmachen, Nutzen und zur Archivierung von Inhalten einer Website. In CMS werden Inhalt und Layout (Design) getrennt und es können verschiedene Rollen und Zugriffsrechte vergeben werden.

Cookie. Ein Cookie ist eine kleine Textdatei, die der Browser auf Anweisung eines Servers auf der Festplatte eines Besuchers zu dessen Identifizierung abspeichert. Grob wird zwischen persistenten Cookies (i.d.R. langfristig, z.B. zwei Jahre gespeichert) und Session Cookies unterschieden, die mit dem Schließen des Browsers gelöscht werden. Dank (persistenter) Cookies kann der Besucher bei einem erneuten Besuch auf der Website eindeutig identifiziert werden, sofern dieser Cookies nicht deaktiviert oder gelöscht hat.

Cost-per-Acquisition. Die Kosten pro Akquisition sind dejenigen Akquisitionskosten, die anfallen, um einen einzelnen Besucher auf die Website zu bringen bzw. im eCommerce einen Onlinekunden zu gewinnen.

Cost-per-Action (CPA). Die Cost-per-Action sind diejenigen Kosten, die im Durchschnitt anfallen bzw. verrechnet werden, um einen Besucher zu einer bestimmten Aktion (wie z.B. Download einer Datei, Einschreibung für den Newsletter) zu bewegen.

Cost-per-Click (CPC). Die Cost-per-Click ist eine Abrechnungsmethode der Internetwerbung, bei der die Kosten pro Klick auf ein Werbemedium wie z.B. ein Banner verrechnet werden.

Cost-per-Lead (CPL). Die Cost-per-Lead sind diejenigen Kosten der Internetwerbung, die pro Generierung eines Leads (d.h. ein Kontakt mit Verkaufspotenzial) anfallen bzw. verrechnet werden.

Cost-per-Order (CPO). Die Cost-per-Order sind diejenigen Kosten, die bei einer Bestellung in einem Onlineshop verrechnet werden. Bei den CPO werden die Leistungen der Internetwerbung in Abhängigkeit von den Bestellungen (Verkäufen) vergütet. Die Verrechnung kann absolut (z.B. 1 Euro pro Bestellung) oder relativ (z.B. 10 % des Bestellwertes) erfolgen.

Cost-per-View (CPV). Die Cost-per-View ist eine Abrechnungsmethode des Onlinemarketings, bei der die Kosten pro Ad Impression, d.h. die Kosten pro gesehene Einblendung eines Werbemediums (wie z.B. ein Banner oder Textlink), berechnet werden. In der Regel kauft der Werbende eine bestimmte Anzahl an Ad Impressions zu einem festen Tausenderkontaktpreis.

Customer Buying Cycle. Im Kundenkaufzyklus lässt sich jeder Kaufprozess in die vier Phasen Anregung, Evaluation, Kauf und (After-Sales-)Service untergliedern. Zur Förderung einer langfristigen Kundenbeziehung ist für ein Unternehmen die Nachkaufphase besonders relevant.

Customer Lifetime Value (CLV). Der Customer Lifetime Value ist der kumulierte, monetäre Wert eines Kunden (der Umsatz oder der Deckungsbeitrag) über den gesamten Kundenlebenszyklus. Im Gegensatz zum Kundenwert werden beim CLV üblicherweise nur monetäre (quantitative) Größen des Kaufverhaltens berücksichtigt.

Customer Relationship Management (CRM). Das CRM oder Kundenbeziehungsmanagement umfasst die strategische, analytische und operative Gestaltung der Kundenbeziehungen und -prozesse unter Nutzung von Softwareprogrammen bzw. Datenbanksystemen.

Cross-Selling. Cross-Selling ist die englische Bezeichnung für Querverkauf, d.h. Abverkauf von zusätzlichen, oft ergänzenden Produkten oder Dienstleistungen, um den Bestellwert bzw. den Umsatz eines Onlinekunden zu erhöhen. Im Onlinemarketing und Customer Relationship Management ist das Cross-Selling eine herkömmliche Strategie der Kundenentwicklung, um den Kundenwert zu erhöhen.

D

Dashboard. Ein Dashboard ist die Zusammenstellung und Visualisierung von verschiedenen Webdaten, Webkennzahlen und Key Performance Indicators eines Web-Analytics-Systems. Dashboards geben einen schnellen Überblick mit den wichtigsten Informationen zur Websitenutzung anhand von Grafiken und/oder Tabellen.

Data Mining (DM). Data Mining bedeutet das Schürfen oder Graben nach wertvoller Information in Datenbeständen bzw. im Data Warehouse. Dazu werden Algorithmen verwendet, um noch nicht bekannte Muster in den Daten zu extrahieren und darzustellen. Werden im DM Daten aus dem Internet analysiert, spricht man von Web Mining. Die Auswertung der Daten der Webnutzung und des Besucherverhaltens aus einem Web-Analytics-System wird als Web Usage Mining bezeichnet.

Data Warehouse (DWH). Ein Data Warehouse ist ein Datenbanksystem zur Entscheidungsunterstützung, das unterschiedliche Analyseoperationen (wie Drill-down, Drill-up, Slicing und Dicing) auf dem mehrdimensionalen Datenwürfel zulässt.

Datei (*file*). Eine Datei ist eine Ansammlung von zusammengehörigen Daten, die auf einem Datenträger abgespeichert werden. Technisch gesehen ist eine Datei eine Anreihung von Bits bzw. Bytes.

Daten (*data*). Unter Daten werden logisch gruppierte Informationseinheiten verstanden, die in Datenbanksystemen gespeichert sind.

Datenbanksystem (DBS; *database system*). Ein Datenbanksystem besteht aus einer Speicherungs- und einer Verwaltungskomponente. Mit der Speicherungskomponente werden Daten und Beziehungen abgelegt, die Verwaltungskomponente stellt verschiedene Funktionen zur Pflege der Daten zur Verfügung.

Datenhoheit (*data sovereignty*). Unter Datenhoheit wird die informationstechnische und physische Zugriffs- und Kontrollmöglichkeit von Daten durch deren Besitzer bzw. durch Betroffene verstanden.

Datensammlung (*data collection*). Datensammlung bedeutet die strukturierte Erfassung und Speicherung von Daten in einem Datenbanksystem bzw. Informationssystem. Im Web Analytics wird u.a. zwischen clientseitiger und serverseitiger Datensammlung unterschieden, die in erster Linie der Analyse und Optimierung der Webnutzung sowie wirtschaftlichen Zwecken dienen.

Datenschutz (*data privacy, data protection*). Unter Datenschutz wird der Schutz des Einzelnen vor dem Missbrauch personenbezogener Daten verstanden, die manuell oder in Informationssystemen verarbeitet werden.

Datenschutzerklärung (*privacy policy*). Die Datenschutzerklärung umfasst die auf der Website schriftlich festgehaltenen Regelungen und Maßnahmen einer Organisation, um die Privatsphäre der Besucher und der Kunden zu wahren.

Datenschutzgesetz (*data protection act*). Das Datenschutzgesetz, z.B. das Bundesgesetz über den Datenschutz (DSG) in der Schweiz bzw. das Bundesdatenschutzgesetz (BDSG) in Deutschland, regelt im Sinne des Datenschutzes den Umgang von Daten von natürlichen und juristischen Personen.

Datensicherheit (*data security, data integrity*). Unter Datensicherheit wird der Schutz von Daten vor Manipulation, Missbrauch und Verlust verstanden.

Dialogfähigkeit (*dialog capability*). Die Dialogfähigkeit ist die Fähigkeit einer Website, aus Besuchern aktive Dialogpartner zu machen, sprich interaktiv mit der Website und deren Betreiber zu interagieren.

Direkte Zugriffe (*direct traffic*). Bei direkten Zugriffen geben die Besucher den Uniform Resource Locator einer Website direkt in die Leiste des Browsers ein, rufen ein Bookmark auf oder gelangen z.B. über einen Link in einer E-Mail auf eine Webseite. Das heißt, dass bei direkten Zugriffen der Referrer eines Besuchs nicht bekannt ist.

Display-Click. Der Display-Click ist der Klick eines Besuchers auf ein Banner (grafisches Werbeelement) zur Produktseite im Webshop.

Display-Click-Rate. Die Display-Click-Rate ist der Anteil der Besucher, die in einem bestimmten Zeitraum über ein Display (Teaser) auf eine Produktseite im Onlineshop zugegriffen haben, im Verhältnis zu allen Besuchern der Website in diesem Zeitraum.

Domain. Ein Domainname ist die Internetadresse eines Servers, um Webseiten weltweit eindeutig aufzufinden.

Down-Selling. Das Down-Selling ist ein Teil des Add-on-Sellings und beinhaltet den Abverkauf von zusätzlichen, oft ergänzenden Produkten von geringerem Preis bzw. Wert.

E

Eindeutiger Besucher (*unique visitors*). Ein eindeutiger Besucher ist ein wiederkehrender Besucher, der innerhalb einer bestimmten Periode auf die Website zurückkehrt, dann vom Web-Analytics-System aber nicht nochmals als zusätzlicher Besucher registriert wird. Die Anzahl eindeutiger Besucher umfasst somit alle menschlichen Besucher, die der Website in einem bestimmten Zeitraum ein oder mehrere Male einen Besuch abstatteten, wobei Mehrfachbesucher nur einmal gezählt werden. Ein eindeutiger Besucher wird üblicherweise anhand eines permanenten Cookies identifiziert.

Einstiegsseite (*entry page*). Die Einstiegsseite ist die erste Webseite einer Website, die ein Besucher während eines Besuchs aufruft. Ein Besuch hat immer nur eine Einstiegs- und eine Ausstiegsseite. Üblicherweise ist die Startseite die häufigste Einstiegsseite. Es können aber auch andere Webseiten häufige Einstiegsseiten sein, z.B. diejenigen, die in Suchmaschinen hoch gelistet oder öfters über Bookmarks aufgesucht werden.

Einzelzugriff (*single visit*). Ein Einzelzugriff bzw. ein Einzelseitenbesuch ist ein Seitenzugriff auf nur eine einzige Webseite der Website, d.h. ein Besuch mit nur einem Seitenzugriff.

Electronic Branding. Unter dem Begriff eBranding/Web Branding versteht man den Prozess, eine Marke im Market Space zu positionieren. Ziel ist dabei, die Marke eindeutig zu erkennen (Brand Awareness) und den Wert der Marke zu festigen (Brand Loyalty).

Electronic Business. eBusiness bedeutet die Anbahnung, Vereinbarung und Abwicklung elektronischer Geschäfte auf einer Website zur Erziehlung einer Wertschöpfung.

Electronic Commerce. eCommerce oder der elektronische Handel als Teilgebiet des eBusiness umfasst die Leistungsaustauschbeziehungen Business to Business (B2B) & Business to Consumer (B2C).

Engagierter Besucher (*engaged visitor, commited visitor*). Ein engagierter Besucher ist ein Besucher, der auf einer Website überdurchschnittlich aktiv ist, indem er z.B. eine lange Besuchszeit auf der Seite aufweist, viele Seiten aufruft (Besuchstiefe), gewisse Webservices nutzt, als Prosumer Inhalte verfasst oder sich als Integrator an der digitalen Wertschöpfungskette beteiligt.

Enterprise Resource Planning (ERP). Unter einem ERP-System wird eine Standardsoftware verstanden, mit deren Hilfe betriebswirtschaftliche Abläufe analysiert, gesteuert und kontrolliert werden.

Extensible Markup Language (XML). XML ist eine Auszeichnungssprache für die Darstellung und den Austausch von strukturierten Daten über das Internet. Wie HTML (Hypertext Markup Language) basiert XML auf der Standard Generalized Markup Language (SGML).

F

Fühlungsvorteil. Der Fühlungsvorteil ist ein weicher Faktor, der einen engen Kontakt mit dem Kunden suggeriert.

G

Geschäftsmodell (*business model*). Ein Geschäftsmodell dient der modellhaften Beschreibung der elektronischen Geschäftstätigkeit von Unternehmen und Organisationen samt ihren benötigten Erlösprinzipien. Neben der Festlegung von Produkten und Dienstleistungen (value proposition) müssen Kundenzielgruppen, Kommunikations- und Distributionskanäle, Service-, Abwicklungs- und Sicherheitsmodalitäten sowie Betriebs- und Ertragsmodelle festgelegt werden.

H

Heatmap. Eine Heatmap ist ein Wärmebild, auf dem visualisiert wird, wo und wie häufig auf bestimmte Elemente oder Links einer Webseite geklickt wird. Heatmaps werden meist als Website-Overlay dargestellt und können im Bereich der Usability neben den Klicks auch die Häufigkeit von Maus- oder Augenbewegungen darstellen.

Heavy User. Unter einem Heavy User (Intensivnutzer) wird ein Besucher verstanden, der viele Webseiten einer Website besucht (d.h. ein Besucher, der die Inhalte einer Website intensiv nutzt).

Hit. Ein Hit ist ein Zugriff auf eine Datei auf dem Server.

Hybride Datensammlungsmethode (*hybrid data collection method*). Eine hybride Datensammlungsmethode ist die Kombination von verschiedenen technischen Methoden des Web Analytics zur Sammlung von Webdaten, wie z.B. die Logfile-Analyse, das Page Tagging, das Sniffing oder der Einsatz von Proxyservern.

Hypertext Markup Language (HTML). HTML ist eine textbasierte Auszeichnungssprache zur Strukturierung von Inhalten wie Texten, Bildern oder Links einer Webseite im World Wide Web mittels eines Browsers.

Hypertext Transfer Protocol (HTTP). HTTP beinhaltet ein Protokoll des Internets, das benutzt wird, um Daten (z.B. einer Website) vom Server zum Client (Browser) zu übertragen.

I

Inhalt (*content*). Unter Inhalt einer Webseite werden alle Arten von Inhalten in digitaler Form verstanden, d.h. aufbereitete, digitale Informationen in multimedialer Form (Text, Grafik, Bild, Audio, Video etc.) zur Darstellung im World Wide Web.

Inhaltsgruppe (*content group*). Unter einer Inhaltsgruppe wird eine Gruppe von mehreren Webseiten verstanden, die z.B. thematisch oder funktional zusammengehören und in Reports als eigene Entität behandelt werden.

Inhaltstiefe (*content depth, page depth*). Unter der Inhalts- bzw. Webseitentiefe ist analog zur Besuchstiefe die Anzahl Seitenzugriffe im Verhältnis zur Anzahl eindeutiger Besucher auf der Stufe des Inhaltes einer Webseite bzw. einer Inhaltsgruppe zu verstehen.

Internetprotokoll (IP). Das Internetprotokoll (IP) ist ein Netzwerkprotokoll des Internets, das notwendig ist, um Rechner (Computer) zum Aufbau einer Verbindung zu adressieren (siehe IP-Adresse).

Internetwerbung. Internetwerbung ist Werbung, die in elektronischer Weise in unterschiedlicher Form über das Internet verbreitet wird. Werbemittel bzw. Formen der Internetwerbung sind zum Beispiel der Newsletterversand, Bannerwerbung, bezahlte Links oder das Keyword-Advertising.

IP-Adresse (IP adress). Die IP-Adresse ist eine eindeutige Adresse in Netzwerken – in Form einer 32-stelligen (IPv4) bzw. 128-stelligen (IPv6) Binärzahl –, die auf dem Internet Protocol basiert. Die IP-Adresse wird benötigt, um Daten vom Sender zum Empfänger übermitteln zu können.

K

Kampagne (*campaign*). Unter einer Kampagne ist im Onlinemarketing jede Art einer zeitlich beschränkten Marketingaktivität zu verstehen, um zusätzliche Besucher auf die Website zu bringen. Unter eine Onlinekampagne fallen alle Formen der Internetwerbung wie z.B. Bannerwerbung, Newsletterversand, Keyword-Advertising oder Suchmaschinenmarketing.

Key Performance Indicator (KPI). Ein KPI ist eine betriebswirtschaftliche Kennzahl und ein kritischer Erfolgsfaktor, der die Erreichung eines strategischen Zieles eine Organisation misst. Im Rahmen des eBusiness ist ein KPI eine Webkennzahl, um den Erreichungsgrad der Website-Ziele sowie deren Effizienz zu überprüfen.

Keyword-Advertising. Keyword-Advertising ist eine Form der Internetwerbung, bei der in Suchmaschinen eine Werbebotschaft eingeblendet wird, in Abhängigkeit der Keywords, mit denen der Benutzer gesucht hat. Übliches Abrechnungsmodell im Keyword-Advertising sind die Ad-Clicks (Cost-per-Click). Die populärste Form von Keyword-Advertising sind AdWords und AdSense von Google.

Klick (*click*). Ein Klick ist ein Mausklick auf einen Link durch den Besucher einer Webseite. Durch einen Klick wird der Link aktiviert und der Besucher gelangt auf eine neue Webseite oder Anwendung.

Klickrate (*click rate*). Die Klickrate ist der Anteil an Besuchern, die einen Link (z.B. ein Textlink oder Banner) auf einer Webseite eingeblendet bekamen und durch einen aktiven Klick aktiviert haben. Im Rahmen der Internetwerbung wird ein Klick auf ein Banner oder auf ein anderes Werbemittel als Ad-Click bezeichnet (der Anteil als Ad-Click-Rate).

Klickstrom (*click stream*). Ein Klickstrom besteht aus den Navigationspfaden der Besucher durch eine Website, d.h. eine Abfolge von Seitenzugriffen. Der Klickstrom kann z.B. anhand eines Browser-Overlays in einem Web-Analytics-System dargestellt werden.

Kommunikation (*communication*). Unter (computervermittelter) Kommunikation wird im Rahmen des eBusiness die Interaktion des Betreibers einer Website mit den Besuchern bzw. Onlinekunden über das Internet verstanden. Die Onlinekommunikation erfolgt anhand von Diensten wie z.B. Suchfunktion, FAQ, Formulare, E-Mail, Newsletter, Chat, Diskussionsforen, Weblogs oder Wikis.

Kontakt (*contact*). Unter einem Kontakt wird im Rahmen des eBusiness die Kommunikation zwischen dem Betreiber einer Website und deren Besuchern oder Kunden über das Internet verstanden.

Kontaktrate (*contact rate*). Die Kontaktrate wird im Rahmen des eBusiness definiert als der Anteil der Besucher einer Website, die mit dem Betreiber einer Website in Kontakt treten, d.h. mit denen eine Kommunikation über das Internet erfolgt.

Konversion (*conversion*). Die Konversion (Konvertierung) ist die Umwandlung von einem Besucher in einen solchen, der sich so verhält, wie dies der Website-Betreiber gerne hätte. Bei der Konversion wird ein Website-Ziel erreicht, das der Website-Strategie oder dem webbasierten Geschäftsmodell zugrunde liegt. Im eCommerce wird als Konversion üblicherweise die Transaktion (Kaufabschluss) definiert. Neben dem Kaufabschluss bzw. einer Buchung kann eine Konversion z.B. die Einschreibung für den Newsletter, die Registrierung für eine Mitgliedschaft oder das Herunterladen eines Dokumentes beinhalten.

Konversionsrate (*conversion rate*). Die Konversionsrate (Konvertierungsrate) ist der Anteil an Besuchern einer Website, die einer Konversion unterliegen, im Verhältnis zu sämtlichen Besuchern in einem bestimmten Zeitraum. Im eCommerce ist die Konversionsrate in der Regel der Anteil an Besuchern (bzw. Besuche), die zu einem Käufer (bzw. Kauf) konvertieren.

L

Lead. Unter einem Lead (Interessent) wird ein potenzieller Kunde verstanden, der z.B. in einem Formular auf der Website seine Kontakt- bzw. Adressdaten zur Kontaktaufnahme eingegeben hat. Ein Lead drückt prinzipielles Interesse am Unternehmen oder an Produkten bzw. Dienstleistungen aus.

Link. Ein Hyperlink oder kurz Link ist ein elektronischer Querverweis von einer Stelle einer Webseite auf eine andere, der beim Anklicken durch den Browser ausgelöst wird.

Logdatei (*log file*). Das Logfile ist eine Textdatei, in der sämtliche Aktionen von Prozessen auf einem Server automatisiert protokolliert werden. Neben dem Namen und der Größe der angefragten Dateien werden das Datum sowie die Uhrzeit der Anfrage, die IP-Adresse, der Referrer, der Browsertyp und das verwendete Betriebssystem der Besucher erfasst. Im Rahmen der serverseitigen Datensammlung bildet das Logfile die Grundlage für die Logfile-Analyse.

Logfile-Analyse (*logfile analysis*). Die Logfile-Analyse ist ein technisches Verfahren zur Auswertung der Logfiles des Servers, um Informationen über die Websitenutzung zu gewinnen.

Loyale Besucher (*loyal visitor*). Ein loyaler Besucher ist ein wiederkehrender Besucher, der eine Website oft besucht, also eine hohe Besuchsfrequenz aufweist. Die Loyalität kann anhand der Anzahl Besuche in einer bestimmten Zeitperiode gemessen werden, wobei zur Wiedererkennung des Besuchers Cookies eingesetzt werden.

M

Metadaten (*meta data*). Unter Metadaten werden Informationen zur Beschreibung von Daten verstanden. Die Meta-Daten einer Webseite werden in HTML definiert und dienen z.B. der Beschreibung des Inhaltes anhand von Keywords oder für Anweisungen für die Robots der Suchmaschinen.

Metrik (*metric*). Im Rahmen des Web Analytics wird hier eine Metrik als eine Webmetrik (web metric) definiert, d.h. als eine Größe, die in einem Web-Analytics-System erfasst, gemessen und dargestellt wird.

Multi Page Visit. Ein Multi Page Visit ist ein Besuch auf einer Website mit zwei oder mehr Seitenzugriffen. Er ist das Gegenstück zum Single Page Visit, bei dem nur eine einzige Webseite aufgegriffen worden ist.

Monetary Value (M). Unter Monetary Value wird der monetäre Wert eines Onlinekunden verstanden, zu dem dieser bestellt bzw. gekauft hat. Normalerweise wird der monetäre Wert anhand des kumulierten Bestellwertes oder Online-Umsatzes berechnet (siehe auch RFM-Modell).

N

Navigation. Unter der Navigation wird im Bereich des Internets die Navigations- bzw. Menüleiste einer Website verstanden, anhand der sich die Besucher durch die verschiedenen Webseiten bewegen können. Die Navigation ist üblicherweise auf allen Webseiten gleich und befindet sich links und/oder oben auf der Website.

Netzwerk (*network*). Unter einem Netzwerk wird hier ein Computernetzwerk verstanden, d.h. der Zusammenschluss von verschiedenenen, technischen Systemen (Computern) für die Kommunikation. Das bekannteste Rechnernetz ist das Internet, das auf verschiedenen Protokollen (wie z.B. HTTP) basiert.

Neuer Besucher (*new visitor*). Ein neuer Besucher ist ein Besucher, der bisher noch nie auf der Website war. Technisch wird ein wiederkehrender Besucher oder ein neuer Besucher üblicherweise anhand eines persistenten Cookies oder alternativ anhand der IP-Adresse oder des Logins identifiziert.

Nutzer (*user*). Unter einem Nutzer bzw. Benutzer wird ein Besucher einer Website verstanden. Dabei wird ein Nutzer in der Regel als wiederkehrender Besucher definiert, der wiederholt auf die Website zugreift und ein Benutzerkonto eingerichtet hat (registrierter Nutzer). Des Weiteren kann unterschieden werden zwischen einem passiven und einem aktiven Nutzer (der mind. einmal am Tag, in der Woche oder im Monat auf die Seite zugreift).

O

Online-Prosumer. Ein Online-Prosumer beteiligt sich im elektronischen Markt sowohl als Producer (Hersteller, Produzent) wie auch als Online-Consumer (Verbraucher, Konsument).

Onlineshop (*web shop, eShop*) Ein Onlineshop ist ein webbasiertes Softwaresystem, das Waren und Dienstleistungen anbietet, Angebote erstellt, Bestellungen entgegennimmt sowie Auslieferungen und Zahlungsmodalitäten abwickelt.

Online-Surfer. Ein Online-Surfer ist ein gewöhnlicher Besucher einer Website, der dessen Angebot passiv nutzt, Informationen eher zufällig aufnimmt und sich eher emotional als kognitiv durch das Internet bewegt.

Opt-in. Unter dem Opt-in-Verfahren im Kontext des Web Analytics ist die explizite Erlaubnis eines Besuchers zu verstehen, seinen Besuch auf der Website aufzeichnen zu lassen. Will der Besucher nicht, dass sein Besuch aufgezeichnet wird, kann er dies durch das Opt-out-Verfahren bewerkstelligen.

Opt-out. Beim Opt-out-Verfahren im Kontext des Web Analytics verbietet ein Besucher einer Website explizit, Webdaten zu seinem Besuch zu erfassen und zu speichern. Dies erfolgt z.B. durch die Deaktivierung einer entsprechenden Checkbox.

P

Pay-per-Click (PPC). Das Pay-per-Click ist ein Abrechnungsmodell in der Internetwerbung, bei dem der Werbetreibende pro Ad-Click auf ein Werbemittel wie z.B. ein Banner bezahlt.

Pfad (path). Unter einem Pfad ist die Sequenz aller Webseiten zu verstehen, die ein Besucher während eines Besuches zugegriffen hat. Ein Pfad beginnt mit der Einstiegsseite und endet mit der Ausstiegsseite.

Pfadanalyse (*path analysis*). Bei der Pfadanalyse werden die häufigsten oder typischen Pfade der Besucher auf der Website in einem Bericht angezeigt und quantifiziert.

Produktseite (*product page*). Eine Produktseite ist eine Webseite im Onlineshop, in der ein Produkt oder eine Dienstleistung beschrieben bzw. illustriert und zum Kauf angeboten wird. Die Produktseite enthält die Funktion, das angebotene Produkt oder die Dienstleistung in den Warenkorb zu legen und online zu bestellen bzw. zu buchen.

Proxyserver. Ein (Reverse) Proxy ist ein Server, der vor den Webserver geschaltet wird, um im Rahmen des Web Analytics den Datenverkehr zwischen dem Server und den Clients aufzuzeichnen.

Q

Qualifizierter Besucher (*qualified visitor*). Ein qualifizierter Besucher ist ein Besucher, der ein gewisses Interesse an den Inhalten einer Website ausdrückt. Im eCommerce zeigt sich dies am Interesse an einem Produkt oder an einer Dienstleistung. Ob ein Besucher qualifiziert ist, wird anhand spezifischer Kritierien beurteilt, z.B. die Anzahl Seiten, die er aufruft (Besuchstiefe), der Download von weiterführenden Informationen, die Einschreibung für den Newsletter oder eine andere Aktivität auf der Website, die zur Konversion führt.

R

Really Simple Syndication (RSS). RSS ist ein Abonnementsdienst für Nutzer des Internets, die aktuelle elektronische Nachrichten und Informationen über bestimmte Themen oder Projekte erhalten möchten.

Referrer. Der Referrer ist die URL derjenigen externen Webseite, die ein Besucher zuletzt aufgerufen hat, bevor er auf die Einstiegsseite der internen Website gelangt war. Die Referrer zeichnen also die Quellen aus, von wo die Besucher einer Website kommen. Üblicherweise sind Referrer Links auf externen Websites oder Verweise von Suchmaschinen (search engine referrer).

Registrierter Nutzer (*registrated user*). Ein registrierter Nutzer ist ein Besucher einer Website, der sich anhand eines Formulars registriert hat und dabei gewisse persönliche Angaben (wie z.B. Name, E-Mail- oder Postadresse) von sich preisgab.

Reichweite (*reach*). Die Reichweite ist der Anteil bzw. die Anzahl an Internetbenutzern der anvisierten Zielgruppe, die eine Website in einem bestimmten Zeitraum besuchen.

Robot. Ein Robot (Synonym: Bot, Crawler, Spider) ist ein Softwareprogramm bzw. ein Skript, das die Webseiten des Internets automatisiert nach bestimmten Kriterien durchsucht. Robots dienen in erster Linie den Suchmaschinen, um die Webseiten des World Wide Web zu indexieren.

S

Seitenhaftung (*page stickiness*). Sie ist die Fähigkeit einer Webseite, Besucher (lange) auf der Website zu halten und zu weiteren Seitenzugriffen zu bewegen. Die Stickiness ist das Gegenstück zur Absprungrate.

Seitenzugriff (*page view*). Der Seitenzugriff bzw. Seitenabruf ist ein Aufruf einer einzelnen Webseite durch einen menschlichen Besucher, d.h. das vollständige Laden und Anzeigen eines Inhaltes (in der Regel eine HTML-Seite) im Browser eines Internetnutzers.

Single Page Visit. Ein Single Page Visit ist ein Besuch auf einer Website, bei dem der Besucher nur einen einzigen Seitenzugriff getätigt hat. Der Anteil an Besuchen, bei denen nur eine einzige Webseite aufgerufen worden war, im Verhältnis zu allen Besuchen definiert die Absprungrate. Bei einem Single Page Visit entspricht die Einstiegsseite der Ausstiegsseite.

Slipperiness. Die Fähigkeit einer Website, die Besucher in schnelle, kurze Interaktionen (wie z.B. Klicks, Seitenzugriffe) treten zu lassen.

Sniffer. Ein Sniffer ist eine Software, die den Datenverkehr eines Netzwerks empfängt, aufzeichnet, darstellt und auswertet.

Startseite (homepage). Die Start- bzw. Heimseite ist die Hauptseite bzw. Einführungsseite einer Website, die beim Aufruf einer Domain erscheint.

Suchmaschinenmarketing (*search engine marketing/advertising*; SEM/SEA). Unter Suchmaschinenmarketing werden kostenpflichtige Textanzeigen in Suchmaschinen wie z.B. Google verstanden, die zu spezifischen, vordefinierten Suchbegriffen oben und rechts der Suchresultate angezeigt werden.

Suchmaschinenoptimierung (SEO). Unter Suchmaschinenoptimierung werden alle Methoden verstanden, um die Rangierung und Auffindbarkeit einer Website in Suchmaschinen wie z.B. Google zu bestimmten Keywords zu verbessern.

T

Tausenderkontaktpreis (TKP). Der Tausenderkontaktpreis sind die Kosten für den Sichtkontakt (d.h. die Einblendung) eines Werbemittels der Internetwerbung zu 1000 Besuchern einer Webseite.

Literatur

A

[Aden 2012] Aden, T.: Google Analytics – Implementieren. Interpretieren. Profitieren. 3. Auflage, Hanser Verlag, München, 2010.

[Alby 2007] Alby, T.: Web 2.0 – Konzepte, Anwendungen, Technologien. Hanser Verlag, München, 2007.

[Amthor & Brommund 2010] Amthor, A.; Brommund, Th.: Mehr Erfolg durch Web Analytics. Hanser Verlag, München, 2010.

B

[Bacon 2009] Bacon, J.: The Art of Community. O'Reilly, Sebastopol, CA, 2009.

[Bauer & Günzel 2009] Bauer, A.; Günzel, H.: Data-Warehouse-Systeme – Architektur, Entwicklung, Anwendung, 3. Auflage, dpunkt.verlag, Heidelberg, 2009.

[Bauer et al. 2011] Bauer, Ch.; Wittmann, G.; Stahl, E.; Weisheit, S.; Pur, S.; Weinfurtner, S.: So steigern Online-Händler ihren Umsatz, 2011. Erhältlich unter *www.ecommerce-leidfaden.de*, Abruf am 08.08.2012.

[Beck et al. 2007] Beck, A.; Mörike, M.; Sauerburger, H. (Hrsg.): Web 2.0. HMD – Praxis der Wirtschaftsinformatik, Heft 255, dpunkt.verlag, 2007.

[Bélanger et al. 2006] Bélanger, F.; Fan, W.; Schaupp, C.; Krishen, A.; Everhart, J.; Poteet, D.; Nakamoto, K.: Web Site Success Metrics: Addressing the Duality of Goals. In: Communication of the ACM, Vol. 49, No. 12, 2006, pp. 114–116.

[Bitzer & Brisch 1999] Bitzer, F.; Brisch, K.M.: Digitale Signatur – Grundlagen, Funktion und Einsatz. Springer-Verlag, 1999.

[Birkhofer 2002] Birkhofer, B.: Ertragsmodelle – Einnahme- und Erlösquellen im innovativen Absatzkanal des Electronic Commerce. In: Schögel, M.; Tomczak, T.; Belz, C. (Hrsg.): Roadm@p to E-Business – Wie Unternehmen das Internet erfolgreich nutzen. Verlag Thexis, St. Gallen, 2002, S. 430 – 452.

[Blattberg et al. 2001] Blattberg, R.C.; Getz, G.; Thomas, J.S.: Customer Equity – Building and Managing Relationships as Valuable Assets. Harvard Business School Press, Boston, 2001.

[Bliemel et al. 2000] Bliemel, F.; Fassott, G.; Theobald, A. (Hrsg.): Electronic Commerce – Herausforderungen, Anwendungen, Perspektiven. Gabler Verlag, Wiesbaden, 2000.

[Blumauer & Pellegrini 2009] Blumauer, A.; Pellegrini, T. (Hrsg.): Social Semantic Web – Web 2.0 – Was nun? Springer -Verlag, Berlin, Heidelberg, 2009.

[Bouffier 1952] Bouffier, W.: Kennzahlen im betrieblichen Rechnungswesen. In: Der Österreichische Betriebswirt, 1952, S. 183–200.

[Bourdieu 1983] Bourdieu, P.: Ökonomisches Kapital, kulturelles Kapital, soziales Kapital. In: Kreckel R. (Hrsg.): Soziale Ungleichheiten – Soziale Welt. Sonderband 2, 1983, S. 183-298.

[Brandenburger & Nalebuff 1996] Brandenburger A. M., Nalebuff B.: Co-Opetition – A Revolution Mindset That Combines Competition and Cooperation. Doubleday, New York, 1996.

[Brenner et al. 2003] Brenner, W.; Meier, A.; Zarnekow, R. (Hrsg.): Strategisches IT-Management. HMD – Praxis der Wirtschaftsinformatik, Heft 232, dpunkt.verlag, Heidelberg, 2003.

[Bruhn 2011] Bruhn, M.: Kundenorientierung – Bausteine für ein exzellentes Customer Relationship Management (CRM). 4. Auflage, Deutscher Taschenbuch Verlag, München, 2011.

[Bullinger & Berres 2002] Bullinger, H.-J.; Berres, A. (Hrsg.): E-Business – Handbuch für den Mittelstand – Grundlagen, Rezepte, Praxisberichte. Springer-Verlag, Berlin, 2002.

[Bullinger & Hofmann 2002] Bullinger, H.-J.; Hofmann, J.: Medienkompetenz: zur erfolgreichen Zusammenarbeit in e-Teams. In: Spoun, S., Wunderlich, W. (Hrsg.): Medienkultur im digitalen Wandel. Haupt Verlag, Bern, 2002.

[Burby & Atchinson 2007] Burby, J.; Atchinson, S.: Actionable Web Analytics. Wiley, New York, 2007.

C

[Chamoni & Gluchowski 2010] Chamoni, P.; Gluchowski, P.: Analytische Informationssysteme. Business Intelligence-Technologien und Anwendungen, 4. Auflage, Springer-Verlag, Berlin, Heidelberg, 2010.

[Chaum 1985] Chaum, D.: Security without Identification – Transaction Systems to Make Big Brother Obsolete. Communications of the ACM, Vol. 28, No. 10, October 1985, pp. 1030–1044.

[Clifton 2008] Clifton, B.: Advanced Web Metrics with Google Analytics. Wiley, New York, 2008.

[Coenenberg & Salfeld 2007] Coenenberg, A.G.; Salfeld, R.: Wertorientierte Unternehmensführung – Vom Strategieentwurf zur Implementierung. Schäffer-Poeschel Verlag, Stuttgart, 2007.

[Contentmetrics 2006] Contentmetrics: Web Analytics: Erfolg ist messbar! Grundlagen, Planung und Einsatz von Web Analytics Lösungen, Projektleitfaden, 2006, Erhältlich unter: *www.contentmetrics.com*, Abruf am 08.08.2012.

[Cranor 2002] Cranor, L.: Web Privacy with P3P. O'Reilly & Associates, Sebastopol, CA, 2002.

D

[Dannenberg & Ulich 2004] Dannenberg, M.; Ulich, A.: ePayment und eBilling – Elektronische Bezahlsysteme für Mobilfunk und Internet. Gabler Verlag, Wiesbaden, 2004.

[DeLone & McLean 2004] DeLone, W.; McLean, E.: Measuring e-Commerce Success: Applying the DeLone & McLean Information Systems Success Model. In: International Journal of Electronic Commerce, Vol. 9, No. 1, 2004, pp. 31–47.

[Deming 1986] Deming W.E.: Out of the Crisis. MIT Center for Advanced Engineering Study. Boston, 1986.

[Dippold et al. 2005] Dippold, R.; Meier, A.; Ringgenberg, A.; Schnider, A.; Schwinn, K.: Unternehmensweites Datenmanagement. 4. Auflage, Vieweg Verlag, Wiesbaden, 2005.

[Drèze & Zufryden 2004] Drèze, X.; Zufryden, F.: Measurement of Online Visibility and its Impact on Internet Traffic. In: Journal of Interactive Marketing, Vol. 18, No. 1, 2004, pp. 20–37.

[Drobnjak 2010] Drobnjak, A.: Web Analytics – Vergleich und Analyse der Web Analytics Märkte. Bachelorarbeit, Wirtschafts- und Sozialwissenschaftliche Fakultät, Universität Fribourg, 2010.

[Dubois & Prade 1980] Dubois, D.; Prade, H.: Fuzzy Sets and Systems – Theory and Applications. Academic Press, New York, 1980.

E

[Eberhard-Yom 2010] Eberhard-Yom, M.: Usability als Erfolgsfaktor – Grundregeln, User Centered Design, Umsetzung. Cornelsen Verlag, Berlin, 2010.

[Econsultancy 2010] Econsultancy: Online Measurement and Strategy Report 2010. Erhältlich unter *http://econsultancy.com*, Abruf am 08.08.2012.

[Edvinsson & Malone 1997] Edvinsson, L.; Malone, M.S.: Intellectual Capital – Realizing your Company's True Value by Finding its Hidden Brainpower. Harper Business, New York, 1997.

[Einwiller et al. 2005] Einwiller, S.; Herrmann, A.: Ingenhoff, D.: Vertrauen durch Reputation – Grundmodell und empirische Befunde im E-Business. Marketing Zeitschrift für Forschung und Praxis Nr. 01, 2005, S. 25–42.

[EuroPriSe 2011] EuroPriSe 2011 – European Privacy Seal. Verfügbar unter *http://www.european-privacy-seal.eu*, Abruf am 08.08.2012.

F

[**Fischer 2008**] Fischer, M.: Website Boosting 2.0 – Suchmaschinen-Optimierung, Usability, Online-Marketing, 2. Auflage, Redline, Heidelberg, 2008.

[**Forrester 2009**] Forrester: Forrester Consulting, Appraising Your Investments In Enterprise Web Analytics. 2009. Erhältlich unter *www.google.com/intl/en/analytics/case_studies/Appraising-Investments-In-Enterprise-Analytics.pdf*, Abruf am 08.08.2012.

[**Franzen & Freitag 2007**] Franzen, A.; Freitag, M. (Hrsg.): Sozialkapital – Grundlagen und Anwendungen. US-Verlag für Sozialwissenschaften, Wiesbaden, 2007.

G

[**GADAO 2011**] GADAO 2011: Google Analytics Deaktivierungs-Add-on: *http://tools.google.com/dlpage/gaoptout*, Abruf am 08.08.2012.

[**Gadatsch & Mayer 2006**] Gadatsch, A.; Mayer, E.: Masterkurs IT-Controlling – Grundlagen und Praxis – IT-Kosten und Leistungsrechnung – Deckungsbeitrags- und Prozesskostenrechnung – Target Costing. Vieweg Verlag, Wiesbaden, 2006.

[**Gansor et al. 2010**] Gansor, T.; Totok, A.; Stock, S.: Von der Strategie zum Business Intelligence Competence Center (BICC) – Konzeption, Betrieb, Praxis. Hanser Verlag, München, 2010.

[**Gladen 2011**] Gladen, W.: Performance Measurement – Controlling mit Kennzahlen. Gabler Verlag, Wiesbaden, 2011.

[**Gluchowski et al. 2008**] Gluchowski, P.; Gabriel, R.; Chamoni, P.: Management Support Systeme und Business Intelligence – Computergestützte Informationssysteme für Fach- und Führungskräfte. Springer-Verlag, Berlin, Heidelberg, 2008.

[**Google Analytics Nutzungsbedingung 2011**] Google Analytics Nutzungsbedingung 2011. Verfügbar unter *http://www.google.at/intl/de_ALL/analytics/tos.html*, Abruf am 08.08.2012.

[**Google Code 2012**] Google Code, Google Analytics. Erhältlich unter *http://code.google.com/intl/de-DE/apis/analytics/docs/gdata/dimsmets/dimsmets.html,* Abruf am 08.08.2012.

[**Grünig & Kühn 2001**] Grünig, R.; Kühn, R.: Process-based Strategic Planning. Springer-Verlag, Berlin, Heidelberg, 2001.

H

[**Hamman 2001**] Hamman, R. B.: Computer Networks Linking Network Communities. In: Werry C., Mowbray M. (eds.): Online Communities. London, 2001, pp. 71–96.

[**Hassler 2012**] Hassler, M.: Web Analytics – Metriken auswerten, Besucherverhalten verstehen, Website optimieren. 3. Auflage, mitp Verlag, Heidelberg, 2012.

[**Heinrich & Lehner 2005**] Heinrich, L. J.; Lehner, F.: Informationsmanagement – Planung, Überwachung und Steuerung der Informationsinfrastruktur. Oldenbourg Verlag, München, 2005.

[**Heinrich & Pomberger 2001**] Heinrich, L. J.; Pomberger, G.: Erfolgsfaktorenanalyse – Instrument für das strategische IT-Controlling. In: HMD – Praxis der Wirtschaftsinformatik, Heft 217, 2001, S. 19–28.

[**Hengartner & Meier 2010**] Hengartner, U.; Meier, A. (Hrsg.): Web 3.0 & Semantic Web. HMD – Praxis der Wirtschaftsinformatik, Heft 271, dpunkt.verlag, Heidelberg, 2010.

[**Hermes & Schwarz 2005**] Hermes, H.-J.; Schwarz, G. (Hrsg.): Outsourcing – Chancen und Risiken, Erfolgsfaktoren, rechtssichere Umsetzung. Haufe Verlag, Freiburg, 2005.

[**Hienerth 2010**] Hienerth, C.: Kennzahlenmodell zur Erfolgsbewertung des eCommerce – Analyse am Beispiel eines Mehrkanaleinzelhändlers. Gabler Research, Wiesbaden, 2010.

[**Hitzler et al. 2008**] Hitzler, P.; Krötzsch, M.; Rudolph, S.; Sure, Y.: Semantic Web – Grundlagen. Springer-Verlag, Berlin, Heidelberg, 2008.

[**Hoffmann 2009**] Hoffmann, M.: Modernes Webdesign: Gestaltungsprinzipien, Webstandards. Praxis, 2. Auflage, Galileo Verlag, Bonn, 2009.

[**Homburg 2008**] Homburg, Ch.: Kundenzufriedenheit: Konzepte – Methoden – Erfahrungen. 7. Auflage, Gabler Verlag, Wiesbaden, 2008.

[**Hong 2007**] Hong, I.: A Survey of Web Site Success Metrics used by Internet-dependent Organizations in Korea. In: Internet Research, Vol. 17, No. 3, 2007, pp. 272–290.

[**Horvath 2009**] Horvath, P.: Controlling. Verlag Franz Vahlen, München, 2009.

[**Hukemann 2004**] Hukemann, A.: Controlling im Onlinehandel – Ein kennzahlenorientierter Ansatz für Onlineshops. Logos Verlag, Berlin, 2004.

[**Hummel 2005**] Hummel, J.: Online-Gemeinschaften als Geschäftsmodell – Eine Analyse aus sozio-ökonomischer Perspektive. Deutscher Universitäts-Verlag, Wiesbaden, 2005.

I

[**Ingenhoff & Meier 2010**] Ingenhoff, D.; Meier, A.: Webplattformen zur Community-Bildung. In: Heilman H. (Hrsg.): Humane Nutzung der Informationstechnologie. Akademische Verlagsgesellschaft AKA, Heidelberg, 2010, S. 85-98.

[**Inmon 1999**] Inmon, W.: Building the Operational Data Store. 2. Auflage, Springer-Verlag, New York, 1999.

[**ISO/IEC 2012**] ISO/IEC 27001: 2005 – Information technology – Security techniques – Information security management systems – Requirements. Verfügbar unter *http://www.iso27001security.com/html/27001.html*, Abruf am 08.08.2012.

[**ISACA 2010**] ISACA: COBIT – Control Objectives for Information and Related Technology. Version 4.1, 2010, *http://www.isaca.org/cobit.htm*, Abruf am 08.08.2012.

[IVW 2009] Informationsgemeinschaft zur Feststellung der Verbreitung von Werbeträgern e. V. (IVW): Anlage 1 zu den IVW-Richtlinien für Online-Angebote – Definitionen und technische Erläuterungen, 2009. Erhältlich unter *http://ivw.de*, Abruf am 08.08.2012.

J

[Jackson 2009] Jackson, S.: Cult of Analytics: Driving Online Marketing Strategies Using Web Analytics. Butterworth Heinemann, Burlington, 2009.

[Jansen 2009] Jansen, B.: Understanding User-Web Interactions via Web Analytics. Morgan & Claypool, San Rafael, 2009.

K

[Kaufmann & Meier 2009] Kaufmann, M.; Meier, A.: An Inductive Fuzzy Classification Approach applied to Individual Marketing. The 28th North American Fuzzy Information Processing Society Annual Conference, June 2009, Cincinnati Ohio, USA, 2009.

[Kaufmann et al. 2009] Kaufmann, M.; Meier, A.; Zumstein, D.: Zur Erfolgsmessung von NPO-Webplattformen. Fachzeitschrift Verbandsmanagement, 35. Jg., Nr. 3, 2009, S. 16–27.

[Kaushik 2007] Kaushik, A.: Analytics: An Hour a Day. Wiley, New York, 2007.

[Kaushik 2009] Kaushik, A.: Web Analytics 2.0. Wiley, New York, 2009.

[Kemper et al. 2010] Kemper, H.-G.; Baars, H.; Mehanna, W.: Business Intelligence – Grundlagen und Anwendungen – Eine Einführung in die IT-basierte Managementunterstützung. Vieweg + Teubner Verlag, Wiesbaden, 2010.

[Klahold 2009] Klahold, A.: Empfehlungssysteme – Grundlagen, Konzepte und Systeme. Vieweg + Teubner, Wiesbaden, 2009.

[Knoll & Meier 2009] Knoll, M.; Meier, A. (Hrsg): Web & Data Mining. HMD – Praxis der Wirtschaftsinformatik, Heft 268, dpunkt.verlag, Heidelberg, 2009.

[Krcmar 2003] Krcmar, H.: Informationsmanagement. Springer-Verlag, Berlin, Heidelberg, 2003.

[Kröger & Gimmy 2002] Kröger, D.; Gimmy, M. A.: Handbuch zum Internetrecht – Electronic Commerce, Informations-, Kommunikations- und Mediendienste. Springer-Verlag, Berlin, Heidelberg, 2002.

[Küpper 2008] Küpper, H.-U.: Controlling – Konzeption, Aufgaben und Instrumente. Schäffer-Poeschel Verlag, Stuttgart, 2008.

[Kütz 2005] Kütz, M.: IT-Controlling für die Praxis – Konzeption und Methoden. dpunkt.verlag, Heidelberg, 2005.

[Kütz & Meier 2007] Kütz, M.; Meier, A. (Hrsg.): IT-Controlling. HMD – Praxis der Wirtschaftsinformatik, Heft 254, dpunkt.verlag, Heidelberg, 2007.

L

[Lachnit 1976] Lachnit, L.: Zur Weiterentwicklung betriebswirtschaftlicher Kennzahlensysteme. In: Zeitschrift für betriebswirtschaftliche Forschung, 28. Jg., 1976, S. 216–230.

[Lammenett 2009] Lammenett, E.: Praxiswissen Online-Marketing – Affiliate- und E-Mail-Marketing, Keyword-Advertising, Online-Werbung, Suchmaschinen-Optimierung. Gabler Verlag, Wiesbaden, 2009.

[Lammer 2005] Lammer, T.: Handbuch E-Money, E-Payment & M-Payment. Physica-Verlag, Heidelberg, 2005.

[Laursen & Thorlund 2010] Laursen, G.; Thorlund, J.: Business Analytics for Managers – Taking Business Intelligence Beyond Reporting. John Wiley & Sons, New Jersey, 2010.

[Lombriser & Abplanalp 1997] Lombriser, R.; Abplanalp, P. A.: Strategisches Management – Visionen entwickeln, Strategien umsetzen, Erfolgspotenziale aufbauen. Versus Verlag, Zürich, 1997.

[Loranger & Nielsen 2009] Loranger, H.; Nielsen, J.: Web Usability. Addison-Wesley, München, 2009.

M

[Meier 2001] Meier, A. (Hrsg.): Internet & Electronic Business – Herausforderung an das Management. Orell Füssli Verlag, Zürich, 2001.

[Meier 2009] Meier, A.: eDemocracy & eGovernment – Entwicklungsstufen einer demokratischen Wissensgesellschaft. Springer-Verlag, Berlin, Heidelberg, 2009.

[Meier 2010] Meier, A.: Relationale und postrelationale Datenbanken. 7. Auflage, Springer-Verlag, Berlin, 2010.

[Meier & Donzé 2012] Meier, A.; Donzé, L. (Eds.): Fuzzy Methods for Customer Relationship Management and Marketing – Applications and Classifications. IGI Global, Hershey, PA, 2012.

[Meier & Hofmann 2008] Meier, A.; Hofmann, J.: Zur Klassifikation von Geschäftsmodellen im Market Space. In: Hofmann J., Meier A. (Hrsg.): Webbasierte Geschäftsmodelle. HMD – Praxis der Wirtschaftsinformatik, Heft 261, dpunkt.verlag, Heidelberg, 2008, S. 7–19.

[Meier & Myrach 2004] Meier, A.; Myrach, T. (Hrsg.): IT-Servicemanagement. HMD – Praxis der Wirtschaftsinformatik, Heft 237, dpunkt.verlag, Heidelberg, 2004.

[Meier & Reich 2011] Meier, A.; Reich, S. (Hrsg.): Communitys im Web. HMD – Praxis der Wirtschaftsinformatik, Heft 280, dpunkt.verlag, 2011.

[Meier & Stormer 2012] Meier, A.; Stormer, H.: eBusiness & eCommerce – Management der digitalen Wertschöpfungskette. Springer-Verlag, Heidelberg, 2012.

[Meier & Werro 2007] Meier, A.; Werro, N.: A Fuzzy Classification Model for Online Customers. Journal Informatica No. 31, 2007, pp. 175–182.

[Meier & Zumstein 2010] Meier, A.; Zumstein, D.: Web Analytics – Eine Übersicht. dpunkt.verlag, Heidelberg, 2010. Erhältlich unter: *www.WebAnalyticsWebControlling.org*, Abruf am 08.08.2012.

[Meier et al. 2005] Meier, A.; Werro, N.; Albrecht, M.; Sarakinos, M.: Using a Fuzzy Classification Query Language for Customer Relationship Management. Proceedings of the 31st International Conference on Very Large Data Bases (VLDB), Trondheim, Norway, 2005, pp. 1089–1096.

[Meier et al. 2008] Meier, A.; Schindler, G.; Werro, N.: Fuzzy Classification on Relational Databases. In: Galindo J. (Ed.): Handbook of Research on Fuzzy Information Processing in Databases. Idea Group Inc., Calgary, 2008, pp. 586–614.

[Miller et al. 2006] Miller, G.; Bräutigam, D.; Gerlach, S.: Business Intelligence Competence Centers – A Team Approach to Maximizing Competitive Advantage. John Wiley & Sons, New Jersey, 2006.

[Molla & Licker 2001] Molla, A.; Licker, P.: E-Commerce Systems Success: An Attempt to Extend and Respecify the DeLone and McLean Model of IS Success. In: Journal of Electronic Commerce Research, Vol. 2, No. 4, 2001, pp. 131–41.

O

[OECD 2004] OECD: OECD Principles of Corporate Governance. OECD Publication Services, Paris Cedex, France, 2004. Verfügbar unter *http://www.eocd.org*, Abruf am 05.10.2010.

[Oehler 2006] Oehler, K.: Corporate Performance Management mit Business Intelligence Werkzeugen. Hanser Verlag, München, 2006.

P

[P3P 2011] P3P: Platform for Privacy Preferences (P3P) Project der W3C. Verfügbar unter *http://www.w3.org/P3P/,* Abruf am 20.01.2012.

[Palmer 2002] Palmer, J.: Web Site Usability, Design, and Performance Metrics. In: Information Systems Research, Vol. 13, No. 2, 2002, pp. 151–167.

[Peterson 2005a] Peterson, E.: The Big Book of Key Performance Indicators. Book II in the Web Analytics Demystified Series of Web Analytics Guides, 2005. Erhältlich unter *http://www.webanalyticsdemystified.com*, Abruf am 08.08.2012.

[Peterson 2005b] Peterson, E.: Web Site Measurement Hacks. O'Reilly, New York, 2005.

[Phippen et al. 2004] Phippen, A.; Sheppard, L.; Furnell, S.: A Practical Evaluation of Web Analytics. In: Internet Research, Vol. 14, 2004, pp. 284–293.

[Porter 2008] Porter, M. E.: Wettbewerbsstrategie – Methoden zur Analyse von Branchen und Konkurrenten. 11. Auflage, Campus Verlag, Frankfurt a.M., 2008.

[Preißner 2001] Preißner, A.: Marketing im E-Business: Online und Offline – der richtige Marketing-Mix. Hanser Verlag, München, 2001.

[PRIME 2011] PRIME: PRIME – Privacy and Identity Management for Europe, 2011. Verfügbar unter *https://www.prime-project.eu*, Abruf am 20.01.2012.

[PRIME Architecture 2007] PRIME: PRIME Architecture V2, 2007. Verfügbar unter *https://www.prime-project.eu*, Abruf am 20.01.2012.

[PRIME Whitepaper 2008] PRIME: PRIME Whitepaper 2008. Verfügbar unter *https://www.prime-project.eu*, Abruf am 20.01.2012.

[Pümpin 1992] Pümpin, C.: Strategische Erfolgs-Positionen – Methodik der dynamischen strategischen Unternehmensführung. Haupt Verlag, Bern, 1992.

[Puscher 2009] Puscher, F.: Leitfaden Web-Usability: Strategien, Werkzeuge und Tipps für mehr Benutzerfreundlichkeit. dpunkt.verlag, Heidelberg, 2009.

R

[Reese 2009] Reese, F.: Web Analytics – Damit aus Traffic Umsatz wird: Die besten Tools und Strategien. 2. Auflage, Businessvillage, Göttingen, 2009.

[Reichmann 2006] Reichmann, T.: Controlling mit Kennzahlen und Management-Tools: Die systemgestützte Controlling-Konzeption. Verlag Franz Vahlen, München, 2006.

[Reppesgaard 2010] Reppesgaard, L.: Das Google-Imperium. 2. Auflage, Murmann Verlag, Hamburg, 2010.

[Rheingold 2000] Rheingold, H.: The Virtual Community – Homesteading on the Electronic Frontier. MIT Press, Cambridge, MA, 2000.

[Richtlinie 95/46/EG] Richtlinie 95/46/EG des Europäischen Parlaments und des Rates vom 24. Oktober 1995 zum Schutz natürlicher Personen bei der Verarbeitung personenbezogener Daten und zum freien Datenverkehr (Datenschutzrichtlinie). ABl.EG Nr. L 281, 23. November 1995, S. 31–50.

[Richtlinie 2002/58/EG] Richtlinie 2002/58/EG des Europäischen Parlaments und des Rates vom 12. Juli 2002 über die Verarbeitung personenbezogener Daten und den Schutz der Privatsphäre in der elektronischen Kommunikation (Datenschutzrichtlinie für die elektronische Kommunikation). ABl.EG Nr. L. 201, 31. Juli 2002, S. 37–47.

[Risch 2007] Risch, D.: Nutzung von Kundenprofilen im Electronic Commerce – Grundlagen und Erkenntnisse zur Verwendung von Kundenprofilen am Beispiel des B2C E-Commerce in der Schweiz. Dissertation, Universität Fribourg, 2007 (erschienen beim Eul-Verlag 2008 unter dem Titel: Nutzung von Kundenprofilen im E-Commerce).

[Rockart 1982] Rockart, J. F.: The Changing Role of the Information Systems Executive – A Critical Success Factors Perspective. In: Sloan Management Review, 1982, pp. 3–13.

S

[Schaffert & Wieden-Bischof 2009] Schaffert, S.; Wieden-Bischof, D.: Erfolgreicher Aufbau von Online-Communitys – Konzepte, Szenarien und Handlungsempfehlungen. Salzburg Research Forschungsgesellschaft, 2009.

[**Schaupp et al. 2006**] Schaupp, Ch.; Fan, W.; Belanger, F.: Determining Success for Different Website Goals, In: Proc. of the 39th Hawaii International Conference on System Science, 4-7. 2006, Vol. 6, pp. 107–114.

[**Schierenbeck & Lister 2002**] Schierenbeck, H.; Lister, M.: Value Controlling – Grundlagen Wertorientierter Unternehmensführung. Oldenbourg Verlag, München, 2002.

[**Schmeh 2007**] Schmeh, K.: Kryptografie und Public-Key-Infrastrukturen im Internet. dpunkt.verlag, Heidelberg, 2007.

[**Schögel et al. 2002**] Schögel, M.; Tomczak, T.; Belz, C. (Hrsg.): Roadm@p to E-Business – Wie Unternehmen das Internet erfolgreich nutzen. Verlag Thexis, St. Gallen, 2002.

[**Schubert et al. 2002**] Schubert, P.; Wölfle, W.; Dettling, R. (Hrsg.): Procurement im eBusiness – Einkaufs- und Verkaufsprozesse elektronisch optimieren – Begriffe, Konzepte, Fallstudien. Hanser Verlag, München, 2002.

[**Schwarz 2011**] Schwarz, T. (Hrsg.): Leitfaden Online Marketing – Das kompakte Wissen der Branche. 3. Auflage, marketing-Börse, Waghäusel, 2011.

[**Shapiro & Varian 1999**] Shapiro, C.; Varian, H. R.: Information Rules – A Strategic Guide to the Network Economy. Harvard Business School Press, Boston, 1999.

[**Spivack 2007**] Spivack Nova: How the WebOS evolves? Verfügbar unter *http://novaspivack.typepad.com/nova_spivacks_weblog/2007/02/steps_towards_a.html*, Abruf am 21.12.2011.

[**Stahlknecht & Hasenkamp 2012**] Stahlknecht, P.; Hasenkamp, U.: Einführung in die Wirtschaftsinformatik, 12. Auflage, Springer-Verlag, Berlin, Heidelberg, 2012.

[**Stegbauer 2001**] Stegbauer, C.: Grenzen virtueller Gemeinschaft – Strukturen internetbasierter Kommunikationsforen. VS-Verlag für Sozialwissenschaften, Wiesbaden, 2001.

[**Sterne 2002**] Sterne, J.: Web Metrics. Wiley & Sons, New York, 2002.

[**Stoll 2007**] Stoll, P.P.: E-Procurement – Grundlagen, Standards und Situation am Markt. Vieweg + Teubner Verlag, Wiesbaden, 2007.

[**Stolz 2007**] Stolz, C.: Erfolgsmessung Informationsorientierter Websites. Dissertation, Katholische Universität Eichstätt-Ingolstadt, 2007.

[**Strahringer 2005**] Strahringer, S. (Hrsg.): Outsourcing. HMD – Praxis der Wirtschaftsinformatik, Heft 245, dpunkt.verlag, Heidelberg, 2005.

T

[**Tapscott et al. 2001**] Tapscott, D.; Ticoll, D.; Lowy, A.: Digital Capital – Von den erfolgreichen Geschäftsmodellen profitieren. Campus Verlag, Frankfurt a.M., 2001.

[**Timmers 1999**] Timmers, P.: Electronic Commerce – Strategies and Models for Business-to-Business Trading. Wiley & Sons, New York, 1999.

[Totok 2000] Totok, A.: Multidimensionale Modellierung von OLAP- und Data-Warehouse-Systemen. Dissertation, Wiesbaden, 2000.

[Tschirky et al. 1990] Tschirky, H.; Hess, W.; Lang, P.: Technologie-Management – Erfolgsfaktor von zunehmender Bedeutung. Verlag Industrielle Organisation, Zürich, 1990.

[TÜV 2011] TÜV: Siegel Technischer Überwachungsverein, 2011. Verfügbar unter *www.safer-shopping.de*, Abruf am 20.01.2012.

U

[Ulrich & Fluri 1995] Ulrich, P.; Fluri E.: Management – Eine konzentrierte Einführung. Haupt Verlag, Bern, 1995.

V

[Van Bon et al. 2002] Van Bon, J.; Kemmerling, G.; Pondman, D. (Hrsg.): IT Service Management – eine Einführung. Van Haren Publishing, Zaltbommel, 2002.

[Vesanen 2005] Vesanen, J.: What is Personalization? A Literature Review and Framework. Working Paper, School of Economics, Helsinki, 2005.

W

[W3 Techs 2011] W3Techs: W3 Techs, Web Technology Surveys. Erhältlich unter *http://w3techs.com/technologies/overview/traffic_analysis/all,* Abruf am 09.02.2011.

[WAA 2010] WAA: Web Analytics Association, Outlook 2010: Survey Report, 2010.

[WASP 2011] WASP: Web Analytics Solution Provider, 2011. Verfügbar unter *http://webanalyticssolutionproviler.com*, Abruf am 20.01.2012.

[WCAG 2011] WCAG: Web Content Accessibility Guidelines. Verfügbar unter *www.w3.org/WAI/intro/wcag*, Abruf am 20.01.2011.

[Weber & Schäffer 1999] Weber, J.; Schäffer, U.: Sicherstellung der Rationalität von Führung als Funktion des Controlling. In: Die Betriebswirtschaft, Heft 59, 1999, S. 731–746.

[Weinberg 2009] Weinberg, T.: The New Community Rules – Marketing on the Social Web. O'Reilly, Sebastopol, CA, 2009.

[Weischedel et al. 2005] Weischedel, B.; Matear, S.; Deans, K.: The Use of eMetrics in Strategic Marketing Decisions. In: International Journal of Internet Marketing and Advertising, Vol. 2, 2005, pp. 109–125.

[Welling & White 2006] Welling, R.; White, L.: Measuring the Value of Corporate Web Sites. In: Journal of Internet Commerce, Vol. 3, No. 3 2006, pp. 127-145.

[Werro 2008] Werro, N.: Fuzzy Classification of Online Customers. Dissertation, Universität Fribourg 2008, verfügbar als eThesis unter *http://diuf.unifr.ch/is/fuzzy_classification*, Abruf am 06.01.2011.

[Werro et al. 2006] Werro, N.; Stormer, H.; Meier, A.: A Hierarchical Fuzzy Classification of Online Customers. Proc. of the 5th IFIP International Conference on e-Business Engineering (ICEBE), Shanghai, China, 2006, pp. 256–263.

[Westin 1967] Westin, A. F.: Privacy and Freedom. Atheneum, New York, 1967.

[Widmer & Bähler 2000] Widmer, U.; Bähler, K.: Rechtsfragen beim Electronic Commerce – Sichere Geschäftstransaktionen im Internet. Orell Füssli Verlag, Zürich, 2000.

[Wirtz 2000] Wirtz, B. W.: Electronic Business. Gabler Verlag, Wiesbaden, 2000.

X

[XAMIT 2010] XAMIT: XAMIT – Datenschutzbarometer 2010 – Neue Herausforderungen für Datenschützer. Xamit Bewertungsgesellschaft mbH, Düsseldorf, 2010.

Z

[Zadeh 1965] Zadeh, L. A.: Fuzzy Sets. Information and Control 8, 1965, pp. 338–353.

[Zerfass2005] Zerfass, A.: Corporate Blogs – Einsatzmöglichkeiten und Herausforderungen. Verfügbar unter *http://www.bloginitiativegermany.de*, Archiv 2005, Abruf am 09.12.2010.

[Zimmermann 2001] Zimmermann, H.-J.: Fuzzy Sets Theory and its Applications. Kluwer Academic, Dordrecht, 2001.

[Zimmermann & Zysno 1980] Zimmermann, H.-J.; Zysno, P.: Latent Connectivities in Human Decision Making. Journal Fuzzy Sets and Systems, No. 4, 1980, pp. 37–51.

[Zumstein 2007] Zumstein, D.: Customer Performance Measurement – Analysis of the Benefit of a Fuzzy Classification Approach in Customer Relationship Management. Master Thesis, Universität Fribourg, 2007, erhältlich unter *http://diuf.unifr.ch/is/performance_measurement*, Abruf am 06.01.2011.

[Zumstein 2010] Zumstein, D.: Web Analytics – Analysing, Classifying and Describing Web Metrics with Fuzzy Logic. In: 6th International Conference on Web Information Systems & Technologies (WEBIST 2010), April 7–10, 2010, Valencia, Spain, 2010, pp. 282–290.

[Zumstein 2012] Zumstein, D.: Web Analytics – Explorative Analyse zu Einsatz, Nutzen und Problemen. Dissertation, Universität Fribourg, 2012.

[Zumstein & Hugi 2009] Zumstein, D.; Hugi, P.: Unscharfe Klassifikation von Webkennzahlen. In: Knoll, M.; Meier, A. (Hrsg.): Web & Data Mining. HMD – Praxis der Wirtschaftsinformatik, Heft 268, dpunkt.verlag, Heidelberg, 2009, S. 44–56.

[Zumstein & Meier 2010] Zumstein, D.; Meier, A.: Web-Controlling – Analyse und Optimierung der digitalen Wertschöpfungskette mit Web Analytics. In: Multikonferenz Wirtschaftsinformatik, 23.–25.02.2010, Göttingen, S. 299-311.

[**Zumstein et al. 2012**] Zumstein, D.; Meier, A.; Myrach, Th.: Web Analytics – Empirische Untersuchung über Einsatz, Nutzen und Probleme, In: Multikonferenz Wirtschaftsinformatik, 28.02.- 02.03.2012, Braunschweig.

[**Zumstein et al. 2011a**] Zumstein, D.; Drobjnak, A.; Meier, A.: Transparente Deklaration von Web Analytics. In: Zeitschrift für Datenrecht und Informationsicherheit (digma), Heft 4, 2011, S. 80-85.

[**Zumstein et al. 2011b**] Zumstein, D.; Züger, D.; Meier, A.: Web Analytics in Unternehmen – Empirische Untersuchung über den Einsatz, Nutzen und die Probleme der Webanalyse im deutschsprachigen Markt, In: Internal Working Paper 11-03, DIUF Universität Fribourg, 2011. Erhältlich unter *diuf.unifr.ch/main/is/research/web-analytics*, Abruf am 08.08.2012. In Broschüreform erhältlich unter *www.feld-m.de/studie_wa.pdf*, Abruf am 08.08.2012.

Index

V

W

Z